适应教育发展的
中小学校建筑设计研究

周　崐　李曙婷　著

科学出版社

北　京

内 容 简 介

本书梳理国内外中小学校教育及教育建筑发展历程，归纳目前素质教育改革措施，并与教育发达国家教育改革措施相比较。在运用建筑计划学的方法深入进行中小学校调查研究的基础上，提出适应素质教育的中小学校室内教室、走廊、室外环境及建筑形象的设计原则和方法，并提出中小学校未来的设计方向及建筑空间的整体建构。

本书可供广大建筑设计师、中小学校管理者及教育工作者参考。

图书在版编目（CIP）数据

适应教育发展的中小学校建筑设计研究/周崐，李曙婷著. —北京：科学出版社，2018.5
ISBN 978-7-03-057385-8

Ⅰ. ①适⋯ Ⅱ. ①周⋯ ②李⋯ Ⅲ. ①中小学–教育建筑–建筑设计–研究 Ⅳ. ①TU244.2

中国版本图书馆 CIP 数据核字（2018）第 095865 号

责任编辑：亢列梅　徐世钊 / 责任校对：郭瑞芝
责任印制：张　伟 / 封面设计：王沛文　陈　敬

科 学 出 版 社 出版
北京东黄城根北街 16 号
邮政编码：100717
http://www.sciencep.com
北京中石油彩色印刷有限责任公司　印刷
科学出版社发行　各地新华书店经销

＊

2018 年 5 月第　一　版　　开本：720×1000　B5
2018 年 5 月第一次印刷　　印张：18
字数：360 000
定价：105.00 元

（如有印装质量问题，我社负责调换）

前　言

20世纪初，我国的教育先贤们怀着教育救国的理念，引进并实践国外近代教育模式，为教育平民化开创了全新的道路。一个世纪后的今天，提高劳动者的素质，培养全面发展的新人是教育的主要任务，实施素质教育成为我国教育发展的大政方针。

建筑实体组织营造了空间，其内部空间和围合空间的物体能够激发或禁止不同的行为。因此，教学方式的改变势必对教育实施的主要场所——中小学校建筑及其教学环境提出新的要求。目前，我国大多数地区还是以应试教育为目的，以适应编班授课制教学模式的"长外廊串联固定普通教室"的单一教学环境为主，无法适应灵活多样的素质教育的需求。

在李志民教授等的带领下，西安建筑科技大学教育建筑研究小组周崐博士、李曙婷博士从2003年开始从事中小学校建筑设计的研究工作。一方面，现行中小学建筑设计不能满足学生素质发展的需要；另一方面，农村中小学校的合并、新建和城市中小学校的扩建、新建也为传统学校建筑改造创造了条件，而教学环境研究成为近年理论研究的热点问题之一。

本书从历史研究入手，整理中小学校教育及教育建筑的发展历史，认为二者必将朝不断开放的方向发展，未来学校将呈从教学空间到社区不断开放的趋势。从环境行为学角度研究教学模式与教学环境的关系，进一步验证教学环境对教育产生的积极作用。通过比较我国素质教育实践与国外教育改革措施的差别，分析素质教育与开放教育的异同，得出我国教育改革是世界教育改革的一部分，素质教育改革仍处于探索、试验阶段。在理论分析的基础上，以学生为主体，对中小学校建筑空间及环境进行分析。由于时间、人力的限制，本书选取中小学校建筑空间的主要部分——室内教学空间、走廊、办公空间、室外环境及建筑形象进行深入研究，总结出我国目前大部分中小学校的布局形式，相当于教育发达国家20世纪四五十年代的发展水平。进而对比国外开放式学校的布局模式，提出中小学校建筑发展的阶段性目标，建立动态的中小学校建筑设计标准体系。本书研究成果不论对今后大量的中小学校建设，还是现有中小学校教育空间环境的适应性改造都具有良好的社会效益和参考价值。

本书是在周崐博士和李曙婷博士学位论文的基础上整理完成的，由周崐统稿，其中第1至第3章由周崐撰写；第4至第7章由周崐、李曙婷共同撰写；第8、9章由周崐撰写。

在本书出版之际，特别感谢李志民教授，是他带领作者走上科研之路。从初入先生门下，到今日成长为有自己的研究方向和研究团队的专业教师，都离不开先生的辛勤栽培和谆谆教诲。先生对事物敏锐的判断力和谦逊平和的人生态度都是作者学习的榜样。由衷感谢科学出版社的支持，特别是亢列梅编辑的鼓励和支持，使本书得以顺利出版。特别感谢西安建筑科技大学教育建筑设计研究小组的研究生——张婧、李玉泉、王旭、李霞、翁萌、王芳、唐文婷、韩丽冰在调研、资料收集、图表绘制和校对中付出的辛勤努力。感谢国家自然科学基金（50578133、51778516）对本书的资助。

由于作者水平有限，书中难免存在不足之处，诚恳希望读者提出宝贵意见和建议。

目　　录

1 绪 论

1.1 研 究 背 景

1.1.1 顺应国家方针政策，促进基础教育发展

1. 全面推进素质教育是 21 世纪我国教育发展的重大决策

国力的竞争，从根本上说是国民素质的竞争。改革开放以来，我国教育改革和发展取得了巨大成就，为现代化建设培养了大批合格人才，国民素质也得到了显著提高。但是，由于深刻的历史、社会和文化原因，我国对教育发展和经济社会发展的需要与人民的期望相比，仍存在着不小的差距。教育的各个阶段都不同程度地存在一些值得注意的问题。例如，应试教育模式下，教育思想与方法落后，片面注重知识灌输及考试和成绩，忽视对学生求知欲的启迪与引导，忽视对学生自学能力、实践能力、合作能力和创造能力的培养等。这些偏向造成部分学生负担过重，缺乏学习兴趣，缺乏主动精神，缺乏创新意识。

为了提升国家竞争力，使中华民族在科学技术突飞猛进、知识经济已见端倪的今天立于不败之地，1999 年 6 月 13 日，中共中央、国务院颁布《中共中央、国务院关于深化教育改革全面推进素质教育的决定》（以下简称《决定》）。《决定》认为，教育在综合国力的形成中处于基础地位，国力的强弱越来越取决于劳动者的素质。因此，必须改革应试教育模式下的教育观念、教育体制、教育结构、教育内容、教育环境和教育方法，全面推进素质教育。实施素质教育，就是要全面贯彻党的教育方针，以提高国民素质为根本宗旨，以培养学生的创新精神和实践能力为重点，造就德智体全面发展的一代新人；全面推进素质教育就是要面向全体学生，为学生的全面发展创造相应的条件，依法保障学生的学习权利，尊重学生的身心发展规律，促进学生生动活泼、积极主动地发展。而中小学校建筑设计的理念、建筑格局如何适应这一历史性变革，成为当前我国教育界、建筑界、心理学界需要进行理论研究的重要命题。

2. 提供符合规定标准的教学场所及设施，促进学生全面发展是我国宪法、法律的宗旨

《中华人民共和国宪法》第四十六条规定："中华人民共和国公民有受教育的权利与义务。国家培养青年、少年、儿童在品德、智力、体质等方面全面发展。"而符合学生身心发展特点的学校教育教学设施、生活设施，对于学生增强综合素质、实现全面发展，具有不可替代的作用。因此，在我国现行教育法律、法规中，对学校建筑都有相应的规定。《中华人民共和国教育法》第二十七条规定，学校必

须有"符合规定标准的教学场所及设施、设备等",这是学校成立的前提基础;第四十三条规定,受教育者享有"使用教育教学设施、设备、图书资料"的权利;第六十四条规定:"地方各级人民政府及其有关行政部门必须把学校的基本建设纳入城乡建设规划,统筹安排学校的基本建设用地及所需物资。"《中华人民共和国未成年人保护法》第十六条规定:"学校不得使未成年学生在危及人身安全、健康的校舍和其他教育教学设施中活动。"

3. 提供符合学生健康发展的教育环境是世界各国的共识

1989 年,联合国通过的《儿童权利公约》第三条第 3 款规定:"缔约国应确保负责照料或保护儿童的机构、服务部门及设施符合主管当局规定的标准,尤其是安全、卫生、工作人员的数目和资格以及有效监督等方面的标准。"2001 年,九个人口大国全民教育部长级会议通过的《九个人口大国北京宣言》承诺:"提供安全和关怀的学校环境,使得学生健康、警觉和安全,从而更为有效地学习和全面参与所有教育活动"。第 46 届国际教育大会的结论和行动倡议:"在学校创造一种宽容和互相尊重的气氛,以利于民主文化的发展;学校的运行方式应鼓励学生参与决策。"

4. 符合我国教育事业的大发展

我国不断加大教育投入,基础教育发展迅速。中央和地方各级政府预算内教育拨款 2003 年为 3453.86 亿元,2004 年为 4027.82 亿元,同比增长 16.62%,其中中央预算内教育拨款 2003 年为 240.20 亿元,2004 年为 299.45 亿元,同比增长 24.67%;全国农村预算内教育经费 1999 年为 345.77 亿元,2004 年为 1013.80 亿元,同比增长 193.20%。从 1994~2005 年(部分年份)小学教育各类指标(表 1.1)来看,我国基础教育发展迅速,基础教育的重要性已得到广泛共识。

表 1.1　我国基础教育统计表

年份	全国学龄儿童总数/万人	已入学学龄儿童数/万人	入学率/%	五年保留率/%	升学率/%	在校生人数/万人	学校总数/万所
1994	11949.56	11758.16	98.4	81.08	86.59	12822.62	68.25
2000	12445.3	12333.9	99.1	94.5	94.89	13013.25	55.36
2004	10548.1	10437.1	98.95	—	98.1	11246.23	39.42
2005	—		99.15	97.97	98.42	10864.07	36.62

表 1.1 数据显示,由于小学学龄人口逐年减少,小学校数、招生数和在校生数持续减少。2005 年全国有小学 36.62 万所,比上年减少 2.79 万所;招生 1671.74 万人,比上年减少 75.27 万人;在校生 10864.07 万人,比上年减少 381.04 万人。2005 年中央和地方各级政府预算内教育拨款为 4665.69 亿元,比上年 4027.82 亿元增长 15.84%;全国教育支出 8418.84 亿元,比上年 7242.60 亿元增长 16.24%,其中全国普通小学生人均预算内事业费支出为 1327.24 元,比上年的 1129.11 元增

长 17.55%[①]。从以上数据可以看出，小学适龄儿童的人数在 2004 年、2005 年有明显的减少，相比之下，国家对基础教育的投资显著增长，为中小学校开展素质教育创造了良好的条件和机遇[②]。

素质教育是关系到国民经济和社会发展的大政方针，以素质为取向的教育改革势在必行。因此，研究适应素质教育改革的基础教育设施，满足人民日益增长的教育需求，符合社会发展趋势，具有重要的政治意义和良好的社会意义。

1.1.2 促进基础教育设施发展，探讨 21 世纪学校模式，为中小学校改扩建提供依据

1. 现行中小学校建筑设计不能满足学生素质发展的需要

目前我国中小学校建筑设计不能满足素质教育发展的需要，与发达国家也有较大差距，需要重新建构设计理念，建立新的学校建筑设计规范和标准。英、美、日等国在开放式的新型学校建设方面已取得了很大的成功，主要表现在：多功能开放空间取代由长外廊连接普通教室的封闭空间形式；学校由以满足"教育"实施为主的空间环境向以满足"学习"为主的空间环境转变；学校空间环境的生活化、人情化；重视室内外环境及空间气氛对学生身心健康及情操形成的影响作用；造型、色彩及空间形式的多样化；学校向社会及社区开放、融合。

我国在 1982～1986 年相继制订和颁布了《中等师范学校及城市一般中小学校舍规划面积定额》《中小学校建筑设计规范》，并于 1987 年颁布了《中小学校建筑设计规范》，使我国学校规划设计和建设有章可循，校舍建设日趋合理。但总体而言，这些学校建筑设计理念、设计标准是与传统教育以"教师为中心""编班授课"的特征相匹配的，不适用于以学生为中心的小组教学模式。例如，《城市普通中小学校校舍建设标准》（1998 年 6 月）规定，城市小学 45 人/班，普通教室面积≥56m²，而在美国、中国台湾等教育较发达国家和地区，班级规模远远小于中国大陆，而教室面积的标准却远远高于中国大陆。中国台湾 35 人/班，90m²/教室（含单边走廊）或 112.5m²/教室（含双边走廊）；美国纽约 27 人/班，每班教室最小净面积为 71.5m²；美国佛罗里达州一至二年级 25 人/班，人均净面积为 3.35～3.72m²。因此，顺应素质教育的要求，对我国传统的学校建筑理念、建筑标准重新审视，具有重要的理论意义与现实意义。

2. 农村中小学校的合并、改建为传统学校建筑的改造创造了条件

据 2000 年统计，我国共有 55.36 万所小学，其中大部分在农村。我国大多数小学生在农村，因此基础教育的重心在农村。农村小学 47 万所（含教学点），共有 9415 万农村小学生，占全国小学生 83.7%。农村基础教育是我国教育发展的重点与难点，农村小学校校舍的建设也一直是决策部门和建筑学界关注的焦点。近年来，农村小学

---

①中华人民共和国教育部. 2005 年全国教育事业发展统计公报[EB/OL]. (2006-07-04) [2017-09-15]. http://www.moe.edu.cn.

②教育部，国家统计局，财政部. 2005 年全国教育经费执行情况统计公告[EB/OL]. (2009-11-30) [2017-09-15]. http://www.moe.gov.cn/srcsite/A05/s3040/200911/t20091130_78263.html.

的生存环境发生了很大变化。一方面，富裕起来的农民越来越意识到教育的价值，希望子女有一个良好的教育环境，接受优质的基础教育；另一方面，计划生育政策的推行，人口出生率的下降，使以村为单位的农村小学教育面临严峻的生源危机，农村小学的合并、改建已是大势所趋。而这一背景，又为传统学校建筑的改造创造了条件。

3. 城市学校的扩建或新建为创造适应素质教育的学校建筑带来契机

在社会发展日新月异，对教育需求不断提高的大背景下，城市适龄儿童的教育迅速成为全社会关注的焦点。一方面，随着数以亿计的农村人口向城市流动，城市在接受这些农民工的各种服务的同时，向他们的子女提供与城市儿童相同的教育条件成为每一座城市的责任；另一方面，城市经济的发展，使人性化的学校建筑设计成为可能。以长沙市为例，需要接受教育的人口将达到 350 万，但 2004 年长沙教育设施只能满足 150 万人口的需要。长沙市雨花区枫树山小学占地仅 4467m^2，按国家中小学校建设标准，该校只能容纳 400 人，但 2004 年该校却有 1636 名学生在上课，超负荷 1236 人，是标准 4 倍。长沙市第二十六中学（完全中学），占地仅 22664m^2，按规定只能容纳 985 人，但 2004 年在校生多达 2514 人，超负荷 1529人，超标准 2.55 倍。同样，树木岭学校只能容纳 448 人，学校实际招收学生 1063 人，超负荷 615 人，超标准 2.37 倍。在这种情况下，国家素质教育的重大战略难以顺利实施，也会影响到青少年一代综合竞争力的提升。因此，扩建或改建学校以满足当前的需要，同时引入为素质教育创造适合的建筑环境，兼顾学校长远发展需要的建筑理念，防止可能出现的资源浪费，实施科学发展观，是建筑理论工作者不可推卸的历史责任。

4. 提高现有学校建筑的使用，促进旧教育建筑改造

虽然在一些经济较发达地区，如上海、北京部分有条件的学校，已经开始具有素质教育意义的小班化教学模式的试验，但受到原有学校建筑空间的影响，试验教学工作进行得不顺利。例如，江苏省海门市东洲小学是全国素质教育改革实验基地，在对教育理念、方法做出大胆、有效尝试的同时，学校教学楼仍按照长走廊串联各班教室模式建设。

我国大多数地区还是以适应应试教育为目的，以填鸭式教学模式的单一教学环境为主。据 1999 年统计，全国小学生的人均校舍面积为 4.33m^2，约有小学校舍建筑面积54313.23 万 m^2，这些是按照老的教学模式建设的，在新的教育模式下必将对教学环境提出新的要求。如何改扩建是学校在素质教育改革过程中急需解决的问题。

1.1.3　探讨行为与环境的关系

人与环境相互作用的学问——环境行为研究（包括理论和应用），是建筑设计的基础。建筑实体组织营造了空间，其内部空间和围合空间的物体能够激发或禁止不同的行为。教学方式的改变势必对教学环境提出新的要求，研究适宜青少年学习的环境要素，是环境行为研究的组成部分。

　　中小学校校园环境的改善迫在眉睫。现在的中小学正处于教育模式与校园环境改善的双重压力之下，探讨适应素质教育的中小学校园空间环境模式及实施策略是亟待解决的问题。

1.2　国内外研究进展

1.2.1　教育建筑设计及教育学的理论探讨

　　（1）中小学校建筑如何体现"以人为本"的思想，突出学生的主体性、主动性和个性，促进学生的全面发展，是素质教育实施过程中一个具有重要研究价值的理论与现实问题，其基本假设就是要否定传统的应试教育模式下形成的学校建筑理念、设计原则和设计标准。在传统的教育模式下，学校建筑主要考虑的是成本与规模，满足以"教师为中心，班级授课"为主要教学组织形式的需要，来设计学校建筑，很少关注学生的需求和个性发展；而素质教育背景下的学校建筑，应以促进学生的全面发展为宗旨，以培养学生的主体性、主动性和个性为重点，从而提升学生的创新能力与实践能力。

　　（2）教育学的研究证明，儿童是在同周围自然和社会环境中的交往过程中认识世界的，其认识能力、情感、意志、兴趣、才能、性格、理想和信念都是在社会生活中形成和发展起来的。环境对于儿童的成长发育以及个性和才能的发展，具有决定性的影响。因此，学校建筑作为一种固态文化，对学生的人格养成和发展具有潜移默化的影响。

　　（3）教学民主是现代教育发展的趋势。它有利于培养学生的自立、自强、自爱、民主、责任、尊重的意识，是当代各国教育发展的政策选择。在这一教育理念指导下，教师与学生应该在平等的基础上进行教与学，以克服传统学校等级森严的师生关系。同时，随着人口的锐减，班级小型化也将成为现实，小组教学取代班级授课将成为未来我国学校教学的主要组织形式。因此，学校建筑如何体现这一改革态势，也是一个需要探讨的问题。

1.2.2　国外教学环境与教学环境设计研究历史

　　本书从建筑设计角度对中小学校的有关问题进行探讨，需要将教育理论与教育建筑结合进行研究，其属于教学环境研究范畴，因此首先要对教学环境研究的历史成果及现状水平进行整理。

　　在20世纪30年代以前，基本上不存在对教学环境设计问题的系统、科学的研究。在以往的教学环境的实际建设中，教学环境设计完全是凭借建筑工匠的经验进行的。严格说来，从心理学、教育学、学校卫生学、建筑学、美学等多种学科角度对教学环境设计问题进行科学系统研究的历史至今不过半个世纪。教育环境研究根据其不同时期的特点，大致分为萌芽期、沉寂期、发展期、活跃期、再发展期五个阶段（图1.1）。

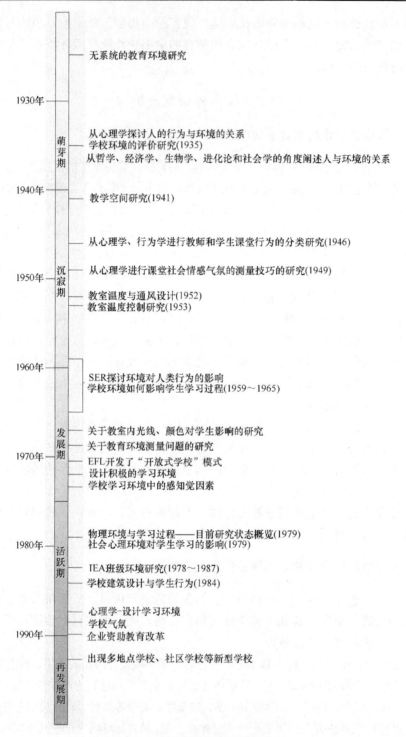

图 1.1　教学环境研究进程示意图

教学环境研究的萌芽期（20 世纪 30 年代）、沉寂期（四五十年代）、发展期（60 年代初至 70 年代中期）及活跃期（70 年代中后期至 80 年代）主要围绕物理环境转向社会心理环境进行广泛的研究①。

20 世纪 80 年代后，北美和英国的中小学教学改革比较活跃，一些新的教学方法、教学组织形式在中小学得到应用。如何根据这些新方法、新教学形式的需要设计新的教学环境成为这一时期许多研究者关注的问题。

到第五阶段——教学环境及其设计研究的再发展期（20 世纪 80 年代末至今），随着信息化社会的来临，科技不断进步，全民教育、终身教育等教育理念逐步推广，世界各国开始新一轮的教育改革热潮，教学环境研究也进入了一个更高的阶段。学校的概念发生了很大变化，教学环境研究的商业组织的成立使社会企业进一步与学校联合，学校教育改革呈蓬勃的发展势头。

20 世纪 80 年代，由于学生人数减少，科技大力发展，教育建筑也随之变化。发达国家在进行教育改革的过程中，出现了许多新类型学校，如校中校、社区学校、多地点学校等。在美国，1991 年为响应 1989 年召开的教育峰会所提出的"建立私立非营利机构，负责为 21 世纪创建崭新的、打破传统模式的基础教育设计"的思想，成立了新美国学校发展公司对各种教育改革方案进行资助和评审。通过进行改革建立新的学校制度与教学环境，涌现出如亨利福特博物馆和韦恩县地方服务机构联合建立的地方高中、加利福尼亚的林肯高中、普罗维登斯市的迈特学习中心、菲尼克斯市的鹿谷高中等一大批新型学校。开放式学校有了质的突破，不再局限于校园内部，而是与社区融为一体，向社区学习中心发展。

在研究规模方面，这一时期，教学环境研究不仅是教育理论家、心理学家、建筑理论学家的工作，而且联合了社会各界，如企业家、居民、家长等，进行大量的实验，为学校发展提供了更为宽广的平台。

综上所述，教学环境在人才培养中的特殊功能在世界范围内已得到了人们的广泛重视。

1.2.3 国外中小学校设计研究动态

第二次世界大战结束后，"编班授课制"因压抑儿童个性发展等问题，在欧美等国家被"开放式"教育所淘汰。1966 年，在意大利组织的学校设计竞赛中，建筑师将"内部周期性活动（inter-cyclical activities）空间"概念引入学校设计之中，来探讨教学活动与空间之间的联系性，并将校内共享空间（运动场、休息庭院和礼堂等）轴向布置，通过校内主街串联，与城市公共空间融合，进而探讨如何将学校作为城市教育系统的一部分，与其他城市功能系统建立联系，已建成 Gudio Canella，Facilities Centre at Incis Village（1968～1982）等。1967～1969 年，美国

---

①田慧生. 教学环境论[M]. 南昌：江西教育出版社，1996：35-45.

50%的新建学校采用了大空间式的开放教室来代替固定普通教室。

20世纪末，在终身教育理念的指引下，各国开始了新一轮的教育改革。1999年，美国Lackney博士提出了整合社区教育资源的中小学校设计33条原则，包含学校建筑计划、校园规模、空间构成、室内设计以及运行管理等多个方面。Hille在 *A Century of Design for Education* 中阐述了各类型教育建筑与当代学习环境设计之间的关系。2015年，意大利Pezzetti教授在现代中小学建筑历史研究的基础上，提出知识经济背景下的知识城市应具有自我进化能力，而学校是最适合为城市居民提供文化服务、建立相互联系的学习场所，未来中小学校会更加开放、丰富，并充满趣味性。

在亚洲，日本学者对开放性教室的研究比较突出，已形成一系列的成果，其中的代表人物有日本学校研究专家及设计师长仓康彦、长泽悟、中村勉、船越彻和上野淳等。他们采取设计之初的广泛性调研和竣工后多次调研与访谈，将理论运用到工程实践中等方法进行研究和设计。有关中小学校设计资料性著作主要包括《国外建筑设计详图图集10——教育设施》（长泽悟等，2004）、《建筑设计资料学校2》（船越彻，1995）等。这些著作通过大量优秀设计实例，展示了日本学校中满足多种使用功能的教学空间，对中小学校设计具有一定的指导作用。另外，日本研究者还发表了大量相关研究性著作，主要包括《学校建筑之变革》（长仓康彦，1985）、《小学校一プンスペースにぉける場・コーナーの形成に關する分析》（上野淳等，1988）、《未来の学校建築》（上野淳，1999）等，总结和分析了适应日本国情的开放式中小学校教学空间模式，以及学生在不同教学空间中教学的活动规律。他们与教学管理者和工作者通力合作，对传统的教学环境进行了谨慎的改造试验，取得了良好的效果，极大地推动了日本教育改革。学校建筑中的开放空间与教室、走廊很融洽地结合起来，形成了日本独特的教育建筑空间特征。

1.2.4　国内教学环境及中小学校设计的研究动态

教学环境问题在世界范围内已得到人们的广泛重视，成为当前教育理论界的一个热门研究课题。教学不仅是教师教与学生学的共同活动，还是人们精心创造环境，通过外部条件的作用方式，激发、支持和推动学习内部过程有效发生和学习结果达成的活动。因此，教学环境的研究是基础教育建筑设计的重要课题，但这一课题的研究在我国教育学术界才刚刚起步。

（1）李秉德教授在国内教学论研究领域最先倡导和推动了教学环境的研究工作，他于1989年著文讨论教学活动的要素时指出："有一个常被人们忽略的教学因素，那就是教学环境。任何教学活动都必须在一定的时空条件下进行。这一定的时空条件就是有形的和无形的特定教学环境。"[①]在随后主编出版的《教学论》一书中，他进一步阐述了教学环境的重要性，并将其列入教学论的研究范围，设专章阐述了教学环境的

---

①李秉德. 对于教学论的回顾与前瞻[J]. 华东师范大学学报（教育科学版），1989，（3）：55-59.

概念、内容、功能和调控教学环境的基本原则，从而有力地推动了这一课题在我国的研究进程。1996 年，田慧生教授出版了《教学环境论》，第一次系统地介绍了国外教学环境研究概况。在此基础上，他对教学环境与教学活动、教学环境对教师的影响、教学环境与学生品德发展、教学环境的美学意义、教学环境对学生身心健康影响、教学环境评价方法和调控与优化等方面从社会、心理学、建筑学角度进行了全面分析，为之后国内的教学环境研究奠定了基础。虽然田慧生教授是教育学家，但在第八、第九章特别从建筑设计角度对教学物质环境进行了分析和论述，是本书的重要基础。

（2）关于学校建筑设计的研究方面，西安建筑科技大学公共建筑研究所张宗尧教授、李志民教授等做了大量系统的工作。经过长达六年的研究，20 世纪 80 年代初张宗尧等编写了《中小学校建筑设计规范》，其是国内第一部关于教育类建筑设计的规范；在此基础上，1987 年张宗尧等出版了《中小学校建筑设计》，较全面地论述了我国中小学建筑设计原理、步骤与方法，是一部为在校学生"建筑设计"课编写的教材、教学参考书及培训教材，也是一部从事中小学建筑设计及基建管理人员的参考书。2000 年以后，针对素质教育改革对学校建筑设计的影响与要求，研究所开始从事学校建筑设计方面的研究。李志民教授指导完成了相关硕士学位论文 30 余篇。2008 年开始，在黄汇、刘祖玲等专家带领下，修编《中小学校设计规范》（2011），针对中小学校校园安全等问题做了补充和更新，提高了我国中小学校设计标准，促进了我国数以万计的中小学校建设。

（3）我国台湾学者一直比较注重英美和日本的教学空间变化，针对台湾教学空间的弊病进行了很多有价值的研究，并应用于实践之中，代表性人物是台湾教育理论学者、政治大学教育学博士汤志民教授。他关于室内教学环境方面的代表性著作主要有《教室设计的发展趋势》（1993）、《现有学校建筑设施的开放空间设计》（1994）、《教学革新与空间规画》（2000）、《教学空间的革新》（2000）、《幼儿学习环境设计》（2001）、《学校空间革新趋向之探析》（2001）等。

（4）其他研究。东南大学钟南的博士学位论文"空间与行为互动下的小学建筑计划"探讨了适合小学生行为的学校空间模式。华南理工大学周玄星的硕士学位论文"素质教育与现代中小学学校校园规划设计研究"对中小学校校园进行了全面初步探讨。东南大学孙友波的硕士学位论文"教育模式下的中国中小学建筑设计研究"探讨了在当代教育模式下我国中小学教育建筑的空间设计概念。沈阳建筑工程学院邓小军的硕士学位论文"开放式小学校教学楼建筑设计研究"把开放式教学楼设计思想同我国的实际情况相结合，指出在我国进行开放式教学楼设计时应注意的问题。他们都在不同的角度上对教育模式和教学空间进行了有一定价值的研究。但总体来说，目前我国在教学环境方面的研究与发达国家差距极大，起步时间晚，在研究人员的数量等方面严重不足，尤其在研究成果方面，我国还远未形成能够指导适应素质教育中小学校的建筑设计理论体系。

（5）通过西安中小学校教育工作者及建筑设计人员的调查发现，公众的素质教育及环境的社会意识还处于初级阶段。建筑设计人员对这方面的概念总体来说较为陌生，而且很多建筑设计人员都对开放式的中小学校没有较为全面的认识。另外，还有些设计人员认为设计院的体制没有给建筑设计人员一定的空间以及甲方没有对此提出要求。而对于教育工作者，素质教育实施还没有一种十分确定的模式可以遵循，校方对此也没有明确的概念。20 世纪 80 年代末，由于国家对教育体制改革的推动和教育投资的增加，许多学校开设了第二课堂，探讨中小学教育模式的转变与完善。但学校的设计仍然局限在满足教师讲课、学生听课的旧模式上。素质教育更被有些人简单地理解为：较新的校舍，高级的装修材料与增设几门第二课堂的课程。思想上还是没有摆脱传统教育观念的束缚，没有对教育形态与教学方法做深刻理解和深入研究，很难设计出适应新时代要求的好学校。

（6）设计的学校建筑是大量性建筑，在这一领域的论文、专著、译文的数量与大量存在的学校建筑是极不相称的，与有 2 亿学生的成长需求现状更有不小的距离。尽管发达国家在教育环境领域里已有成熟的经验及设计理论，然而受教育方针、社会结构、经济水平及生活习惯等要素的制约，只有按照我国国情研究适合我国素质教育的中小学校，并同时借鉴他国之长，形成系统的指导我国适应素质教育的学校建筑设计理论才能产生巨大的社会价值。通过此项研究，力求最终达到建立我国适应素质教育学校建筑设计理论体系，并在此研究领域达到或赶超世界先进水平。

1.3　本书的主要内容

1.3.1　概念界定与研究对象

（1）教学环境。"概括地说，教学环境就是学校教学活动所必需的诸客观条件和力量的综合。从广义上说，社会制度、科学技术、家庭条件、亲朋邻里等都属于教学环境，因为这些因素在一定程度上制约着教学活动的成效。从狭义角度，教学环境主要指学校教学活动的场所、各种教学设施、校风班风和师生人际关系等。"[①]

国外学术界对"教学环境"的定义不同，许多研究是从教育社会学、社会心理学、学习心理学、教育技术学和教育评价学等不同学科角度展开的，而本书主要从建筑设计角度进行探讨，研究的范围主要是狭义概念中的教学活动场所和教学设施，部分也会涉及教育心理学等领域。

（2）虽然中小学校建筑在很多方面有相似之处，但在高考制度下，中学教育是素质教育改革的难点，因此本书主要对小学相关内容进行阐述，大量的调研和分析是选择小学作为实例，也会涉及部分中学内容。

①田慧生. 教学环境论[M]. 南昌：江西教育出版社，1996.

1.3.2　主要内容

通过对国外教育环境及设计研究的历史分析，发现在教学空间的物理环境及学校气氛等方面已取得了很多成果，如图 1.1 所示。对于这些个方面，由于人力、物力、时间的局限，本书不做深入研究。而着重于以下三方面的内容。

1. 历史——基础教育与基础教育建筑发展研究

教育形式的发展从原始社会到现代经历了从封闭到开放的一系列过程，现代基础教育从"编班授课制"到杜威的"从做中学"体现着各种教育思想的演变，今天各国还在积极进行着各种教育革新；中小学教育建筑的发展相比起来没有经历太多变革。过去教学环境在教育中所起到的积极作用没有得到关注，因此没有将中小学教育发展与其相对应的教育建筑的发展结合起来进行研究。本书试图从研究二者发展的关系入手，理清历史脉络，分析因果关系，为预测中小学校建筑发展方向奠定基础。

2. 教育理论——素质教育改革发展方向

素质教育改革正逐步展开，目前还没有具体的模式和评价指标，因此对教学环境的要求也不同。通过对国外教育改革方法的归纳整理，分析其影响因素，对国内 52 所在素质教育改革中取得一定成果的中小学校进行分析，将教育改革理论与措施结合起来，判断我国目前教育发展的阶段及今后大致的发展方向。

在此基础上进一步对国外教育改革引起的对教学空间的要求进行总结，为研究适应素质教育的中小学校建筑空间及环境模式提供参考。

3. 适应教育发展的中小学校建筑模式和实施策略

教育的手段、媒介发生了巨大变化，教育环境也随之发生改变。学校的定义已不仅仅局限于教育建筑内部，同时教育建筑被赋予了更多的内涵。我国素质教育改革势必会引起中小学教育建筑模式的变革，室内外教学空间、中小学校形象等都将发生很大变化，如何使学校建筑设计满足教育不断发展的要求是本书的重点。

在对中小学教育历史、中小学教育建筑历史发展和教育理论发展进行深入研究后发现，我国素质教育正在进行中，没有固定模式，但所涉及的因素很多。对 52 所中小学教育改革因素分析得出 14 项措施，分为 2 个领域和 5 个类别。虽然各项措施的侧重点不同，但是实际上每一项措施都对中小学校建筑空间及环境提出了新的要求。本书因为篇幅有限，只对其中影响较大的"教学""提高教师素质""课堂"与中小学建筑空间环境最密切的"改善校园环境"及"家庭社会学校相结合"等与之相适应的中小学校建筑空间——室内外教学空间、走廊、教师办公空间、中小学建筑形象等几个部分进行深入探讨，并对最终实现建立适应素质教育的中小学校建筑空间及环境模式提出实施策略和步骤（图 1.2）。

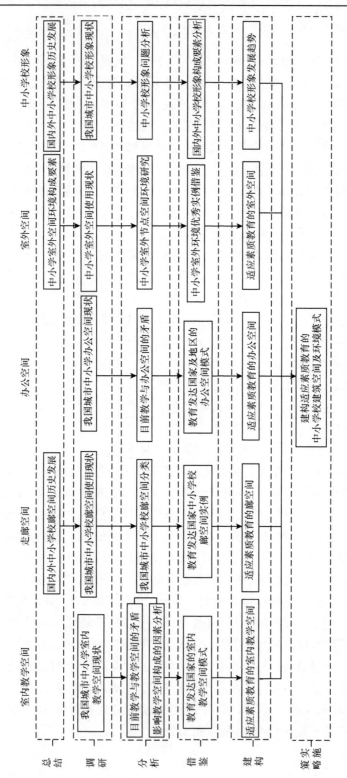

图1.2 中小学校建筑空间研究框架图

1.4 研究框架与研究方法

1.4.1 本书框架

本书阐述中小学教育与其建筑环境历史发展，结合教育理论研究，总结国内素质教育改革措施，判定我国素质教育的发展方向。在此基础上，在国内教育发达地区（如浙江省、江苏省、上海市和西安市等）用选点方式，对现有学校中素质教育实施状况和现有教学空间的问题进行调查，参考国外在开放式教学环境设计中取得的成果，探讨适应素质教育的中小学校园空间规划设计的原则和方法，包括室内教学空间、走廊、办公空间、学校室外环境和形象设计等方面，以指导现实的建设实践。进而提出适应素质教育的中小学校园环境空间建设的适宜性对策，探寻其在素质教育改革中及未来一段时间内的适宜性建设途径（图1.3）。

1.4.2 调研方法

（1）资料调查法。查阅和翻译国内外教育模式发展的相关文献，整理教学模式与教学空间的对应关系及其变化趋势并加以借鉴。收集整理国内外优秀中小学校建筑实例，通过归纳和对比分析法，总结新型教学模式下的教学空间构成要素，初步探讨适应我国素质教育的中小学校室内教学空间模式。

（2）观察记录法。选取素质教育开展初具成效的城市中小学校的典型实例，通过观察、拍照、记录、参加教学观摩课等方式了解教学理念和学习行为的变化，以及对室内外教学空间的需求。提取应试教育模式下产生的现有城市中小学校的室内外教学空间构成要素，分析其与教学改革实施的矛盾。

（3）仪器测量法。运用仪器测量、绘制学校平面图、立面图，了解中小学校建筑现状。

（4）深入访谈法。与教育局领导座谈，了解各中小学校发展概况，确定调研重点；与学校校长座谈，了解学校发展的历史和前景，以及各项教改措施的实施步骤及方案；与班主任及各科教师访谈，了解教改的实施现状，分析问题；与学生访谈，通过帮助学生绘制理想的学习环境，了解学生对教学环境的使用要求。

（5）问卷调查法。通过小组讨论，根据研究重点，制订相应的问卷，累计发放问卷500余份。通过对问卷的分析，得到西安中小学教育改革现状及教学空间使用状况的分析数据。

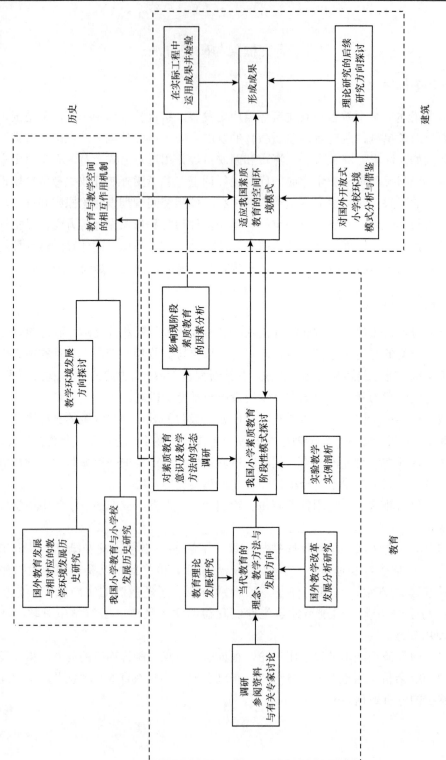

图1.3 论述框架图

1.4.3 调研工作

西安建筑科技大学公共建筑研究所在 2006 年申请了国家自然科学基金项目"适应素质教育的中小学建筑空间与环境模式研究",并成立了由博士生、硕士生组成的教育建筑研究小组,在李志民教授的指导下,于 2005～2008 年对全国 50 多所中小学做了大量的调研工作,拍摄照片 4300 余张,详见附录 A。按照调研深度,主要分为三个阶段。

1. 前期调研——初步调研(2005 年 3 月～2005 年 12 月)

前期调研主要是针对研究合作单位——西安建筑科技大学附属小学进行调研工作,具体包括:在师生中发放关于学校空间使用情况的调查问卷、与校长及多位教师进行访谈、测量学校平面布局、收集相关资料、定点定时进行拍照跟踪调研,以及向小学四年级学生讲授校本课程、观摩教改课程等。

2. 中期调研——深入调研(2006 年 2 月～2006 年 10 月)

在前期调研的基础上,首先由小组成员进行网上筛选,以不同标准选取西安各种典型中小学校(学校性质、地点、办学条件等),制订出具有一定代表性的西安中小学校的大致名单,运用小组分工的优势,开展对西安市二十余所中小学的整体调研活动。然后,采用普遍性与特殊性相结合的原则,多次到典型的学校进行深度调研,主要研究内容包括素质教育开展情况、教学方式的变化、室内教学空间现状、廊空间的使用、校园外部环境、学校建筑形象等,同时与校长、教务主任、任课教师、学生进行交流,熟悉各个学校的特点与差异,发现更多的问题。最后完成调研报告 11 份。

在一些重点调查的中小学校中,通过为在校学生讲授相关的建筑知识,深入学生的课堂活动中,再通过观摩学校校本课程,真实地观察学生在校的各种行为活动,为研究提供了宝贵的依据。

3. 后期调研——补充调研(2006 年 6 月～2008 年 12 月)

后期调研主要是对其他省市的中小学校进行的调研。选择对象为北京、上海、南京、杭州、青岛、郑州等城市的优秀中小学,这些城市是我国经济、科技、教育的重要基地,素质教育改革发展比西北地区快,因此在中小学校的建设发展过程中遇到的问题、经验教训和发展趋势均具有先导性、可借鉴性。选择的学校是当地教育质量较好的中小学,主要研究中小学校素质教育开展情况、教学方式的变化、室内教学空间现状、产生的对素质教育有利的变化和师生要求等。

1.4.4 分析方法

(1)归纳综合法。①对手头上的书面资料与文献资料进行归纳综合。②对调研的中小学进行资料整理,进行平面图绘制工作,在此基础上进行相关的分析。

③通过网络搜索，对我国台湾省、欧美国家学校外部空间进行归纳总结。

（2）比较分析法。①对国内外教育改革影响因素进行比较，以便确定我国素质教育改革与国外教育发展的差异，并得出大致的发展方向。②对国内外的中小学建筑进行比较。国外（如英国、美国、日本）进行教学改革时间长，经验多，校园外部空间设计有较好的实例可供参考，通过资料选取国外中小学，与我国的中小学建筑空间环境相比较，分析优劣。

（3）层次分析法。我国正处于经济高速发展的阶段，与欧美国家经济仍有较大差距，教育资源相对有限。如何在现有条件下，使教育设施最大满足教育发展的要求是研究重点。本书对影响教育改革因素进行分层次比较分析，判断各因素的重要性排序，得出目前我国中小学校设计中最迫切需要调整的部分，以指导建筑设计。

（4）列举法。选择优秀的学校建筑设计实例，进行全面的分析研究，总结出适应素质教育的建筑空间环境构成模式及构成要素，以及其在教育中起到的各种作用。

1.4.5　工程实践

将前期成果运用到工作项目中，探索开放式教育空间环境对素质教育的促进作用，检验实际使用效果，收集资料，最后提出适应素质教育的中小学校园环境空间模式和相应的建设适宜性对策。

2　中小学教育与教育建筑发展历史研究

全面推进素质教育是我国 21 世纪教育发展的重大决策,对教育建筑环境也提出了新的要求。从历史研究入手,将中小学教育与教育建筑对应起来进行研究,分析每一时期教育的特点与其对应教学空间的发展,理清历史脉络,分析影响因素,判断发展方向,是在素质教育改革的探索阶段,研究适应素质教育的中小学建筑空间与环境模式发展的重要手段。

2.1　工业革命前教育与学校的发展历程

关于人类教育史的分期,英国历史学家埃里克·阿什比以教育形式的发展为主线,把教育历程的变革分为三次革命[①]。

2.1.1　封闭的原始教育活动

（1）教育。原始社会低下的生产力和落后的生产关系决定了当时教育活动的特征:①教育行为简单、粗糙;②教育活动只在家族内展开;③教育活动的内容限于有关生存技能和精神寄托。

（2）影响教育的主要因素是生产力、生产关系。

（3）教育空间。教育行为呈封闭形式,仅限于家族群居的范围内进行,其目的是生命的维持和延续。在这个生产和生活浑然一体的原始形态下,没有稳定的教育者和受教育者,也没有固定的教育场所和规范的教育内容。

（4）影响教育空间的主要因素是教育模式[②]。

2.1.2　以语言、文字作为媒介的第一次教育革命

（1）教育。①教育活动从家族走向社会,教育活动的形式也呈现从封闭形式转为开放的倾向;②造字活动的出现,使人们有了第一次不为生产而进行的活动,从而使得教育慢慢脱离了生产和生活过程。人类的教育活动,由于有了语言、文字这两种不同功能的工具而有了长足的发展。语言、文字方便了教育过程,提高了教育效率,将人类文明向前推进了一大步。

（2）主要影响教育的因素是生产力、教育媒介。

①埃里克·阿什比. 科技发达时代的大学教育[M]. 滕大春,滕大生,译. 北京:人民教育出版社,1983.
②教育模式包括教学原则、教学手段和教学组织形式。

（3）教育空间。虽然尚未形成学校，但出现有教育性质的活动和场所。男青年在氏族部落居住区内的广场中接受生产技能和知识，如种植庄稼、饲养牲畜，还要学会骑马、射箭、打猎、格斗等。

（4）影响教育空间的主要因素：教育模式、教育媒介。

2.1.3　以专职教师的出现为标志的第二次教育革命

（1）教育。从公元前 2600 年到公元前 500 年左右，教育发展缓慢，产生能够为教育活动工作的人群，但并未专职化。在古埃及，出现了培养皇家子弟和朝廷重臣后代的宫廷教育、职官教育、书吏教育，以及培养僧侣的寺庙教育。古希腊只对奴隶主的子女进行教育，一般人没有受教育的机会。公元前 450 年左右，古希腊出现了专职教师。

（2）影响教育的主要因素是社会、政治、经济、技术、文化。

（3）教育空间。古埃及的宫廷教育在宫廷中设立学校进行；职官教育在各政府机关的办公处所进行；寺庙成为古代埃及研究学术和传播文化科学知识的一个重要场所，规模宏大的寺庙往往就是当时传授高深知识的学府。例如，当时建于埃及北部赫里奥波里斯城的日神大寺就是闻名遐迩的寺庙学校，连犹太教的创始人摩西、古希腊立法家梭伦、哲学家柏拉图都曾游学于此。约公元前 509 年，古希腊也出现了以讲演谋生的"智者"。这些人往往在公共场所以演讲的方式，广为招揽，信奉者多了，便选择弟子随行，并系统地向他们传授知识。公共场所涵盖面很广，以城市中心广场最为突出。例如，在古希腊的广场周围建造的一圈柱廊，就是雄辩家演讲的敞廊。这一时期的教育空间往往附属于贵族、僧侣生活工作空间的一部分（古埃及），或者是公共空间的一部分（古希腊），没有专门的学校建筑。

（4）影响教育空间的主要因素是政治。

2.1.4　以印刷术和科教书的使用及学校建立为标志的第三次教育革命

（1）教育。科学技术领域内纸张的发明和印刷术的创新，使得人类的教育活动有了长足的发展。印刷术使教材上了生产流水线，摆脱了手抄书本的困境，大大降低了教材的成本和增多了教材的数量，使平民普遍受教育成为可能，为学校的建立作了充足的准备。中世纪封建时期的儿童教育，具有明显的宗教性、封建阶级性和等级性，至 12～13 世纪出现行会学校及城市学校前，文化教育几乎全被教会垄断，世俗教材被否定。在 15 世纪时，城市学校普遍设立，因工商需要，打破了教会对教育垄断的局面。这一时期出现的学校具有今天所谈论的"学校"意义。文艺复兴时期，由于新兴资产阶级的新贵族阶层宣扬以"人"为中心，重视现实生活，崇尚理性和知识，打破教会对教育的独占，许多教育家主持的学校已无阶级教育之分。学校授课的范围更广泛，除了宗教道德教育外，也培养勇敢、进取、勤奋的世俗道德教育，且在对儿童的教育中已经考虑到儿童身心发展的特点，顾及儿童个性差异及兴趣，主张发挥儿童学习的主动性和积极性。这一阶段的教育方式更加开放，教育范围也扩大化。

（2）影响教育的主要因素有社会、政治、经济、技术、文化。

（3）教育空间。这一时期的教育建筑没有独立的建筑类型，往往依附于宫殿、住宅、教堂等建筑类型，相对于其他建筑类型而言无明显特点。

（4）影响教育空间的主要因素是政治、技术。

2.1.5 工业革命前我国基础教育建筑的发展

1. 我国基础教育建筑名称的演变

我国有计划、有组织地进行系统教育的机构起源于奴隶社会。我国在4000多年前就有了学校，那时学校的名字叫"痒"（xiǎng）。高一级的大学叫"上痒"，低一级的小学叫"下痒"。到了夏朝（公元前21世纪至公元前17世纪），学校被分成了四个等级，按级别叫"学""东序""西序""校"。到商朝（约公元前17世纪至约公元前1046年），又把这四种学校的名字改为"学""右学""左学""序"。西周就有了大学与小学之分，校、序、庠、塾均为小学，教育对象都是贵族子弟，一般8岁入小学。春秋战国时期，社会急剧振荡，最重要的是官学衰微，私学兴起。在后来2000多年的封建社会中，私学与官学始终相辅而并行，构成了我国古代教育体制的基本格局。后来的朝代还有在王府里设立的学校，叫"辟雍""成均"等。汉朝（公元前206年至公元220年）是我国古代教育史上一个比较昌盛的时期。汉代的学校分为官学与私学两种，其中，私学的书馆，亦称蒙学，系私塾性质，相当于小学程度。明朝（公元1368年至公元1644年）、清朝（公元1644年至公元1911年）时期的蒙学教育建筑称为"塾"。光绪二十九年（公元1903年），清政府颁布的《奏定学堂章程》中公布的小学课程是我国第一套正式的小学课程。1902年，《钦定学堂章程》中称小学为学堂，1912年的学制中改称为学校[①]。

2. "学塾"时期的教育建筑与教育模式

1)"学塾"时期的教育建筑

从春秋战国开始，中国学校分为官学和私学两种，但因官立小学兴废无常，实际上由私人设立的学塾承担儿童的教育责任，名曰"义学"、"教馆"和"家塾"。一般来说，主要从事小学教育，又称蒙学教育，故这类学校的老师又称蒙师。在有新式学堂之前，中国儿童接受正规启蒙教育的场所是学塾。根据经费来源的不同，学塾大致分为家塾、宗塾、义塾和私塾。从学者都是15岁以下的少年儿童。

---

① 义学、教馆与家塾. http://csonline.com.cn/infomation/rljyjsh/200308/t20030808_1429.htm，2003.

在"塾"时期，几乎没有正式的教学活动场所，教学通常在寺庙、家宅中展开。这类学校除了少数由官僚、地主、商人等富贵人家所开设外，大多都十分简陋，没有专门的校舍。我国古代曾有不少吟咏这类学校的小诗，反映了其中的一些情况。例如，宋代诗人刘克庄有诗云："短衣穿结半瓠（hù）空，所住茅檐仅蔽风。久诵经书皆默记，横挑史传亦能通。青窗灯下研孤学，白首山中聚小童。却羡安昌师弟子，只谈《论语》至三公。"清代著名诗人袁枚也有诗吟道："漆黑茅庐屋半间，猪窝牛圈浴锅连。牧童八九纵横坐，天地玄黄喊一年。"此段时期的教学空间大都为"一屋式"①。

2）"学塾"时期的教育模式

学塾的学习办法只有一个，那就是背诵，号称"天地玄黄喊一年"。而学塾中大多数的先生都笃信"严师出高徒"的说法，有些地区管学塾叫作卜卜斋，"卜卜"是象声词，正是先生打手板的声音。从江南到塞北，从沿海到内陆，各地私塾里都流传着类似的童谣："《中庸》《中庸》，打得屁股鲜红；《大学》《大学》，打得屁股烂落。"背书和挨打带来的苦难，让许多私塾里的孩子在还没有发现学问的重要性以前就被吓跑了。李宗仁在他的回忆录里，这样描绘自己的私塾生涯：私塾约有二十来个学童，大家挤在一间斗室里。先生只是要学童背书，但从不讲解书中的意思，一旦背诵得不流畅，就要被斥责、罚跪或者挨打。李宗仁觉得非常屈辱，五十多年后，还在他口述的回忆录里讲："一班同学都视书房为畏途，提起老师，都是谈虎色变的……我那时宁愿上山打柴，不愿在书房里受苦。"②

从上述可以看出，传统科举制度中精英教育、应试预备等观念以教育价值形态渗透、作用于蒙学教育，压抑、桎梏着儿童发展。

3. 中国近现代中小学教育发展及教育建筑状况

1）中国近代中小学教育发展

1904 年农历新年之前，两湖总督张之洞奏请修改了学制，颁行"癸卯"学制，将各地的书院改为兼习中西的新式学堂，同时废除了沿袭千年的科举制度，成为中国近代教育的开端。中国的新式小学通常以 1878 年设立的上海正蒙书院小班、1896 年设立的沪南三等学堂和 1897 年所设南洋公学外院（后改称南洋公学附属小学）为嚆（hāo）矢。

中国近代教育改革模仿的对象是日本。学堂的教育模式相对于学塾的教育模式有了很大的进步。1915 年，沈岳焕进入学堂读书，偏僻的湘西也有了新式小学。学堂开设了以前没有的体操课、手工课以及音乐课。《从文自传》里，有这样的纪录："学校不背诵经书，不随便打人，同时也不必成天坐在桌边。每天不止可以在

①义学、教馆与家塾. http://csonline.com.cn/infomation/rljyjsh/200308/t20030808_1429.htm，2003.
②启蒙年代的歌声. 中央台视台，2007.

小院子中玩，互相扭打，先生见及，也不加约束，七天照例又有一天放假，因此我不必再逃学了。"

2）教育建筑状况

我国近代小学教育相对于中高等教育一直较弱，教育建筑也无特定形制。清末的王先谦①就认为中国的小学教育不发达，光绪末年，他写信给湖南学使吴自修，并向巡抚上《拟设简易小学呈稿》，认为各省官立和民立学堂很多，但贫民小学却没有考虑，这是"务其大而遗其小，似未尽国民要义也"。他主张大办贫民小学，使所有适龄儿童都能方便入学，"照章五年毕业，即已知书习算，文义粗通"。他还身体力行，将自己多年担任省学务公所议长和省自治筹办处会办的马夫银共12250两全部捐给省学务公所，在长沙兴办简易小学堂18所，为长沙初等教育的发展作出了很大贡献。

2.2 现代教育模式与现代教育建筑发展

2.2.1 现代工业化教育

1. 现代工业化教育产生的背景

简单说来，现代教育是在追求人性发展的前提下，在大工业社会对大量有知识人才需求的背景下产生的，它孕育于文艺复兴时期，发展于18、19世纪，成型于20世纪，最终表现出现代工业化教育所特有的性质。

2. 现代工业化教育的核心内容及其采取的方式

工业化教育建立在现代大工业生产基础上，以满足人们适应现代社会经济发展的各种素质需要，实现人的现代化为目的。它的核心内容是大量培养工业社会所需人才，极大地扩大了受教育的人群。

编班授课制是现代工业教育采取的最典型的教学组织方式，是指以课堂为单位，将学生按照不同年龄或知识程度编成班级，教师按不同专业设置学科，按教学大纲规定授课内容，在固定的时间内进行的封闭式教学。这种教学方式使得大规模的人才培养成为可能，使劳动者在具备一定知识和技能水平之后，能够快速投入工作中。编班制课堂组织形式从16世纪起在西欧一些国家开始尝试，17世纪捷克教育家夸美纽斯在总结前人经验的基础上奠定理论基础，到19世纪开始大规模推广。编班授课制在充分发挥教师作用和提高教学效率方面，作出了过去历史上任何教学组织形式都不曾做出的贡献。也正是因为如此，至今仍被广泛采用，并且在许多国家继续彰显出它的生命力。在这种教学方式下产生的编班授课制教

---

① 王先谦：字益吾，因宅名葵园，人称葵园先生，长沙阁老，季清巨儒，http://csonline.com.cn/infomation/rljyjsh/200308/t20030808_1339.htm,2003.

室——相同规格大小的矩形教室空间的积累，是工业化时代典型的学校建筑空间组织形式。

3. 现代工业化教育的积极作用

伴随着工业文明的发展，现代工业化教育以其空前的发展规模和速度容纳了越来越多的学生，并使他们拥有了更多的知识和技能；在现代工业化教育的武装下，现代人对自然、社会，甚至人自身的开发和利用的能力达到了空前的高度。

首先，现代工业化教育具有极大的人为性和明确的目的性。它按照社会对个体的基本要求，对个体发展的方向与方面作出社会性规范，把培养现代化的人才视为自己的根本任务。现代教育的最大特点是弥漫着科学、文化和道德规范的气息，一切活动与环境都是经过精心组织和特殊加工的，是在具有经验的教育者的指导下进行的，活动的结果还要进行合理的检查。这样，教育就可以排除和控制一些不良因素的影响，使人们按照社会性规范的方向健康发展。

其次，现代工业化教育具有较强的计划性和系统性。现代教育的内容是围绕上述社会性规范展开的，它不仅考虑了社会政治经济制度、生产力发展对人才规格的需要，还考虑了知识的逻辑顺序和不同阶段人的年龄特点与接受能力，从而保证了人才培养的高质量与高效率。因此，受过现代教育的人，不仅在知识的数量、质量上，而且在接受知识的态度与能力上，显示出一定的优势。相对未受过系统教育的人，他们在社会意识、社会责任感、思想观念等方面往往也高出一等。

2.2.2　现代中小学教育理论与其相对应的教育空间发展历程

1. 19世纪末至20世纪五六十年代——"编班授课制"发展、成熟阶段

1）教育理论的变迁

18世纪中期，社会的经济形态变革、科学技术的发展、教育形式变迁及新社会关系的形成都交汇于这一阶段。工业经济规模高度集中，使得人向机器、工厂的所在地集中，逐渐形成了城镇，结束了以家园为圆心、以耕地为半径的封闭生活状态，教育形式逐渐打开。

在工业经济社会形态里，教育的主流形式应首指"编班授课制"。它对农业社会的个别教学制是一大进步，大大提高了教学效益，本来一个教师教一个学生，但当时一个教师可教三四十个学生，就像工厂一样，采用高度集中、高度统一的方法来提高教学效率，降低教学费用。自19世纪末起，工业发展的推动力、中产阶级的雄心勃勃以及民族主义的兴起，使人们的注意力开始转向广泛利用教育去促进这些正在兴起的事物的发展。

2）相对应的教育空间环境发展

1900年以前，供各年龄阶段儿童学习的校舍都是这样布置的：教室都布置在中央大厅的四周，各个教室在靠大厅的那面都镶有玻璃门和隔墙，如 Giddings 学校（图 2.1）。这种使得堂内的采光和通风都很差。

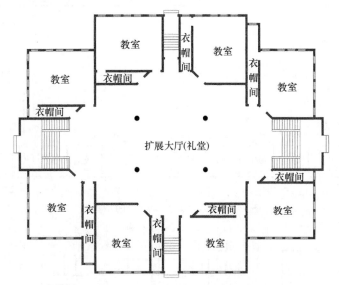

图 2.1　Giddings 学校一层平面图

19 世纪末 20 世纪初的社会变革以及由此兴起的教育改革，使得人们更加关注并解决校舍的诸多问题。1907 年，英国教育部批准了有关校舍平面布置、采光和通风等问题的标准要求。在之后很长一段时间内，没有建造高层校舍。由于受到教学方式的影响，"编班授课制"教室形式开始出现、成型并普遍适用。这时学校建筑形式以"四合式"（图 2.2）为主。这种形式在解决穿堂风和增强天然采光等方面做了诸多努力。它分为"单四合"和"双四合"两种组合方式。其布置有许多优点，如要求占地面积较小，还便于照管儿童。在 1920～1940 年的 20 年里，"四合式"的建筑不仅是最富有代表性的学校建筑，而且是最普遍流行的形式。英国是在这个时期采用这种学校建筑布局方式最多的国家。

从 1935 年起，各国又开始探求学校建筑的新形式，出现了一些各式各样的设计。不采用大型建筑，将学校设计成若干个独立部分（如幼儿园、小学的初级班和高级班、中学等），因此在原有编班授课制教室的基础上，形成了"陈列馆式"的小学建筑形态（图 2.3）。其优点是学校在布局方面能够设计成若干个独立部分，并在建设中分期建设，合理使用。在办学中强调"从做中学"的教学原则，使得在该时期学校总体设计中重视加工工厂、手工室以及女子家务课堂的布置；再加上在很长一段时间内，没有建设高层校舍，使得该时期的学校占地面积较大。

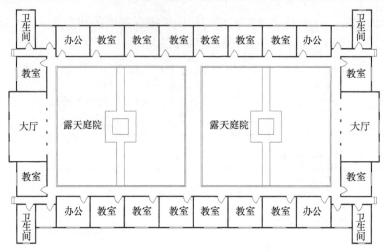

图 2.2 "四合式"学校平面示意图

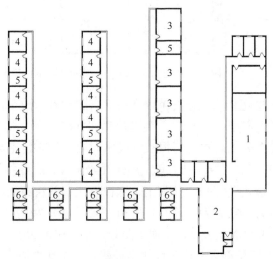

图 2.3 "陈列馆式"学校平面示意图

1-大厅；2-餐厅；3-实习室；4-教室；5-办公室；6-卫生间

由于受到现代主义建筑理论的影响，一些建筑师开始探索学校建筑的发展方向，"现代建筑"很快被学校设计所采用，因为它能够产生一种简单的方盒子般的容易规划且成本低廉的建筑。位于美国伊利诺伊州 Winnetka Willow 路上的 Crow Island 学校在 1940 年开始投入使用时大获成功（图 2.4），它通常被看成第一座现代学校，向人们展示了一种全新的教育建筑。与 20 世纪最初的 20 年间所建造的正式的、轴向的、传统的、多层的、笨重的泥瓦砖石结构的老套建筑相比，Crow Island 是一座非正式的只有一层的现代学校建筑，采用了朴素的建筑材料，按班级划分活动区域，具有与周围环境相协调的外观和规模；引进了按不同年级配置的教室群；重视室内与室外的联系；设计符合孩子体量的空间及家具。该校于20世纪70年代荣获由美国建筑师联合会颁发的荣誉很高的"25届成就奖"。

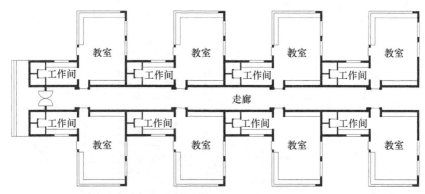

图2.4　Crow Island 学校普通教室区平面图

3）同时期我国中小学校教学楼建筑发展

由于我国历史发展的特殊性，近现代中小学建筑发展缓慢。从清末建立小学学制开始到中华人民共和国成立这一时期，虽然当时仍有借用其他建筑物当教学楼的现象，但是以教学行为展开为目的的教育建筑开始出现，形成具有现代教育意义的中小学校。

"1906年春天，郭开贞考入了乐山县高等小学堂，学校以前是座寺院，门外的戏台已经拆除，取而代之的是学校的正门，戏台前的广场成了学校的操场，操场左边有自习室，右边有学生寝室，而大殿则是上课的教室。""浓浓的江南气息一直萦绕在周有光的童年记忆里，他就读的小学在运河边上，学校是从以前的古庙改建而成。"[①]从宁波市实验小学的前身——鄞西学堂平面图（图2.5）可以看出，它是由当时的住宅四合院改造而成的。

2. 20世纪五六十年代至90年代初——开放式教育出现、发展阶段

1）教育理论变迁

第二次世界大战一结束，"冷战"即开始。各个国家均力求以教育作为发展社会凝聚力和经济力量的手段。

20世纪60年代以后，现代教育中暴露出来的问题越来越明显，社会对其的指责和批评日益强烈：①工业社会对理性秩序的片面追崇引发了现代教育的机械性，正像美国教育哲学家奈勒说的那样："我们的儿童像羊群一样被赶进工厂，在那里无视他们独特的个性，而把他们按照同一个模样加工和塑造。我们的教师们被迫，或自认为是被迫去按照别人给他们规定好的路线去教学。这种教育制度既使学生异化，也使教师异化了。"②工业社会对物质财富的过分占有引发了现代教

---

①中央电视台. 启蒙年代的歌声，2007.

育的逐利性，使得教育不是"使人之为人"的教育，而是"使人之为物"的教育。

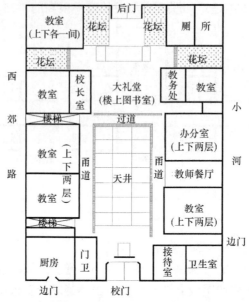

图 2.5 宁波市实验小学前身——鄞西学堂平面图（1922）

编班制课堂组织形式在此时暴露了其局限性。学生在这个枯燥的工厂式空间中，不分认知水准地、统一地接受知识灌输，并且无权思考这样的知识对不对，也无权思考自己该不该认同。同时，建筑师在设计学校时，常常机械地按学校需规模进行班级矩形空间的排列，再按规范，加上一定数量的附属教学空间，一个学校便诞生了。如此的课堂组织形式与相应的建筑空间设计严重阻碍了人才个性的发展。于是曾经对教育起到极大推动作用，甚至今天仍是我国和许多国家主流教育模式的"编班授课制"在欧美、日本等教育发达国家及地区被新出现的开放式教育模式逐渐取代。

2）开放式教学空间出现、发展、成熟

开放式教学空间的出现并不是建筑师或者教育工作者的单独行为，而是在一定历史条件下，受政治、经济、文化等各方面共同作用的结果。其主要原因是中小学教育体制、教学方式发生了根本性的变化，从而引发建筑师对新型教学空间不断探索。

在 20 世纪 60 年代初至 70 年代中期，教学环境的理论研究迅速发展的同时，世界许多国家（特别是美国、加拿大和英国）的中小学积极将开放式教育的教学环境理论付诸实践，并积极探索适应教育改革的新型教学空间环境，出现了开放式教学空间。开放式教学楼的发展是一个连续的过程，是无法严格划分的，并且各国的发展时期、具体情况不同，很难以时间线索进行划分。但是可以从教学楼内外教学空间的演变过程对其发展进行划分。大致可以分为三个阶段。

（1）转变阶段。从传统教学空间向开放空间转变阶段，最早进行教育体制改革及新型教学空间探索的当属英国。19世纪"定型化"的教育方式及学校建筑在第二次世界大战后得以改进，以珍惜每位学生成长为目标的教育改革，对以黑板、讲台为中心的教学形式予以否定，以启发学生自主学习为基础，以培养动手能力及小组讨论为主的学习方式开始实施，进而发展到取消以固定班级、年级为单位的施教体系，实现学习方式、学习组织灵活多样的新型教学体系。教育体制的转变对空间要求有所变化，从而促使建筑师对新型空间及环境不断探索，其中开放、自由、灵活的教学空间的出现最具有代表性。在中小学，这种空间称为开放式空间（open space），其灵活多变的空间形式满足新型教学方法的需要。

在早期的开放式空间内，没有固定排列的课堂和讲台，而是将教室分成几个块，称为"区"或"角"。"区"和"角"之间往往用幕布或活动的桌椅、书柜等做临时分割。在每个"区"、"角"里都准备了大量教材、器具等，供学生阅读、使用、操作。在这里，孩子学习不是静悄悄的，而是走来走去，进进出出，敲打、制作、歌唱，到处活动，整个气氛活跃生动，富有朝气（图 2.6）。

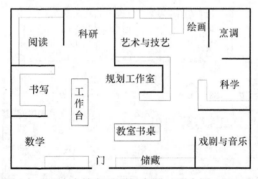

图2.6　开放式教室平面示意图（邓小军，2003）

（2）探索阶段。不断的探索与成长阶段，也就是开放式学校建筑逐步成熟的时期。这一阶段最具代表性的也是英国。第二次世界大战后，英国开始试验性地建造了一些开放式教学空间，到20世纪70年代已逐步走向成熟。教学小组式的集体教学法取消了年级中的小班教室，普通教学单元中需要一个更大、更开放、更灵活的教学空间以及附属房间（如教师办公、卫生间、储物间等）。这种学校中一般设有一个较大的空间，把各式电子教学设施集中起来形成全校的教学情报资料中心。这个中心还可以利用电子计算机在一定区域内和其他学校的同类中心联成"地区电视网"。这个空间通常布置在校园平面的中心部位，形成一个多功能综合性的"学习中心"（learning center）。

以英国为先头的教育改革及适应这种新型教育体制的学校建筑也影响到美

国、加拿大及欧洲其他国家。以美国为例，在 20 世纪 60 年代，由于受到英国和苏联的影响，美国开始反省自己的初等教育，这也成为开展开放式教育、探索开放式学校建设的契机。此后大规模地实施教育体制改革，并彻底推行个别化教育。与此相呼应，大量建设带有开放式、多功能灵活空间的新型校舍不断出现，中小学教学空间形式富有弹性且多样。当时美国的开放式平面布置的学校以类似工厂厂房一样的大空间形式为主流，教室之间没有墙。那些室内如运动场一般大小的开放式空间中，除了地面与屋顶固定不变，由装配式构件组成的可以自由划分的空间形式为多样灵活性的教学方式提供了方便。图 2.7 所示是美国西雅图华利达高级中学，打破了年级界限，在中央大方形的网格空间中，中央大厅围绕多媒体区域为中心，形成多个组群，每个组群以教师区为中心，学生交流、自习、阅读都有各自的场所。空间通过灵活布局，容纳多种教学活动。学习用的凹室（alcove）、学习角（corner）、大小不同的学习区域以及静思空间（quite space）等到处可见，无论是个人自学还是以大、中、小组展开学习讨论，都可以在室内找到合适的场所。专业化的空间如音乐、美术、工艺教室和讲堂、剧场等独立出来分布于周围。食堂和自动售货机也纳入其中，使得这个开放式的教学空间尤为生动。

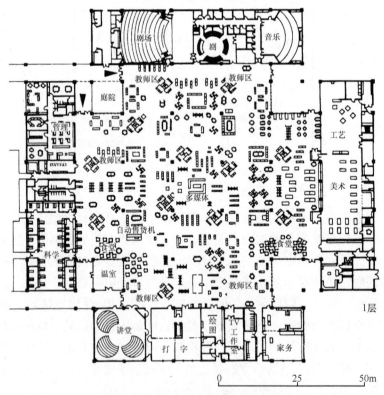

图 2.7　美国西雅图华利达高级中学

至 20 世纪 60 年代末，这类开放教室在世界各地的学校中开始增多。美国在 1967～1969 年建立的学校中有 50%采用了开放式教室设计，而在此期间修建的中小学中只有 3%为传统式设计。在加拿大和英国所有的中小学中，开放式设计占 1/10 以上。新西兰 1971 年建立了第一所开放式学校，到 1978 年，每 12 名儿童中就有 1 名在开放式学校就读。

但任何新生事物的出现及成长过程不可能是一帆风顺的，开放式教育体制以及开放式教学空间也不例外。在探索开放式学校初期，也走了一些弯路。例如，在学校管理体制还不够完善的情况下，教室内部空间过度开放导致了教学方面的一些负面效应，如学生上课注意力不集中、噪声干扰等，于是这种平面布局在 20 世纪 70 年代后期遭到批评。绝大多数这种学校被重建或改建，回到过去的独立教室型。但开放式教育理念却继承和延续下来。

虽然欧美从 20 世纪 70 年代后期到 80 年代以后新建的开放式学校急剧减少，但是在教育界的强烈要求下，仍有不同类型的开放式学校在建设中。随着教学空间从过度开放向相对开放转变以及学校管理体制等各方面的不断完善，开放式教学空间设计不断成熟并且逐渐被人们接受，以致影响到其他发达国家的学校建设，其中受益最大的当属日本。

（3）开放教育的发展与推广阶段。①教育理论变迁。自 20 世纪 80 年代初开始的教育改革，其动力来自于教育的外部和教育的内部。教育的外部因素是科学技术的迅猛发展，并由此带来生产的不断变革和社会的深刻变化；国际局势趋于缓和而经济竞争日益激烈。教育的内部因素是中等教育的普及和终生教育思潮的兴起，以及中小学教育质量的下降。于是在科学教育的指导思想下，强调"科学为人人""大众教育"的教育改革出现了，改革的核心在课程目标和指导思想上，从而引起教学过程、教学手段和教学方法的一系列改革。②对应的教育空间环境发展。总结"探索与成熟阶段"的经验，不断完善、改进学校的管理体制及教学方法，使开放式教学空间设计在一些发达国家得到进一步的推广。这一阶段中，日本的发展对我国很有借鉴意义。由于第二次世界大战对日本经济的影响，与英国、美国相比，日本新型学校建设实践起步较晚，是在总结欧美经验，结合本国实际情况的基础上开始的，所以这种设计一开始就有一定的针对性。日本不是由教育体制改革导致教学空间变化，而是由教学空间变化导致教育体制改革，是由一批研究欧美新型学校的建筑师带头，在行政当局及校方的大力支持与配合下，新建开放式学校建筑，再将欧美成功的开放式教学方法及经验介绍给校方加以实施，并逐步推广。与欧美开放空间相比，日本的新型教学楼内部空间最大特点就是很大程度上保留了普通教室（基本教学单元）与长外廊组合的原形，加宽外廊空间（活动空间），使之成为教学空间的一部分，这样可以灵活地展开多种形式的教学活动，并在通风、采光、节能等方面有一定的优点。

自 20 世纪 80 年代以来，重新建设的欧美开放式中小学校不再是像工厂一样的大空间，具有无自然采光、通风，学习小组之间干扰很大等问题，而是更重视人文环境的营造，提高各教室间的独立性，重视室内和室外的关系，对以往开放式格局的学校缺点做了相应的解决，而形成各种风格独特的开放式格局的学校，学校建筑设计更加多元化。学校空间的组合方式在五六十年代的基础上，逐步发展为公共空间集中式、哑铃式平面、分支式平面、庭院式平面、群簇式平面等。这些组织方式均是将教室、公共设施（如礼堂、健身房、图书馆等）、教师节点（如办公室、员工室、卫生间）按一定的组织形式表达出来。当然，独特的场地条件或设计者有意创造的特殊造型会赋予这些基本模式各种特有形态（图 2.8）。在这个时期里，由于中小学生数目的减少，校舍的多样化应用和多余空间的有效利用便提上日程，实施学校设施向地方开放和开办社区学校渐成风气。

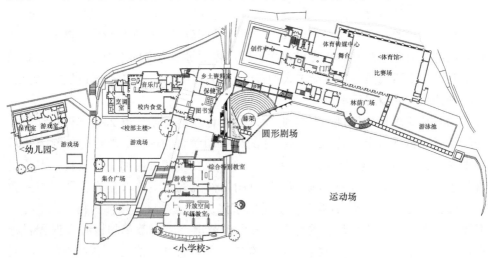

图 2.8　日本浪合学校平面图（长泽悟等，2004）

3. 同时期我国中小学教育建筑发展

由于我国特殊的历史发展进程，这一时期中小学教育及教育空间发展没有与世界发展同步。

1）中华人民共和国成立到 20 世纪 70 年代

这一时期由于我国经济十分困难，建造的教学楼整体质量十分低下。

（1）20 世纪 50 年代初期，城市中小学校舍基本是利用 1949 年以前所建的旧校舍（包括利用会馆、教会建筑及庙宇改成的校舍）维持办学，当时只能维持办学的最低需求，期间几乎未建立新校舍，只对旧校舍进行必要的维修和改建以保证使用安全。

（2）20 世纪 50 年代中期至 60 年代初期，正值我国实行第一、第二个五年计划，经济十分困难，百业待兴，教育基建投入少，校舍建设受到片面强调降低建筑标准和工程造价的影响。此时期所建校舍多为简易建筑，忽视了坚固、适用、美观的建设方案，使校舍整体质量受到严重影响。

（3）20 世纪 60 年代中期，国家对国民经济进行调整，教育基建投入有所回升，建筑中的片面节约思想逐步得到纠正，新建、扩建了部分校舍，校舍质量普遍有所提高。60 年代后期未建新校舍，70 年代中期新建新校舍也很少，只能保证教育事业发展及教学活动的基本要求。

2）20 世纪 70 年代末至 20 世纪 80 年代

20 世纪 70 年代末，由于国家开始重视教育，建立统一的学校建筑标准，并随着技术发展，将电教设施引入学校，中小学校的建设标准普遍提高，各类教学用房基本齐备，建筑功能比较完善，长外廊串联固定教室的布局是这一时期教学楼的主要形式（图 2.9）。

图 2.9　宁波市实验小学（1981～2001 年）

从 20 世纪 80 年代初期开始，全国工作重点转向现代化经济建设，国家将教育列为发展经济战略的重点之一，教育投入逐年递增，办学条件普遍得到改善，中小学建筑标准普遍提高，沿海城市出现一批教学用房齐备、各类用房配套、建筑功能完善、造型多样、形式新颖、具有浓郁时代气息的橱窗式中小学建筑，深受师生的喜爱和教育界的好评。1982～1986 年，国家相继制定和颁布了《中等师范学校及城市一般中小学面积定额》《中小学校建筑设计规范》，在 1984 年举办了全国中小学建筑设计方案竞赛，拓宽了学校建筑思路，使中小学校建筑的规划设计水平普遍提高。

2.2.3　教育改革提高阶段

20 世纪 90 年代初至今为教育改革提高阶段。

1. 新时代教育背景

在终身教育的背景下，由于开放教育的发展及教育资源的短缺，各国开始新一轮的教育改革，学校与家庭、社区的关系更加得到重视。开放式学校不仅满足于校园内部的开放，而且逐渐向社区、社会开放，以提高教育质量和教育资源利用率。

例如，1992 年 9 月日本开始实施学校双休日制度，这一时期提出了"综合学习时间""开放式学校"等概念，学校逐渐转变在与家庭、社区合作中的消极态度，开始主动寻求与家庭和社区的合作。这一时期政府又出台了几个文件以推动学校、家庭和社区的联合。1996 年，在终身教育审议会中首次提出"融合"的概念，指出原来的"学社联合"是"学校和社会发挥各自的教育功能并相互补充，共同协作"，但是"必要的联合还不充分"。为了克服这一问题，审议会提出"学校和社会在完成各自工作的前提下，更进一步、有效地把学习场所和活动场所组合起来共同致力于学生的教育之中"。从此，日本学校、家庭和社区三者进入一个全方位合作的阶段。

2. 对应的教育空间环境发展

以美国为例，中小学校发展打破传统，新型学校增多，出现校中校、多地点学校、社区学校等，课程设置也更加灵活，尊重儿童天性。

1）校中校

校中校就是一个大型学校被再分为 3～6 个小型学校，共享一些设施，但每个小型学校都有自己的空间和特点。如图 2.10 所示，学校由一条校内街道连接起簇拥在一个中型媒体中心的四、五或六个小学校。每个校中校都由四个围绕在教员办公室和工作室周围的综合学习空间组成。这四个校中校同时共享一些专门的学习区域，如科学、家政、工艺、技术教育和音乐，还共享一些多功能房间和体育教学空间。如果条件允许，这个学校可以与社区的公园、网球场相毗邻，可以共享设施，提高设施利用率，节约资源。

2）社区与学校结合

（1）多地点学校。过去大部分中小学生几乎在同一所校园里度过所有的学习时光，随着学校与社区的不断融合，学生可以在校外获得更多的教育场所：政府办公楼、私人办公室、银行、实验室、工厂、报社、医院、当地图书馆、博物馆、音乐厅、当地社区学院或大学校园，如迈特学习中心等。

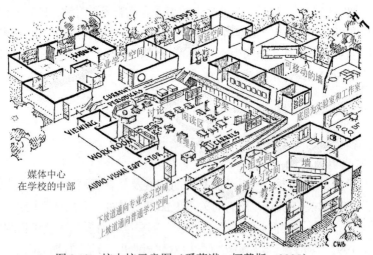

图 2.10　校中校示意图（爱莉诺·柯蒂斯，2005）

（2）社区学校。社区将有机会利用学校进行教育、健身、休闲及文化艺术活动。这将使所有居民都有机会参加中小学的继续教育活动，并且把学校看成文化和健身中心，这与终身教育的概念相吻合。21 世纪的学校将会普遍成为社区学校，未来的学校将不会有围墙与社区分离，学校是社区的一部分（图 2.11）。

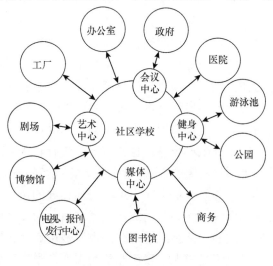

图 2.11 社区与学校结合示意图

3. 我国基础教育及教育建筑发展

20 世纪 90 年代以来，我国教育改革日益深化，教育投入逐年增加。并且随着国际专家学者互访、图书资料交流增多，开展学术研究，取长补短，在教学方法、教学条件和设计理念等方面，借鉴国外成功的经验，对我国学校建设的推进起到了积极的作用。各种新型学校不断出现，部分学校向城外发展，用地规模增大，景观设计得到重视，学校拥有完备的教学、实验、体育和生活设施以及富有人文气息的校园空间（图 2.12）。

图 2.12 宁波市实验小学

但大部分地区学校在提高建筑标准的同时，学校建筑功能布局无明显改善，还是以适应"编班授课制"的"长外廊串联固定教室"的布局为主。

2.2.4　未来室内教学空间发展趋势

从教育改革趋势来看，体验式学习将成为学生学习的主要模式。因为亲身的学习实践可以培养分析与综合能力，比起花上数周时间粗略地浏览、记忆书本知识的学习模式，所以具有更长的持续性且更具意义。这样在学习环境中会减少编班授课制的教室布置方式，取而代之的是每个学生都可以使用的学习工作空间。在这些区域，学生将在一个长期项目上独立工作或者成组合作工作。这种被称为"活动小组（turf）"[①]的学习环境将是灵活可变的，以适应多种多样的教学计划。一些学校可能在大的空间里提供布置有大桌子的工作区域，旁边设有可供独立学习的小空间，有些类似于开敞办公室；也会有一些带有轮子的可移动的工作台，以便学生可以靠近从事项目所需的设备。学生将会花更多的时间在合作小组工作，这可以使他们相互学习，并且有机会在小组里扮演领导的角色，这对孩子的成长很重要。小组空间可以由大空间划分而成，或者是多种功能空间的专门区域，如表演练习室。在未来的发展中，小组学习空间也可被用作会议室、进行特殊教育或远程教育的空间，可以满足成人、残疾儿童的需要，学生可以共享千里之外的资源，接受教师辅导。未来的教学空间将不是传统的固定普通教室+专业空间，而是学生工作空间+表演空间+教师专业工作空间+媒体中心。教室将被小型、中型、大型的学习空间所代替，并且个人学习空间将会成为每个学生的学习基地。

2.3　教育理论与建筑发展趋势

2.3.1　教育发展原动力分析

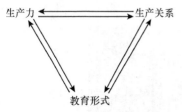

图 2.13　教育原动力分析图

教育作为一种社会活动，它融于社会，依赖于社会，为社会进步作出贡献的同时，也受制于社会发展水平。教育本质的原动力（图 2.13）是：生产力决定生产关系，生产关系反过来影响生产力；生产力与生产关系同教育形式之间又有着相互依存、互相制约的关系。从教育发展史来看，随着社会生产力的提高，教育范围从家族到部落、种族，再至某个社会阶层，乃至全社会，不断扩大（图 2.14）；教育内容不断增加，从单一的生产技能发展到各个专业领域的知识技能，再至整个人素质的培养；教育发展路线从简单到复杂，从没有文字到有教科书的教育，从没有固定场所到将社会各部门有计划地纳入教育场所。这样从封闭到开放不断演进，就是人类教育的文明，因此不断开放的教育是教育发展的必然趋势（表 2.1）。

---

①BRUBAKER C W. 学校规划设计[M]. 邢雪莹, 译. 北京：中国电力出版社, 2006：153.

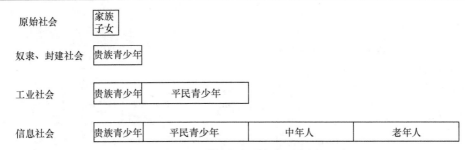

图 2.14　受教育人群变化示意图

表 2.1　教育发展趋势一览表（张婧，2006）

阶段名称	教育的对象	教育导修者	教育中介	教育空间、建筑	开放程度
原始教育时期	家族中的儿童	家族中的长辈	"体态语""副语言"	无固定场所	★
第一次教育革命	部落中的儿童	部落中的长辈	文字、口语	部落内部	★★
出现专职教师　未专职化	贵族阶级	有一定社会地位的文人、官吏、僧侣等	文字、口语	利用宫殿、寺庙、公共场所传播该时代的科学文化知识	★★★
专职教师	贵族阶级	专职教师			
学校的建立	平民受教育成为可能	专职教师	教科书	教育空间有固定场所，无固定建筑类型	★★★☆
工业革命导入教育主流形式	平民受教育成为可能	专职教师	科教书、广播、电视	教育建筑定型	★★★★
教育走向开放形式	任何愿意学习的同一知识水准的人	导修者	网络、视频	社会各个场所	★★★★★

　　作为承载教育活动的场所——教育建筑空间也必然不断开放，最后在终身教育、全民教育的推动下，社会各个场所都将成为人们学习的地方（图 2.15～图 2.17）。

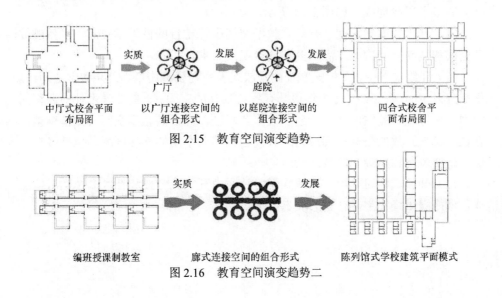

图 2.15　教育空间演变趋势一

图 2.16　教育空间演变趋势二

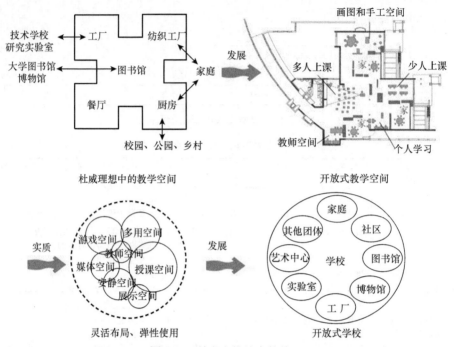

图 2.17　教育空间演变趋势三

2.3.2　开放式学习空间的层级分析

通过研究开放式教学空间发展历史，可以得出开放式教学空间是分为若干个层次，不断扩大学校开放区域的。开放式教学空间系统是由教室、学校、社区、社会等多个层次构成，如图 2.18 所示。

（1）开放式教学空间。开放式教学空间由特定目的性教学空间、多目的性活动空间和辅助空间构成，满足多种教学模式需求。

（2）开放式学校。开放式学校由开放式教室与资源中心、公共教学空间组成。学校分为 1～6 个年级，每个年级都有各自独立的空间。一些非学术性的课程活动空间，如行政、餐饮服务、音乐和表演艺术区，同公共教学空间（如体育馆）结合在一起。开放的公共空间成为所有校舍和辅助空间的连接区域，包括多功能大厅、阶梯表演和用餐等区域。

（3）开放式学习社区。开放式学习社区由开放式学校和社区多个学习地点组成，最终满足终生学习社会的需求。

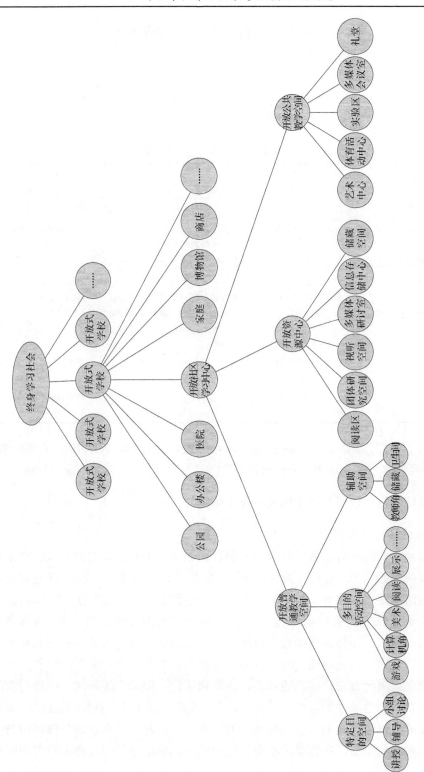

图2.18 开放式教学空间层级图

2.4 影响中小学校建筑空间构成的因素

2.4.1 影响因素分析

通过对中小学教育及教育建筑历史发展的分析，总结出不同阶段影响其发展的因素（表 2.2），为探讨适应素质教育的中小学建筑空间及环境模式提供依据。

表 2.2　影响教育及教育空间发展的因素

教育发展阶段	影响教育发展的主要因素	教育空间形态	影响教育空间发展的主要因素
封闭的原始教育活动	生产力	无固定教育场所	教育模式
以语言、文字作为媒介的第一次教育革命	生产力、教育媒介	尚未形成学校，但氏族内出现有教育性质的活动和场所	教育模式、教育媒介
第二次教育革命（公元前450 年左右）	社会、政治、经济、技术、文化	没有专门的学校建筑，教育空间附属于其他建筑	政治
以印刷术和科教书的使用及学校建立为标志的第三次教育革命	社会、政治、经济、技术、文化	没有独立的建筑类型，往往依附于宫殿、住宅、教堂等建筑类型中，相对于其他类型建筑而言无明显特点	政治、技术
工业革命现代教育	社会、政治、经济、技术、文化	满足"编班授课制"教育模式的学校	教育模式、经济、技术、建筑风格
开放教育	社会、政治、经济、技术、文化	开放式学校	教育模式、技术

从表 2.2 中可以看出，目前教育模式是影响教育建筑空间发展的第一直接因素，其次是科学技术水平。这两项因素究竟如何作用于教育空间，是本节研究的重点。

2.4.2 从环境行为学研究教学模式与教学环境的关系

1. 教学环境的作用

教育建筑空间是外部教学环境的一部分，教学环境与教育的关系是近年来理论界热议的问题之一，本书试图从环境行为学角度来分析这一问题。"从马克思主义的人类活动论观点来看，人的发展的实现一定要通过个体的活动。就学习而论，它是发生于主体与环境之间的、以特殊的活动为中介的发展过程。这种特殊活动可分为两种形式，即外周活动与中枢活动。外周活动表现为人体各外部器官的各种动作行为。通过这些活动，人一方面从环境中获取满足自己需要的对象，即环境的对象化；另一方面把自己的目的、意愿物质化，改造旧的环境，创造出新的环境和财富。中枢活动即人的心理活动，是把物质对象转化为意识的活动。中枢活动不仅能控制主体活动，而且能外化为行为动作，从而具有认识外部环境乃至改造外部环境的作用。在教学活动中，这两种形式的活动是同时存在和密切联系的，它们是人与环境相互作用的特殊形式。人通过这两种形式的活动，实现了自身与环境之间的物质和精神的变换，在这个变换过程中，人自己便呈现出一种不断发展的动态图式：在原有行为结构与认知结构的基础上，或是将环境对象纳入其中（同化），或是因环境作用而引起原结构的变化（顺应），于是形成新的行为结构与认知结构，如此不断往复，直到达成相对的适应性平衡"[1]（图 2.19）。

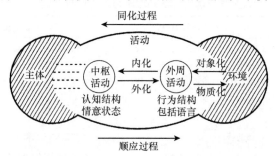

图 2.19　人的行为与外部环境的作用机制（布莱恩·劳森，2003）

人与环境相互作用的学问——环境行为研究，是建筑设计的基础。环境由空间、它周围的环境、意义、人以及他们的活动组成（布莱恩·劳森，2003）。一方面，建筑实体组织营造了空间，其内部空间和围合空间的物体能够激发或禁止不同的行为；另一方面，人的行为变化对空间的大小、组织方式提出新的要求，从而改变空间的功能。教学方式的改变势必对教学环境提出新的要求，研究适宜儿童学习的环境要素，是环境行为研究的组成部分。

2. 相关学习理论

教育模式的改变需要学习理论做支柱，学习理论是关于学习的性质及其形成机制的心理学理论，它是与实际的教育、教学过程有关的心理学理论的一个方面。在学习理论流派中，也有关于环境与学习的讨论。

20 世纪初出现的"行为革命"的思潮猛烈冲击着传统心理学，由此出现了行为派学习理论。在这种理论中，学生所有的行为都是习得的，都是学生对以往和现在环境所做出的反应。学生行为是受外部刺激、奖励或强化控制的。这种学习理论的延伸就是要形成一种改变或修正行为的方法。在学校教育中，教师的职责就是要构建一种环境，尽可能适时强化学生的正确行为。直到 20 世纪中叶，行为主义在北美心理学界一直占主导地位。

自 20 世纪 50 年代，西方出现认知心理学，一直到目前占主导地位。认知心理学的一个基本假说是：学生的行为始终建立在认知的基础上。在学校教育方面，强调教师必须根据学生的知觉和思维发展的不同阶段进行教学。

20 世纪，教育理论界先后出现的行为派学习理论与认知派学习理论都对学习

①顾泠沅. 教学改革的行动与诠释[M]. 北京：人民教育出版社，2003：158-159.

环境提出了见解。行为主义注重机械的学习观，认为环境刺激推动学生从事各种各样的行为，学生不是自我能动的，仅仅是对环境的作用做出反应；而从认知理论看来，思维、情意等心理活动是人类存在的基本活动。这两种学习理论的差异如表 2.3 所示。

表 2.3 行为派学习理论与认知派学习理论比较（顾泠沅，2003）

比较项目		行为派学习理论	认知派学习理论
学习的动因		刺激与反应间联结的激起，被动地适应环境	知觉的重组，主动了解环境、控制环境
学习的本质	中介物	外周活动为中介，即远离大脑的行为等	中枢活动为中介，即大脑的心理活动
	解决问题的方式	试误式	领悟式
	结果	习惯的获得	认知结构的获得
学习的研究	主要对象	行为研究，不探讨心理活动	心理活动的探讨是关键
	方法特征	注重试验研究	不强调试验研究，可以使用观察、思维试验和逻辑分析等方法
对于教育的解释		安排各种刺激，以便学生形成合意的联结	鼓励学生对复杂的环境进行积极的心理探索

显然，行为派强调客观环境的作用，认知派强调心理主体作用。两派学习理论发展的历史已经表明，忽视发生于心理主体中的人与环境的系统因果关系而讲环境的刺激，就会把学习看成简单、消极而被动的过程，从而陷入机械论。反之，忽视环境刺激的单向决定作用而讲心理主体，就会割断主体同客观现实的联系，把学习看成封闭在主体头脑中的纯心理领域的活动，从而陷入相对论。直到辩证唯物论的认识论提出在科学实践基础上将二者统一起来。综上所述，教学环境在教学过程中起到激励、控制学生学习状态的重要作用。

因此，素质教育改革是在各种教学试验和实践中不断发展的，适应素质教育改革的教学空间环境模式研究也应该建立在对各种教学理论和教学试验分析基础上。

2.4.3 国外近现代主要教育理念对教学空间的影响

不同的教育理论会产生不同形式的教学空间。本节研究国外近现代先进的教育理念、教学模式发展与相应的教学空间发展，以期对我国适应素质教育的中小学室内教学空间的构建有所帮助。

1. 鲁道夫·斯泰纳的人智学及其影响下的教学空间发展

鲁道夫·斯泰纳（Rudolf Steiner, 1861—1925）是奥地利科学家、哲学家与艺术家，自创"人智学"（anthroposophy）。

1）人智学的教育理念

斯泰纳认为，人的意识是阶段性的发展，教育就是配合人的意识发展规律，阶段性针对意识来设置教学内容，促进个体的全面发展。学生感觉能力比思考能力、分析能力要来得快而深刻，儿童自然发展的、健康的思考方式是从知觉开始的。因此，不仅要给学生一种结果，还必须让他们自己经过找结果的整个过程，教育的真谛在于"引导出来"儿童的能力，而非"灌输进去"成人认为的知识。

2）人智学理念指导下的教学改革

（1）课程的多样化。人智学教育很重视意志、手工与劳动的课程规划，在各学习领域的教学活动中，融入"手、脑、心"能力开发的课程概念，强调与学生生活经验相结合，训练学生双手，刺激大脑，启发心智。因此，在许多课程活动中均会融入"美与健康"和"动手操作"的概念。学校不仅有大量的美术、雕刻、音乐、舞蹈律动、表演艺术、话剧、手工艺术、园艺和农艺等艺术化教育课程，而且数学、科学、文学、外语、历史和人文课等都以艺术化的手段进行教学。

（2）教学方法的多样化。人智学的小学中没有固定安排好的教法规则，教师是完全自主的，他们可以完全自主地创造自己认为最好的教法，最常使用的教学方法是自由游戏、唱歌、说故事、戏剧。例如，学习写字，可以用画画的方式，教师让学生用线来做出各种形状，然后再画出这些形状，从这些形状中渐渐看到字形的浮现；也可以让学生"舞"出不同的形状，学生可以从自己身体动作造成的形态和这些动作带来的感受来体会字母的形状，然后再将这些身体形状带入字母中。

图2.20 挪威斯塔万格斯泰纳学校鸟瞰图
（爱莉诺·柯蒂斯，2005）

3）对应的教学空间分析

斯泰纳的改革教育思想影响十分深远，目前在全球 50 多个国家中，已经创立了 640 多所人智学教育理念指导下的学校。

以挪威的斯塔万格斯泰纳学校为例，学校从空间设计和教室布置都尽量做到自然、和谐和温馨，给予学生温暖、安全和爱的感觉。校舍建筑布局灵活，屋顶和墙壁都呈自然的曲线形，内部的阶梯、门庭、窗棂与天花板都以未经刨光的原木组合，显现出大自然间原始的朴拙与青涩，强烈表现对自由与开放的诉求，有一种返璞归真的内在信念（图2.20和图2.21）。教室内部的屋顶是双曲线形的，安装了天窗，使室内获得了充足的自然光。教室里没有讲台、讲桌，没有固定的课桌椅，学习气氛比较自由，学习空间可以弹性运用（图2.22）。

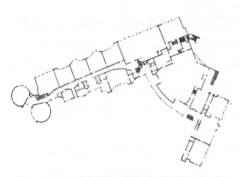 

图 2.21　挪威斯塔万格斯泰纳学校平面图　　　图 2.22　挪威斯塔万格斯泰纳学校教室内部
　　　　（爱莉诺·柯蒂斯，2005）　　　　　　　　　　　　（爱莉诺·柯蒂斯，2005）

2. 杜威的教育理念及其影响下的教学空间发展

约翰·杜威（John Dewey，1859—1952）是美国现代著名的教育家，他将实用主义哲学与美国教育实际相结合，创立了独具特色的教育理论——"以学生为中心，从做中学"的"实用主义教育理论"，对美国以及世界许多国家的教育产生了重要影响。

1）杜威的教育理念

杜威指出，儿童是教育的中心，教育的各种措施都围绕他们而组织起来。教材对儿童永远不是从外面灌进去，学习是主动的。必须站在儿童的立场上，并且以儿童为自己的出发点，决定学习的质和量的是儿童而不是教材。

他提出"从做中学"的口号，学校要有唱歌、绘画、手工训练、游戏、戏剧式表现、更直接的活动方式、建造性工作和作业、科学观察、实验等，用这些活动取代独立的书本学习，在活动中激发学生的创新思维。以这些活动作为媒介，为读、写、算提供了大量的机会，而且把儿童引入更正式的课程中，可以从活动中提取问题、动机和兴趣，儿童求助于书本时就有了理智上的渴求，有了探询的态度，积极性增加了，被动性减少了，可以大大提高教学效果。

2）对应的教学空间分析

对应他的教学理论，杜威提出理想中的教学空间（图 2.23 和图 2.24），一层的中心是图书馆，围绕它的分别是工厂、纺织工厂、餐厅和厨房。二层有物理化学实验室、生物实验室、艺术教室和音乐教室，同样围绕博物馆布置。厨房和纺织工厂与家庭紧密联系，在这里学生可以学以致用。厨房与校园、公园和乡村紧密联系，学生可以充分接近自然。而工厂与技术学校的研究实验室，图书馆与大学图书馆、博物馆紧密联系，随时获得外界知识。学生在工厂和厨房遇到的问题也可以很方便地到二层的实验室来解决。学校里每个地方都表现出自由和不受约束。除了会议室和图书馆，这里没有桌子和固定的椅子。学生可以坐在他真正喜欢的地方，他们可以扭动四肢，可以变换位置，如果不干扰同伴，他们在课堂或其他任何地方都可以互相交谈，甚至可以从一个地方转移到另一个地方。

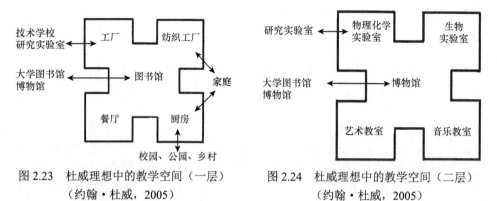

图 2.23 杜威理想中的教学空间（一层）
（约翰·杜威，2005）

图 2.24 杜威理想中的教学空间（二层）
（约翰·杜威，2005）

3. 霍华德·加德纳的多元智力理论及其影响下的教学空间发展

1）多元智力理论简介

多元智力理论是 20 世纪 80 年代由美国哈佛大学的心理学、教育学教授，学习理论家加德纳博士提出的一种关于智力及其性质和结构的新理论。他指出，人类至少有七种智力：语言智力、数理/逻辑智力、视觉/空间智力、身体/运动智力、音乐/节奏智力、人际交往智力和自我认识智力。构成智力的七种方式的价值是等同的，且都是切实可行的。加德纳完全从学生的感知规律出发，从教学全过程来进行分类，阐明了每类学习结果得以出现的过程和条件。在他看来，教学不外乎是针对不同的学习结果而精心设计的学习的外部条件系统，这一思想正在改变人们对教学及教学空间设计的传统看法。

2）对应的教学空间分析

加德纳用一个有几个门的房间来表示相应的教学空间。"房间"代表要教授的学科，"门"相当于学生进入该学科主题的不同方式。学生通过与其智力类型相对应的"门"进入"房间"，每个到达点都由课程、学习重点、各种活动等组成。当学生用自己擅长的智力类型对所学内容有了初步了解后，他们还要用其他几种方式学习该内容。同时还要与从其他门进入该学习主题的学生合作，这使他们的思路变得清晰并强化了所学知识。

美国教育家阿姆斯特朗将多元智力理论应用于教学实践中，他建议建立"智力友好"区域或活动中心，各项智力各有专属区域，便于在每个智力领域上提供给学生更多的探索机会，如表 2.4 所示。

他们的研究将学生的发展与个性作为教学的中心来组织教学空间，创造性地发展了学科教室的理念，形成各项智力专属区域（阿姆斯特朗，1997）。这样完全打破了年

表 2.4　智力类型与专属区域及区域配置表（阿姆斯特朗，1997）

智力类型	爱好	适合发展的相关技巧	最适合的学习方式	专属区域	区域配置
语言类（舞文弄墨者）	读、写、讲故事	记忆人名、地名、数据和琐事	说、听、看文字资料	语文中心	包括书籍专用角落或图书馆区（有舒适的椅子）、视听中心（录音带、耳机、有声书籍）、写作中心（打字机、文字处理机、纸张）
数理逻辑类（擅长质问者）	做实验、计算、与数字打交道、善于发问、探察事物的原型及相关性	数学、推理、逻辑、解决问题	分类、编排、运用抽象的模型、联系	逻辑数学中心	设数学实验室（计算器、操作仪器）、科学中心（实验、记录材料）
空间形象类（视觉造型者）	画、建造、设计、创造、幻想、看图片/幻灯片、看电影、摆弄机器	构想、觉察变化、看地图和图表	视觉形象、幻想、运用感官/感受、运用色彩/图片	空间中心	设美术中心（拼接材料）、视觉媒体中心（录影带、幻灯片、计算机图示）和视觉思维区（地图、图表、视觉游戏、图画书、立体的建造材料）
音乐类（音乐爱好者）	唱歌、哼曲、听音乐、演奏乐器、对音乐反应灵敏	练习听力、记忆曲调、练习音调/节奏、练习合拍	节奏、曲调、音乐	音乐中心	设音乐教室（录音带、耳机、音乐带）、音乐表演中心（打击乐器、录音机、节拍器）和收听实验室（音乐瓶、听筒、对讲机）
运动类（运动者）	四处运动、拍打与交谈、运用肢体语言	体育活动、舞蹈、各种手艺	拍打、运动、通过肢体感觉获取知识	肌体—动觉中心	设开阔的空间以提供增强想象力的运动（小型蹦床、杂耍器具）、动手中心（黏土、木工、积木）、触知学习区（立体地图、各种织物样品）、戏剧中心（演出舞台、木偶剧场）
人际关系类（社交者）	朋友众多、与他人交谈、参加各种团体	善解人意、领导别人、组织、操纵、化解矛盾	分享、比较、联系、合作、拜访	人际中心	设一张小组讨论用的圆桌，成对排列的课桌，提供同伴教学时使用，社交中心（图板游戏、非正式社交聚会用的舒适家具）
与心灵沟通类（乐于独处者）	独立工作、追求个人兴趣	了解自己、关注内心感受、梦想、相信直觉、追求兴趣/目标、有独创性	独立工作、个人完成项目、自学、拥有个人空间	内省中心	设独立学习用的、带书架阅览桌的阁楼（带有个人"隐私"及躲开人群的幽僻角落）、电脑室（为自我调整学习所用）

级和班级教室的界限，学生可以根据自己的多元智力水平，自由选择所要学习的课程及进度，进入相应的空间学习，并提倡学生间合作、交流和更多样化的学习方式。这完全改变了人们对传统教学空间的印象，具有极大的创新性和可实践性。

2.4.4　技术对教育建筑的影响

科学技术的不断发展，使教育手段不断提高，从最原始的言传身教到文字、印刷术的发明，人类的教育不断达到新的水平。在信息社会，科学技术的不断突破，使教育效率不断提高。

　　事实上，人们早就对技术发展所带来的教育空间变化给予了充分的重视。早在 20 世纪初，由于广播通信技术的发展和运用，出于对先进知识掌握的迫切愿望，英国建筑理论家 Sexton 编写的著作《学校建筑的今天和明天》中对未来学校的功能布局提出了大胆的设想。

　　"我可以很肯定地说未来收音机和电视机将成为重要的教学工具。由于广播教学的发展，我预见到广播大学将成为一个新的教育系统，这将极大地促进民族教育。各个专业的专家将指导各个部门的学习、研究，同时图书管理员、实验人员和咨询人员位于广播中心附近，以便能将最新的科研成果及时告知听众。只有将优秀的人才和精良的设备集中起来，才能为广播教学提供极大的推动力。"

　　"我们所设想的广播大学的规划是以广播塔为中心的。在广播塔中集中设置礼堂、戏院、播音室和办公室。在中心的外围一圈是专家研究室和实验室；在下一圈是教室、图书馆和用于研究、实验和教学的工作室，最外围是学生和教授生活的单元。广播的接收仅仅受接收设备的数量和类型的限制，那么无论人们在哪里——住宅、医院和所有的机构，都能接受广播大学所教授的内容，这为盲人和那些生活在没有学校的地方的人提供了便利条件（图 2.25）。现在我们开始讨论那些接收单元的规划和设计，还有发送广播教学的单元——明日的学校。"

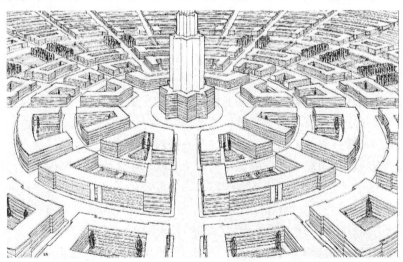

图 2.25　以广播教学为基础的学校模型（Sexton，1942）

　　"为了设计未来的学校，我们必须建立一个模型来演示未来的学校如何运作。例如，有图像的演讲必须由录像、电视和电讯发射等系统配合才能进行广播教学。还有一些老师在此基础上进行个别辅导，由于座位、朝向和地区物质条件的差异，校舍自然有所不同。通过广播还可以进行互动式教学，通过设备使人们可以在一起进行讨论、研究和训练。在接收中心或校舍，电视将提供一种问答的手段，这样一位在圣弗朗西斯科的学生可以和他在纽约的老师进行讨论。"

今天看来，当时完全建立在物质技术条件上，忽视人的感受，以电视塔为中心的规划设计显得有些偏激，但所提出的广播教学的开放式教学模式在今天已经得到了推广。相比其他因素，当代科学技术的发展给学校带来的冲击和变化可能最为显著。大量先进教学设备在学校中的应用改善了学校的学习条件和教学环境，改变了人们的一些陈旧观念和落后的教学方法与手段。正如一些教育技术学专家所提出的，电子计算机和电视代表了新技术对学校的综合冲击，"电视作为一种在世界各地得到广泛应用的教学手段，使得那些不发达国家的学生，无论他们生活在离都市中心多远的地方，都有机会获得各种新的观点和思想。"[1]而且由于互联网的出现和运用，未来的远程教育一定会得到极大的发展。

事实上，开放教育的发展也证明了技术对教学空间塑造的重要性，正是因为现代建筑技术解决了开放教学空间的相互干扰问题和不同学习地点间的信息交流问题，才使开放教育有了进一步发展的可能性。信息社会，科学技术发展突飞猛进，对新的学校建筑设计必须考虑设备的运用并要为未来的发展留有余地。

2.5　小　　结

本章按照不同历史阶段对世界基础学教育及教育建筑发展进行归纳，得出中小学教育必将朝着不断开放的趋势发展，同时厘清我国中小学教育建筑的发展脉络，其中着重分析了现代编班授课制的产生、发展及弊病，剖析了应试教育产生的原因，为我国素质教育改革的必然性提供了历史依据；对开放式教育发展过程中所遇到问题进行分析，为我国教育改革提供参考；分析教育与教育空间的发展趋势，得出开放式教育发展中不同开放程度所对应的建筑功能空间的不同，为有计划地实现我国素质教育改革提供依据，再一次证明了素质教育改革的必然性和方向性。在此基础上，总结出不同阶段影响其发展的因素，得出对当代开放式教育影响最大的因素——教育模式和技术发展。从环境行为学角度和对相关学习理论的分析，得出教学环境在教学过程中起到激励、控制学生学习状态的重要作用。进而通过对各种理论及其对应的教学空间的剖析，得出益于教学的环境应是针对不同的学习结果而精心设计的学习外部条件系统。对 100 年前广播学校规划的重新审视，得出科技进步对教学环境的影响。对影响教学环境的因素进行分析，目的是为探讨适应素质教育的中小学建筑空间及环境模式提供理论依据。

①DUNKIN M J. The International Encyclopdia of Teaching and Teacher Education[M]. Oxford：Pergmon Press，1987：549.

3 世界教育发展背景下的中国素质教育改革研究

第 2 章从历史分析角度论述了国外中小学教育及其建筑空间的发展，得出影响教育空间发展的主要因素是教育模式。素质教育虽然在我国已开展了一段时间，但目前正在探索中，没有总结出相应的理论及模式，那么我国教育发展是否会遵循教育发达国家的教育之路，也朝着开放式教育发展？我国素质教育改革与世界教育改革的关系如何？本章通过对比世界教育改革与我国教育发展现状，定位我国素质教育改革在世界教育发展中的位置，探讨素质教育改革发展方向，对比我国教育改革与教育发达国家的差距，寻找其切入点，进而为研究适应素质教育的中小学校建筑空间及环境模式、为制定步骤从而实现现有中小学校建筑空间向理想建筑空间转换提供依据。

3.1 中国素质教育改革在世界教育发展中的定位

20 世纪 80 年代以来，世界各国掀起了新一轮的大规模中小学教育改革浪潮，大大提高了教育水平。本章首先对教育改革中的学制、课程目标、课程内容、教学方式、德育、教育评价、教师培养等问题进行归纳总结，揭示中小学教育发展的基本规律，探寻我国素质教育发展的趋势。

3.1.1 学制改革：迈向终身教育，中小学学制的发展方向

当前世界各国都在积极调整和完善本国的学校教育制度，以适应社会发展的需要，总的看来，迈向终身教育是中小学学制的发展方向。

（1）终身教育的概念。终身教育是当今各国教育改革的共同指导思想，而建立终身教育体系是各国学制改革的共同目标。终身教育的内涵非常丰富，它是建立在民主化、普及化的教育理念上，具有整体性、综合性、开放性、多样性和生活化的特征。终身教育是持续的，包括各个年龄阶段，贯穿人一生的整个过程；终身教育包括各种形式的教育，它谋求正规教育与非正规教育、学校教育与社会教育等多种形式的教育之间的联系和统一，把一切具有教育功能的机构都连接起来；终身教育面向全体人民，以全体人民为对象，向每个人提供学习和掌握丰富知识的可能；终身教育要对人们授予多面性的教育，它既包括专业性的教育，也包括社会的、文化的、生活的等各方面的教育。总之，终身教育是一种大教育观，是改革现有教育机构的原则，其目标是组织一个提供终身学习的完善体系，提高人的素质和生活质量，促进社会的发展①。

---

①张蓉. 走近外国中小学教育[M]. 天津：天津教育出版社，2006：17-19.

（2）终身教育的影响。在终身教育思想的指导下，许多国家的中小学学制发生了重大的变化。基础教育的基本价值取向是为人的终身学习奠定基础。学校的培养目标是要由过去的重视学生的知识储备转变为重视学生综合素质的培养。学校的组织结构要向开放和网络化调整，即学校对社会大生活保持开放形态，使自己成为社区生活的一个机构，如开放校舍、设备，开放教育教学活动，参与社区文化活动建设。同时对现有教育资源进行优化整合，使之成为教育网络，加强学校与学校、学校与社会之间的联系。

（3）终身教育的发展状况。最近几十年，终身教育思想已被不同社会制度、不同发展水平的许多国家所接受，成为一种有国际影响的教育思潮，许多国家都以立法的形式明确了终身教育在教育改革中的重要指导地位。

（4）我国自 20 世纪 80 年代引入现代终身教育理论后，终身教育、终身学习的概念便被迅速接受并运用到教育实践中，积极推进了我国教育体制的改革和发展。1993 年，《中国教育改革和发展纲要》确立了终身教育的发展目标。1995 年 3 月通过的《中华人民共和国教育法》规定，国家要推进教育改革，促进各级各类教育协调发展，逐步建立和完善终身教育体系，为公民接受终身教育创造条件，用法律形式确立了终身教育在我国教育事业中的地位和作用。1999 年 1 月由国务院批准的《面向 21 世纪教育振兴行动计划》再次强调，终身教育、终身学习是教育发展和社会进步的共同要求，要逐步建立和完善终身教育体系。

3.1.2　教育目标改革

1. 各国初等教育目标的比较分析

教育目标决定了教育的发展方向，英国学者菲利普·泰勒对各国初等教育的目标进行比较分析后做出了归纳（表 3.1）。

表 3.1　各国初等教育的目标统计（张蓉，2006）

目标类型	百分比/%
基础知识和技能	41
使儿童的心智、社会性和道德获得发展的普通教育（即儿童发展的全部潜能）	38
为以后的教育提供基础（即为下一阶段的教育做准备）	20
其他目标（包括社会融合、就业技能、爱国主义、宗教灌输等）	1

由表 3.1 可以看出，前两项目标占了近 80%，这说明作为基础教育的中小学教育所承担的使学生德、智、体等方面获得全面均衡发展的任务在世界各国初等教育目标中得到了较为充分的体现。

可见，大多数国家的教育目的只有一个，那就是培养完善的人。即要求教育要关注个人的需要，尊重人的个性，使每个人潜在的才能得到充分的发展。而这种以人为本的教育观"既符合教育从根本上来说是人道主义的使命，又符合应成为任何教育政策指导原则的公正的需要，也符合既尊重人文环境和自然环境又尊重传统和文化多样性的内源发展的真正需要"①。

2. 我国初等教育目标现状

相对而言，我国的教育目的则有待完善。根据《中华人民共和国教育法》的规定，我国的教育方针是："教育必须为社会主义现代化建设服务，必须与生产劳动相结合，培养德、智、体等方面全面发展的社会主义事业的建设者和接班人。"可见，现阶段，我国的教育目的还停留在社会需要上，没有真正确立以人为本的教育目的。这也导致我国教育中存在着忽视人的需要，不重视人的个性的弊端，因此我国中小学培养目标的基础性特征非常明显。

3.1.3 课程改革

课程问题是各国中小学教育的核心问题，课程改革是教育改革的重要内容（附录 B 和附录 C）。

1. 当代课程理论的基本走向：渗透与融合

课程问题是各国中小学教育的核心问题。各种课程理论不断涌现，交叉渗透，直接指导着各国中小学课程改革。影响比较大的课程流派有学科中心课程论、儿童中心课程论和社会改造主义课程论（表 3.2）。

表 3.2 主要课程流派比较

名称	起源及概念	优点	缺点	作用及影响
学科中心课程论	主张课程由一系列学科所组成，以学科为中心。每门学科都同一门科学相对应。首先将某门学科中的基本知识和技巧按照一定的顺序编排起来，形成独立的学科，能供学生学习；然后把众多学科按照一定的逻辑顺序组织起来，编写学科体系，使学生能先后或同时学习各门学科	（1）重视学科之间的内在逻辑，每门学科重视科学本身的逻辑。能够使人通过学习，比较系统地掌握某一科学领域的基本知识。同时，也只有掌握了较系统的科学原理，才能够发展人的逻辑思维，充分发挥人的聪明才智。（2）重视教师的作用。学科内容是学生学习的客体，学生是学习的主体，教师既是客体的载体，又是实现由客体向主体转化的主导力量。离开了教师，就实现不了学科内容的传递	（1）由于学科是按照各门学科的类别来组织的，很容易把相关的知识割裂开来。（2）学科往往同社会上关心的问题及发生的事件相脱节。（3）学科中心课程很少考虑到学生的兴趣和需要。课程的编制者关注的是学生应当接受什么，而较少考虑学生的心理逻辑、学习兴趣以及学生在学习中的能动作用、结果，往往使学生偏重记忆书本知识，产生对学习的厌烦心理	目前是学校课程的主体类型

①国际 21 世纪教育委员会. 教育——财富孕育其中[M]. 联合国教科文总部中文科，译. 北京：教育科学出版社，1996：70.

续表

名称	起源及概念	优点	缺点	作用及影响
儿童中心课程论	以儿童从事某种活动的动机为出发点，以各种不同形式的一系列的作业为核心来组成课程。儿童中心课程又称为活动中心课程或经验课程	（1）出发点是基于儿童的兴趣，所以学生在学习活动中是积极的、主动的、活泼的，学习的效果也是好的。 （2）使学习与生活环境联系紧密，教育即生活，而不是生活的准备。 （3）由于在活动中进行学习，学生不仅在知识方面积累了经验，而且智力、能力、人格、民主的意识等也得到了发展。 （4）活动内容重视儿童心理的逻辑，因此，儿童年龄越低，教学效果就越好	（1）忽视理性知识的价值。 （2）忽视科学知识的逻辑体系。 （3）忽视教师在传递知识方面的作用等问题。 在没有系统学习的条件下，学生的个人经验很难得到提高和发展。在片面强调儿童兴趣的情况下，学生很难全面正确地理解社会的需要，会把一些必要的知识忽略过去	儿童中心课程理论在实践中造成了教育质量的下降，但活动课程仍然是目前欧美国家小学低年级课程的重要组成部分
社会改造主义课程论	兴起于 20 世纪 30 年代，主张根据改造社会的需要来设置课程，把课程及其内容的选择和安排与社会的改造联系起来，围绕社会改造的"中心问题"组织学校课程。社会改造主义课程又称为社会中心课程	（1）主张以广泛的社会问题为核心来组织课程内容。 （2）主张学生尽可能多地参与到社会中去	（1）实用主义色彩过于浓厚，只强调教育改造社会的功能而忽视了个人的需要和发展。 （2）忽视了知识的系统性和完整性。以纯粹的社会现实问题充斥课程内容，力图使学生理解和改造当代社会生活，却忽视了课程在传递人类文化上的作用，致使课程内容缺乏理想性、对系统知识的传授，不利于学生的全面发展	社会改造主义课程在实践中降低了学生基础知识的水平，遭到了其他课程学派的强烈反对。但它在指导各国当前的课程改革，尤其在综合课程设计方面仍有重要意义

　　这三种现代课程理论相互争鸣，此消彼长。它们的分歧主要表现在如何处理知识、学生和社会三者的关系上。三种课程理论在这一点上都有正确的一面，但也都有其片面性。随着教育实践的深入，各国课程理论者认识到，科学的课程理论必须摒弃非此即彼的偏激主张，吸收各种课程理论的合理成分。理想的课程应以"社会需求、学科体系和学生发展为基点，以提高素质为核心"，如图 3.1 所示。在编制和选择课程时，必须全面考虑知识、学生和社会三个因素，兼顾三个方面，组成不同形态的课程。因此，现在各种课程理论正向融合的方向发展。实际上，各个国家、各种学校，目前都不囿于任何一

图 3.1　理想课程理论建构图

种专门的课程类型，形式上基本还是以学科课程为主，但已经不是严格意义上的学科中心的学科，学科中既有按学科门类建立的学科，也有一些是同实际生活有着密切联系的学科及以统合组织形式出现的学科。

素质教育改革前，我国在苏联教育模式影响下，以学科中心课程论为指导思想，加上我国教育长期过分强调学校的选拔功能，以应付考试、追求升学率为目的，形成应试教育。教育严重忽视学生个性发展，学业负担重，损害了学生身心健康。近年来，随着素质教育的开展，逐步调整课程结构，开展活动类课程，向着三种课程流派融合方向发展。

2. 中小学课程管理体制的变革趋势：集权与分权的协调

在课程管理的历史上，世界各国中小学课程管理体制大体上可以分为中央集权制（如法国和俄罗斯）和地方分权制（如美国和英国）两种类型。这两种课程管理体制都各有弊端。中央集权制的管理不利于适应不同地区和学校的实际情况，不利于发挥地方和学校的积极性，地方分权制的管理则缺乏国家统一的课程标准，难以保证全国教育目标的实现。

从现在的发展趋势来看，课程管理正逐渐均权化。俄罗斯在 1993 年颁布的基础教育计划中，全国统一的必修课占 73.68%，而地方和学校课程占 26.32%。而英国在颁布的《1988 年教育改革法》中，也规定了 10 门国家课程作为中小学的必修课，使义务教育阶段的基础课程由过去的学校、教师自行规定转变为国家统一规定。

我国长期以来实行中央集权制的课程管理体制，但在目前这一世界课程改革趋势的影响下，我国也采取了改革措施。2001 年教育部颁布《基础教育课程改革纲要》，提出实行国家、地方、学校三级课程管理的政策，将 10%～12% 的课时量给予地方课程和学校课程，这意味着中小学课程设置将有更大的灵活性。

3. 中小学课程结构的特点：宽广性与平衡性

调整课程结构是当前各国课程改革的焦点。各国都致力于实现课程结构的宽广性和平衡性，以建立起理想的课程体系，促进学生素质的全面发展，确保教育目标的实现（表 3.3）。

表 3.3　主要国家或地区一至九年级科目现状与趋势（钟启泉，2001）

科目	比例/%	说明
本国语	18～25	随年级升高，比例呈下降趋势
数学	13～17	各年级比例变化不大
宗教、公民	4～6	各年级比例基本一致
社会	6～12	随年级升高，比例有增加趋势
科学	8～12	随年级升高，比例有增加趋势

续表

科目	比例/%	说明
体育与健康	8～10	各年级比例基本一致，法国比例高
艺术	8～12	随年级升高，比例有增加趋势，韩国较高
外语	4～6	从小学高年级开设
选修	10 左右	从小学五年级开设，并逐渐增加

进而，对我国中小学的课表，归纳分析各科所占比例（表 3.4）。根据比较得出，我国中小学各门课程比例与国外基本相同。

表 3.4　我国中小学各门课程所占比例（以如东马塘小学四年级为例，详见附录 C2）

科目	比例/%	说明
语文	23.3	随年级升高，比例呈下降趋势
数学	13.3	随年级升高，比例呈下降趋势
科学	6.7	随年级升高，比例有增加趋势
体育	10	随年级升高，比例呈下降趋势
外语	13.3	随年级升高，比例有增加趋势
综合实践	3.3	随年级升高，比例有增加趋势
品德生活	6.7	各年级比例基本一致
美术/音乐	13.3	各年级比例基本一致
计算机、劳技	6.7	各年级比例基本一致
周会	3.3	各年级比例基本一致

3.1.4　中小学课程类型

目前中小学课程类型有基础课、选修课、综合课程、活动课程、校本课程。以前由于基础教育重视知识的传授，基础课占很大比例，随着教育改革的推进，在中小学阶段，课程类型变化的主要特点如下。

1. 发展综合课程

实行综合化课程可以减少课程门类，避免原本有密切联系的各科知识被人为地分裂开来，同时避免各科教学内容的重复。这既有利于学生从整体上完整地理解和掌握各门知识及其相互联系，又有利于减轻学生的学习负担。因此，跨学科开设综合课程已经成为国际上中小学课程结构改革的一个重要趋势。

2. 开设活动课程

活动课程打破了学科界限，以学生的兴趣和需要为基础来选择和组织课程内容。调动学生的积极性，激发他们的创造性，同时使他们在解决问题的过程中，学会综合运用知识，提高动手操作能力。随着知识经济社会的出现，培养学生的创新精神和实践能力成为各国课程改革的一个重要方面，为此，各国都比较注重在中小学开设活动课程。

各国各地区对于课程的分类标准不同，要求不同，课程内容尤其是活动课的内容、门类不相同。各国的活动课程内容及相应增加的教学空间列表如表 3.5 所示[①]。

表 3.5　各国活动课开设情况统计

课程分类	课程内容	法国	英国	日本	美国	加拿大	相应教学空间
表演课	唱歌与哑剧 故事与传说	☆	☆	☆	☆	☆	校剧场或多功能普通教室[②]
	情节剧	☆	☆	☆	☆	☆	校剧场或多功能普通教室
家务课	烹饪	☆	☆	☆	☆	☆	专业教室
	绣花、缝纫	☆			☆		专业教室
	插花				☆		普通教室
体育课	体操	☆	☆	☆	☆	☆	体操房
	溜冰	☆	☆	☆	☆	☆	溜冰场
	自行车	☆					操场
	骑马	☆				☆	骑马场
	足球	☆	☆	☆	☆	☆	足球场
	羽毛球	☆					羽毛球场
	手球	☆					手球场
	柔道	☆		☆			柔道场
	网球	☆			☆	☆	网球场
	滑雪	☆			☆	☆	滑雪场
	中国武术					☆	武术场（馆）
技能课	饲养			☆			动植物饲养园地
	油漆						专业教室
	制陶		☆	☆	☆	☆	专业教室
	车工				☆		专业教室
	手工编织	☆	☆	☆			专业教室或多功能普通教室
	简单制作箱子、家具等		☆	☆	☆	☆	专业教室或多功能普通教室

①以下的课程内容只是本书目前能收集到的部分，实际内容应远多于此。
②多功能普通教室是相对于编班授课制时所采用的传统教室，详见第 4 章。

续表

课程分类	课程内容	法国	英国	日本	美国	加拿大	相应教学空间
艺术	绘画	☆	☆	☆	☆	☆	专业教室或多功能普通教室
	音乐	☆	☆	☆	☆	☆	专业教室或多功能普通教室
	舞蹈	☆	☆	☆	☆	☆	舞蹈室
	版画、雕塑、设计				☆	☆	专业教室或多功能普通教室
社会	调查访问研究	☆	☆	☆	☆	☆	校外

注：☆代表开设此课程。

从表 3.5 中可以看出，中小学开设活动课程涉及艺术、体育、家务及社会等，具有内容多、范围广的特点，且各学校开设课程不尽相同，课程内容多有变化，许多课程与生活密切相关。

3. 开发校本课程

校本课程的开发是一种与国家课程开发相对应的课程开发模式。总的来说，校本课程也称为学校本位课程或学校自编课程。即学校依据国家的教育方针和教育目标，依据学校自身的办学理念，在分析学生需求的基础上，基于社区和学校的课程资源，由学校教师自主进行的课程开发。

4. 我国课程类型现状

我国目前也在积极探索课程改革。例如，上海自 20 世纪 70 年代开展的"青浦教育改革实验（1977—1994）"研究得出的 4 条"让所有学生有效学习的基本原理"中，第三原理（"活动原理"）总结出学生自主学习的活动体系[1]（表 3.6）。

表 3.6　学生自主学习活动课体系

项目	空间	时间	内容	形式	教师	学生	评价
第一类活动	课堂内	基本课时	学习系统的知识技能为主，同时培养获得知识的能力	系统传授为主，辅之以指导探究、辅导、自学、互相讨论等	传授者	提高自主性	系统知识评价为主
第二类活动	课堂内外结合	专题活动课弹性课时	兼顾知识和能力	开设专题活动课；学科知识课时分段，腾出时间开展活动	指导者	基本自主	兼顾知识和能力的评价
第三类活动	课外走向社会	课外活动、考察和实践其他生活时间	因地制宜，因人而异，以培养综合的实际能力为主	组织丰富多彩的课外活动；开展与社会紧密联系的活动	促进者	自主	能力评价为主

由表 3.6 可以看出，各种类型课程相结合的教学方法已在我国开展，并取得

---

[1]顾泠沅. 教学改革的行动与诠释[M]. 北京：人民教育出版社，2003：177.

了良好的效果。我国中小学长期以来实行的是学科课程，但近年来也逐渐重视活动课程。在 2001 年 6 月颁布的《基础教育课程改革纲要》中，规定综合实践活动课程为必修课程，从小学三年级开始设置，每周平均 3 课时。这表明综合实践活动作为一个独具特色的课程领域，首次成为我国基础教育课程体系的有机组成部分。综合实践活动就是一种活动课程，它以学生的现实生活和社会实践为基础发掘课程资源，以活动为主要开展形式，强调学生的亲身经历，要求学生积极参与到各项活动中去，在"做""考察""实验""探究"等活动中发现和解决问题，体验和感受生活，发展实践能力和创新能力。综合实践活动的内容除了包括研究性学习、社区服务与社会实践、信息技术教育、劳动与技术教育等指定的四大领域，还包括班团队活动、学生同伴间的交往活动、学生个人或群体的心理健康活动等。值得一提的是，各国所确定的中小学主要基础课程中除了国语、数学、科学、历史、地理、外语、信息技术、公民、体育，还有艺术教育。比较而言，我国这方面落后于世界水平。

3.2　中国素质教育改革发展研究

从历史分析与教育改革比较，初步可以判定我国中小学素质教育改革也将朝着更加开放的形势发展。但中国基础教育有其特殊性，中国近现代中小学教育从清末民初到 21 世纪初，经历了长期的复杂的发展过程（附录 C）。由附录 C 可以看出，应试预备教育长期占据主导地位，但其中也有很多教育方面的改革。1999 年 6 月 13 日，中共中央、国务院颁布《中共中央、国务院关于深化教育改革全面推进素质教育的决定》，虽然在教学理念上有了很大的变化，但任何改革都不是一蹴而就的。目前我国中小学教育处在应试教育和素质教育相互交织、逐步变革的过程中，分析影响教育改革的因素、比较应试教育与素质教育的优劣、判定素质教育的发展程度，是研究适应素质教育的中小学校建筑空间和环境模式的前提。

3.2.1　我国教育改革历史研究

教育改革受诸多因素影响，一定社会政治经济条件决定教育发展的程度，教育发展有阶段性。事实上我国教育改革一直在进行中，也曾有过引入国外先进教育模式而失败的教训，因此教育发展要遵循其自身规律，因时制宜，目标得当才能取得成功。

事实上，我国早在 20 世纪初就曾经引入国外的先进教育模式，并进行了一系列的实验。从新文化运动兴起到南京国民政府成立之前的这一时期，受国内启蒙思潮和美国进步主义教育哲学等影响，以自学辅导法、分组教学法、设计教学法、道尔顿制等个别教学实验作为先导，从观念到实践，从政策层面到学校层面，从教学方法、教学组织形式到学制、课程，个性发展、个性培养方法得到重视（附录 C）。

（1）自学辅导法。1914 年前后兴起，1916 年达到高潮，代表人物是俞子夷，主要的实验小学有江苏省立第一师范附小、南京高师附小等①，"各科以儿童自主为主，教师处于指导地位"。该法受儿童中心主义影响，突出教学中儿童自习、自主的价值。

（2）分团（组）教学法。由朱元善、陈文钟等于 1914 年在尚公学校发端，余绪延至 20 世纪 20、30 年代。该教学法把一个班的儿童根据智力、能力分为几个组团，教师按照不同组团的实际水平分别讲授，相对自学辅导法以整个班级为指导单位是一种进步，但教学程序仍为讲授式。

（3）设计教学法。1914 年起，由俞子夷等在江苏一师附小、上海万竹小学、南京高师附小启动试行，此法将教学建立在儿童的兴趣和愿望上，以儿童有目的的活动作为教学过程的核心或有效学习的依据，设计学习单元、组织教学活动，打破学科体系，废止班级授课，由学生自己决定教学目的，拟订教学计划，自由选择、自由支配上课时间。儿童在自己设计、自己负责实行的单元活动中获得知识和解决问题的能力，教师的任务是指导和帮助学生实行有目的的学习行为。南京高师附小是设计教学法的实验基地，其教室称为"杜威院"，有游戏室、音乐谈话室、读书室和工作室，形成特别的教学空间。

（4）道尔顿制教学法。道尔顿制作为与班级授课制相对立的个别化教学组织形式，最早由舒新城于 1922 年在上海吴淞公学试行，其后廖世承于 1923 年秋至 1924 年夏在东南大学附中实验，并迅速形成高潮，1924 年下半年趋于衰退，1926 年有所复兴，至 20 世纪 20 年代末几近匿迹。其教学空间变化是打破原来"班级教学"的模式，将原来的"教室"改为各个学科"实验室"和"作业室"，存放有关的参考书籍、图表、仪器、标本等，作业室的桌子一般为可多人共用的大桌子，便于学生之间自由讨论。不同年级的学生在同一个作业室里进行独立研究，根据自己的兴趣和能力自由支配时间和学习进度，参考材料的选择完全由学生自己查找②。各"实验室"配备相应学科的"专科教师"，为学生提供"作业指定"并考核学生的"学业进度"。

当时所有这些实验，无论形式如何，都是希望解决编班授课制的过分整齐划一，以及教育普及过程中所必然出现的程度分化问题，将教育价值的中心由教师、教材、课堂转向或分向学生及其兴趣、需要、动机，发挥学生在教学过程中的自主性与积极性，发展学生的个性与能力。这些实践活动为我国进行素质教育的教

---

① 潘懋元，刘海峰. 南京高等师范附属小学概况（1917）[M]. 上海：上海教育出版社，2007：571.

② 瞿葆奎，丁证霖. "道尔顿制"在中国[J]. 教育研究与实验，1985，（2）：77-90.

学模式和教学空间的改革提供了可借鉴的宝贵经验。但是由于我国当时政治和经济条件局限，教育还以使更多的人受到基本教育为目标，学校缺乏足够的经济实力来保证实施新教学法所需要的教学空间、实验仪器、图书、标本等物质条件，教学空间的发展严重滞后于教学模式的改革，所以新的教学改革最终未成气候。

3.2.2　素质教育改革的宏观社会背景分析

教育发展是为社会发展服务，不同的社会经济、政治、文化、技术水平对应不同的教育模式。总结我国 20 世纪初教育试验失败的经验可以看出，影响我国素质教育改革发展的宏观社会背景因素有以下几个方面。

（1）政治因素。政治因素是构成社会大环境的主要因素之一，它包括一定社会中的政治制度、权力机构和反映一定政治阶层的意识形态等。任何社会的学校教育都必然反映社会政治的需要，社会政治因素通过制约学校教育的目的、人才培养的规格以及办学的方向而对学校教育的各个方面，包括教学环境产生广泛的影响。1999 年 6 月 13 日，中共中央、国务院颁布《中共中央、国务院关于深化教育改革全面推进素质教育的决定》指出，教育在综合国力的形成中处于基础地位，全面推进素质教育是 21 世纪我国教育发展的重大决策，从政治上保证了素质教育的推行。

（2）经济因素。一个国家的经济发展程度和经济实力对学校教育的发展很重要。经济因素制约着学校教育发展的规模和速度，影响着学校物质环境的建设。经济对教育的影响主要是通过教育投资实现的，虽然从整体上看，各级政府对教育的投入，教师队伍的数量、结构和质量，仪器设施的配备等都不能满足实施素质教育的要求。但经济因素的制约是相对性的，苏霍姆林斯基在山沟里能办出世界上最好的教育；陶行知当年创办了中国最好的农村教育。并且我国目前经济发展迅速，国家逐年加大对教育的投入，因此在目前的经济条件下应该能发展素质教育。

（3）法律因素。在现代社会，法律因素已成为学校教育发展不可缺少的一个重要的外部环境因素。教育者和受教育者的权利与义务，以及学校建设与学校管理的诸多问题都已逐渐列入许多国家的法律条文。在一些西方国家，法律对学校建筑的面积、空间、照明、通风、图书设备、体育设施等方面都有具体要求。由此可见，法律的影响已渗透到教育的各个方面，在推进教育发展的过程中发挥着越来越重要的作用。在绪论中，已介绍过我国在教育及教育设施建设要求方面出台了相关法律。另外，在中小学建筑设计规范方面对学校建筑的面积、空间、照明、通风、图书设备、体育设施等方面有具体要求。因此，实施素质教育的法律条件具备。

（4）文化因素。一定社会的文化背景、文化传统对人们的信仰、价值观和行为准则产生着广泛而深刻的影响。学校教育的过程实质上就是有目的地将一定社会的主流文化内化于个体，从而促进它们社会化的过程。

目前，从政治、法律等方面看，我国已经具备了进行素质教育改革的条件，虽然在经济方面落后于教育发达国家，但影响最为严重的是文化因素。我国千年科举制度所产生的精英观念、选拔机制的惯性延伸，使应试教育仍占据基础教育的主导地位，表明现代教育制度下所笼罩的仍是传统教育价值观念，这一观念的转变需要一个较长的过程。

3.2.3　应试教育与素质教育

1. 应试教育的特点

我国教育长期过分强调学校的选拔功能，以应付考试、追求升学率为目的，称为应试教育。它的教育弊端很明显，使学校在促进个人发展方面的功能难以发挥，学校教育追随社会发展模式，强调统一管理，齐步推进。统一的教材、大纲、标准化的命题、教师中心和课堂中心导致教学的封闭和僵化；统分制度与高考指挥棒强化了分数在教学评价中的作用，人的教育异化为"分数"教育，"人性""自由""兴趣""人格"等概念极度缺失，教育教学严重忽视学生个性发展，使学生学业负担过重，心理负担过重，损害了学生身心健康。

2. 素质教育理念的提出

改革开放以来，我国经济快速发展，深化教育改革的任务十分紧迫，其中尤为重要和迫切的是要切实更新教育思想观念与方法，全面实施素质教育。目前，素质教育的研究尚未形成系统的理论，改革正处在应试教育向素质教育转变的阶段。

素质教育是一个全新的教育理念，内涵是全面育人、促进人的全面发展、全面提升人的素质。素质教育不是对应试教育的一种简单的否定，两者不是非此即彼的关系。因此，素质教育的实践不是把应试教育完全推倒重来的过程，而是在实践中不断探索，克服应试教育的弊端，积极建立素质教育的教育理念与教学模式，并建立相应教学空间的过程。

素质教育是因材施教，重视学生个性发展的教育。实质是通过教学，以知识传授和能力培养为主要载体，在此基础上培养学生的综合素质。换言之，正确处理好知识学习、能力培养和素质提高三者的关系，促进其协调发展、融为一体，则是素质教育理念的关键所在。

3. 调查分析

在应试教育向素质教育的转变过程中，需要不断调整并结合具体的教学模式进行研究。在我国，主要针对教学课程和教学方法转变的教学模式的改革正如火如荼地展开。

1）对我国素质教育实施前后小学的语文与数学课时进行分析

我国素质教育实施前后，周课时数一直在 20～30h 变动，最高可达 30h／周
（1963 年），学生负担很重（图 3.2）。在应试教育向素质教育的转变过程中，周课
时的变化呈下降趋势，但仍很高，需进一步为学生减负。小学重视语文与数学课
程，语文课时在 20 世纪 50 年代曾接近总课时的 50%（图 3.3），两者所占总课时
数比例大部分时间达到 70% 以上（图 3.4）。在应试教育的教育理念影响下，小学
重视传授型基础性课程和知识单向传授，对学生的实践活动不太重视，课程不够
丰富、灵活，一定程度上影响了学生素质的培养。在应试教育向素质教育的转变
过程中这种情况有所缓解，语文与数学教学的课时数呈明显下降趋势，但是两者

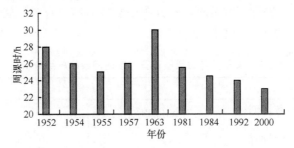

图 3.2　素质教育实施前后周教学小时数变化图

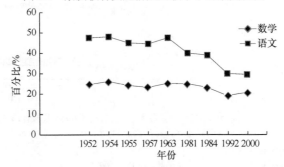

图 3.3　素质教育实施前后语文与数学课时占总课时的百分比变化图

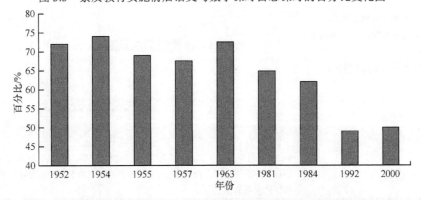

图 3.4　素质教育实施前后语文与数学课时之和占总课时的百分比变化图

大部分时间仍占据 50%以上的比例，要实现学生的全面发展，必然要适当降低传授型基础课程的比例，让学生多些实践，多渠道学习，全面发展。

在应试教育主导阶段和应试教育向素质教育发展的阶段，中小学课时数都在进行不断地调整。尤其是进入 21 世纪，为了素质培养比重的提高，中小学校明显减少了讲授型基础性教育的课时数，将时间多留给实践探索性课程和学生，让他们自由支配，可以在兴趣发展的基础上培养自己各方面的素质，以便得到更全面的发展。

2）通过问卷进行"适应素质教育的小学建筑设计"调研

采用调查问卷的方式，分别在西安多个学校，对学生和教师发放了多次调查问卷（附录 E），并进行问卷分析，研究中小学校素质教育的开展、教学模式的变化等情况，如表 3.7 和表 3.8 所示。

表 3.7　关于教师对素质教育态度的问卷的总结分析表

问卷	结果及分析
您觉得在我国目前能实施素质教育吗？ □目前社会的发展需要素质教育 □社会各方面的条件已成熟 □教育发展的必然	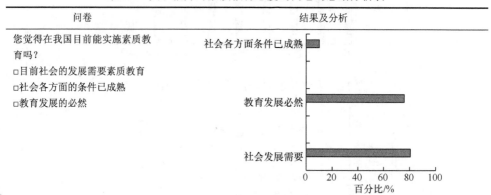 80.6%的教师认为目前社会的发展需要素质教育，76%的教师认为这是教育发展的必然，只有 10.2%的教师认为社会各方面的条件已成熟
在您工作的学校里是否实施了一定程度的面向素质教育的教学改革？ □进行了教学研究和教学改革 □学生的自由时间多了，热情比以前高涨了 □教授内容少，启发内容多了	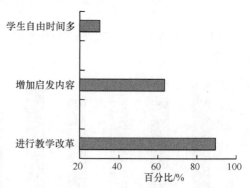 89.5%的教师认为学校进行了教学研究和教学改革，63.4%的教师认为直接讲授内容少了，启发内容多了，30.2%的教师认为学生的自由时间多了，热情比以前高涨了

续表

问卷	结果及分析
您认为实施素质教育的最大障碍是什么？ □普通学校的硬件设施不能满足 □学生数量太多，普通教师精力不够，无法照顾每个学生的特点 □学生升学的压力大，没法实施 □经费不足	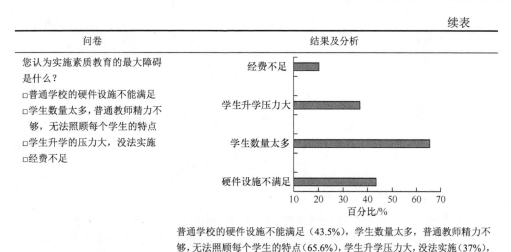 普通学校的硬件设施不能满足（43.5%），学生数量太多，普通教师精力不够，无法照顾每个学生的特点（65.6%），学生升学压力大，没法实施（37%），经费不足（20.3%）

从表 3.7 的数据和图可以分析出：素质教育在我国中小学校的开展已经深入人心，90%以上的教师已经认识到这是社会发展和教学发展的必然，并进行了一定的教学改革，只是素质教育各方面条件尚未成熟，还存在着不少障碍。

从表3.8 的数据和图可以分析出：中小学校的教学方式有了较大的变化，80%以上教师都认识到了改变教学模式的重要性，但是进行教学方法改革实践的老师只有 70%左右，而且很多教学方法只是作为一种初步尝试，理论性、实践性不够。

表 3.8 关于教学模式的变化情况的问卷的总结分析表

问卷	结果及分析
您是任_____课程的老师，随着教学改革,您的教学方式除了传统的讲授式,还增添了哪些教学形式？ □分组合作学习 □游戏学习 □多媒体教学 □个别辅导	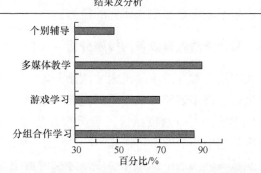 随着教学改革，70%以上教师的教学方式除了传统的讲授式，还增添了多种教学形式，其中 86.5%的教师运用过分组合作学习，35.2%的教师运用过游戏学习，90.2%的教师使用过多媒体教学，而经常实行个别辅导的教师占48.5%

续表

问卷	结果及分析
你喜欢什么样的学习方式? □独自思考学习 □和同学一起合作学习 □和同学比赛着学习 □其他	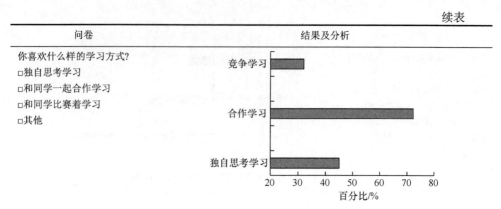 调查学生喜欢的学习方式时，可以总结出，72.3%的学生喜欢和同学一起合作学习，45%的学生喜欢独立思考学习，32%的学生喜欢竞争学习
如果老师要你去独立完成一项老师没教过的知识研究（如动物有判断能力吗），你会把这个研究做出来吗? □请教父母和老师 □自己去看书，找答案 □自己做实验观察 □其他	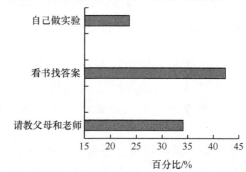 调查学生独立完成知识研究的能力，总结出87.4%的学生乐于独立研究，其中 42.3%的学生喜欢自己去看书，找答案，34.1%的学生喜欢请教父母和老师，23.6%的学生喜欢自己做实验观察

　　学生欢迎教学方法的改革，乐于运用多种学习方式，比较喜欢合作性学习，同时也乐于培养自己独立研究的能力。

3.2.4　我国素质教育改革的措施分析

　　我国素质教育改革的探索才刚刚开始，目前来说还没有成熟的理论与模式，各地进行了许多试验性的改革，全国各地涌现出很多特色学校。实施素质教育与办特色学校，两者紧密结合，素质教育是本质，特色教育是体现。通过分析 52 所全国特色中小学的改革措施[①]，结合上述因素分析，试图找出其共同点，找出在教育改革具体实践中的操作手段，为探讨适应素质教育的中小学建筑空间及环境模式提供教学实践依据。本书根据需要按照具体措施—研究领域—教育模式与教学环境，分为三个层级，比较其重要性。

---

①崔相录. 特色学校 100 例[M]. 北京：教育科学出版社，2002.

1）具体措施比较

各项措施在各学校进行的广泛度在一定程度上反映了目前这项措施对于教育改革的重要性，因此得出各项措施的重要性排序。将 52 所学校教育改革措施进行统计，按照由多到少进行排序，如表 3.9 所示。

表 3.9　52 所学校采取素质教育改革措施统计 1

措施	学校数/所	所占比例/%
注重教学研究	40	76.9
提高教师素质	39	75.0
提高课堂教学质量	33	63.5
规范课余活动	31	59.6
加强学校管理	22	42.3
家庭社会学校相结合	22	42.3
改善校园环境	21	40.4
营造民主学习气氛	19	36.5
加强德育	19	36.5
建立艺术特长班	18	34.6
加强教育设施建设	16	30.8
改进学生考评制度	15	28.8
建立社会实践基地	9	17.3
加强体育	5	9.6

2）研究领域

在研究中发现，这些改革措施中按照教育学分类标准，有些属于教学方法领域、有些属于课程改革领域，根据调查，进一步分为科研、课程改革、教学方法、教育设施建设和师生关系五个领域。将所有措施按照不同的研究领域进行分类，试图判断在我国教育改革中各领域的重要性，并且各领域之间有交叉。按照 52 所学校采取的措施多少相加，排序如表 3.10 如示。

表 3.10　52 所学校采取素质教育改革措施统计 2

研究领域	措施数目/项
科研	167
课程改革	141
教学方法	127
教育设施建设	87
师生关系	58

由此判断，在目前教育改革中，科研最重要，其次为课程改革和教学方法，教育设施建设列第四，最后为改善师生关系。

3）教育模式与教学环境

根据本书需要，探讨教育与教育环境的关系，将各领域按照教育模式和教学环境进行分类，判断目前教育改革中教育模式和教学环境的重要性。统计得出采取有关教育模式的措施有 493 项，采取有关教育环境改善的措施有 272 项。通过对个案的分析、比较，确定了影响素质教育的因素，并进行排列，如图 3.5 所示。

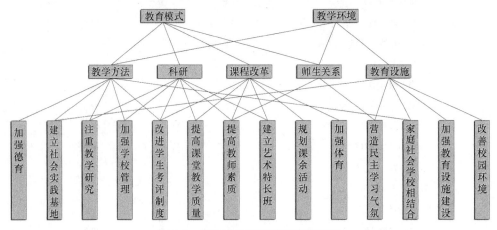

图 3.5　影响素质教育的因素排列图

3.2.5　中西方教育现状比较

虽然素质教育已经展开一段时间，一些中小学校教育方式上有了明显变化，但与西方教育发达国家还有差距。本节通过对比中西方中小学教育差距、教育改革因素来定位中国目前教育发展水平，为借鉴西方中小学教育建筑及建筑空间发展的经验提供现实依据。

1. 教育现状比较

对比中西方的基础教育班级规模、学生课堂表现等要素，如表 3.11 所示。

表 3.11　中西方基础教育的差别（贾险峰，2005）

项目	中国	西方国家
班级规模/（人/班）	50	15～20
学生课堂表现	安静	活跃
周课时数/（节/周）	33	23
周末补课	补课	不补课
假期/（月/年）	3	5
年学时数/（节/年）	＞2400	＜1500

续表

项目	中国	西方国家
课程内容	注重知识深度	培养个人能力
授课方式	单方授课为主，主要讲解记忆性的基本知识	双向交流，而知识点的传授也以发展学生的自由想象为主
考试复习方式	大量的练习为主	扩大阅读量来帮助学生理解和掌握知识
学生对待知识的态度	积极吸收知识	持怀疑、批判的态度
学生创造力的培养	多数根据自己已有的经验、规则和定律来判断	富有挑战性、批判精神和创造力
家长的态度	对孩子的学习寄予很高的期望，把考试作为评判的标准，甚至一些家长主动辅导孩子的学习	重视学科学习的同时，也很重视学生的课外实践课程，并很少辅导孩子的学习

可以看出，中西方中小学教育现状存在很大差距，中国以应试教育为主，而西方国家注重儿童能力和兴趣的培养。

2. 中西方教育改革比较——以美国中小学教育改革为例

1）简介

由于开放教育的发展及教育资源的短缺，美国 1989 年所召开的教育峰会提出"建立私利非营利机构，负责为 21 世纪创建崭新的、打破传统模式的基础教育设计"。美国许多机构为此进行了一系列的探索，这里仅就具有代表性并取得一定成果的新美国学校发展公司所做的阶段性工作来说明美国教育改革的新动向。

新美国学校发展公司从 1991 年开始资助了 9 个教育改革方案，共有 7 个方案（附录 F）进行了 2 个阶段。

2）影响新美国学校改革的因素分析

通过分析进入第二阶段的 7 个方案的影响因素，找出影响教育改革的因素，进而探讨影响教学环境模式的因素，为建立新的教学环境打下基础。

（1）课程和教学。所有的方案都将对原有学校相关的课程和教学进行巨大改造作为改革的出发点，都趋向跨学科的以项目为基础的课程，都把对社区的服务和实习作为必修课的部分。虽然每个方案在变化细节上不同，但课程和教学的改革是最根本的。

（2）标准。由于具体的教学手段不同，对教育改革实验最后学生所应达到的评价标准，各个实验组不尽相同。

（3）测评。建立新的学生测试系统，为改革的标准、课程和教学确定核心。

（4）教学方式。大部分方案组强调学生在校内教学方式的变化，如跨年龄分组、跨年级分组、合作学习以及以项目为基础的小组学习，但阿特拉斯社区和奥德丽·科恩学院两个方案例外。

（5）社区参与。四个方案组在开始阶段强调社区更多参与学校的必要性或学校更多参与社区的必要性，视之为改革的关键动力。另外三个组（Co-NECT 学校、超越校园的探究性学习、当代红色学校之家）提到了社区参与，但不是重点。因此，可以看出美国教育向着更加灵活、开放的方向发展，开放式教育不再局限于校园内部，而是与社区融合，为社区提供学习资源的同时，并将学校的教学范围扩大到整个社区。

（6）教师专业发展。五个组准备把发展教师专业水平作为改革的重要部分，包括教师的作用和教师教育的变化。另外，奥德丽·科恩学院和根与翼方案组虽然没有准备对教师发展过程进行根本的变化，但是表明教师专业发展应转变为用他们特殊的方法进行有实质意义的培训。

（7）综合社会服务。三个组强调学校应提供综合社会服务（阿特拉斯社区、重建教育全国联盟、根与翼方案组）。其中，阿特拉斯社区和重建教育全国联盟把学校看成提供服务的重点，把教育和学校服务结合起来；根与翼方案组还在学校拥有家庭支持合作者，但没有要求学校提供综合社会服务。

（8）学校层次行政管理。三个组（阿特拉斯社区、当代红色学校之家和重建教育全国联盟）要求正式改变学校层次行政管理，通常是建立有教师和其他人参加的行政管理委员会。其他组鼓励这些变化，但不作要求。

（9）学区——学校行政管理。三个组（阿特拉斯社区、当代红色学校之家和重建教育全国联盟）要求正式的和实质性的学校与学区之间的关系。这些改变主要针对学校对资源、预算和职员的控制。其他组提倡和鼓励这样的改变，但不作要求。

（10）州行政管理。重建教育全国联盟方案组寻求州的变化，从而促进改革，包括教育和社会服务机构责任的正式变化。

（11）职员和组织。两个组（当代红色学校之家和重建教育全国联盟）强调对职员结构进行永久实质性变化的必要性，事实上，他们的改革方案是建立在这些变化基础上的。另外两个组（超越校园的探究性学习和根与翼方案组）视之为一种可能，但不作要求。

3）影响新美国学校教育改革因素的重要性比较

归纳新美国学校教育改革方案影响因素，对实施教育改革的学校进行分析，如表 3.12 所示。

表 3.12　影响因素的重要性比较（斯特林费儿德等，2003）

因素	AC	CON	EL	RW	MRSH	AT	NA	统计
教学	2	2	2	2	2	2	2	14
课程	2	2	2	2	2	2	2	14
标准	2	2	2	0	2	2	2	12

续表

因素	AC	CON	EL	RW	MRSH	AT	NA	统计
测试	2	2	2	2	2	2	2	14
学生作业	2	2	2	2	2	1	2	13
社区参与	2	1	1	2	1	2	2	11
教师专业发展	1	1	2	1	2	2	2	11
综合社会服务	0	0	0	2	0	2	2	6
学校行政管理	0	1	0	0	2	2	2	7
学区行政管理	0	0	0	0	2	2	2	6
州行政管理	0	0	0	0	0	0	2	2
职员和组织	0	0	1	1	2	0	2	6

注：0表示没有提出；1表示不太强调；2表示非常强调。

4）我国与美国中小学教育改革因素比较

由于美国的教育程度与我国不同，在教育改革时考虑的因素不同，通过对比这些因素，来确定我国教育改革与美国教育改革的差距，定位我国教育发展的阶段性目标（表 3.13）。

表 3.13   中国与美国中小学教育改革因素比较

中国		美国	
措施/因素	重要性排名*	措施/因素	重要性排名**
教学	1	教学	1
教师素质	2	教师专业发展	6
课堂教学质量	3	课程	1
课余活动	4		
学校管理	5	学校行政管理	8
家庭社会学校相结合	5	社区参与	6
社会实践基地	13	学区行政管理	9
		综合社会服务	9
校园环境	7		
民主学习气氛	8		
德育	8		
艺术特长班	10		

中国		美国	
措施/因素	重要性排名*	措施/因素	重要性排名**
教育设施建设	11		
学生考评制度	12	测试	1
		学生作业	4
		标准	5
体育	14	州行政管理	12
		职员和组织	9

*按照所采用的学校数目来判定。

**按照评价值累计来判定。

根据对比得出如下结论：

（1）我国与美国中小学教育改革因素在教学、课程、教师素质、学校管理、与社区和社会关系、学生考评制度等方面是一致的，占我国教育措施的50%，通过以上分析，可以对目前我国素质教育改革所采取的措施有大体认识。

（2）从各因素的重要性排序来看，把教学放在首位，是教育改革的关键所在。

（3）中、美两国都对学校与社会、社区关系很重视，中国将家庭社会学校相结合列为学校改革的重要措施，并且建立了一些社会实践基地，但只是民间组织间的联系。相比较而言，美国在这方面领先于我国，将社区参与视为改革的关键动力，将学校和学区之间的关系确定为正式的和实质性的联系，并在此基础上提出学校为社会服务的概念，这样为全社会学习资源共享提供了可能。这些措施的提出与美国开放教育的发展程度密切相关，也表明了我国中小学校改革今后发展的方向。

（4）从美国教育改革因素来看，强调学生的考评制度，通过建立制定考评标准、规范测试和强调学生作业来对不同教育方式下的教学效果进行检验。我国目前这方面才刚起步，学生考评制度仅列为12名，今后还需加强。

（5）我国素质教育才刚刚开始，很多措施是针对应试教育而提出的，如营造民主学习气氛、建立艺术特长班等，而美国更加强调学校高级行政管理和职员制度方面的问题，说明我国与美国在教育上仍有很大差距。

3. 我国教育改革在世界教育改革进程中的地位及发展趋势

我国的教育发展也同样经历了一个由封闭逐渐向不同开放程度转变的过程。尽管"素质教育"的号召已逐渐成为教育界教育思想的主流，但根据中西方教育的学制改革、教育目标、课程设置等因素比较，得出我国教育水平实质上处于国外 20 世纪四五十年代的水平（图 3.6）。

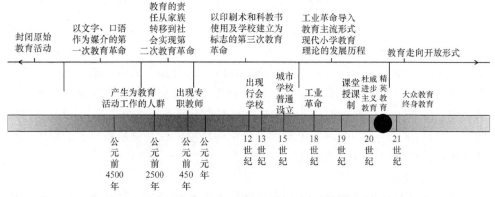

图 3.6　中国教育发展现状水平示意图（张婧，2006）

但从我国与美国教育改革因素分析可得出，我国的素质教育改革是世界基础教育改革的一部分，是与世界基础教育改革趋势相一致的，我国中小学素质教育改革也应该是朝着开放式发展的。

3.2.6　素质教育与开放式教育

由于素质教育是正在发展中的教育理念，研究适应素质教育的中小学校建筑空间及环境模式没有现成的教育模式可供探讨。而素质教育和国外先进教学模式在教育目标、教育主体、教学方法特征方面存在着相同点，因此在素质教育概念的内涵、素质教育的教学模式上都可以借鉴其内涵和内容。我国中小学素质教育改革是世界教育改革的一部分，经过研究，素质教育也将朝着更加开放的形式发展，借鉴开放教育进行研究是本书的重要途径。但借鉴的程度要取决于二者之间的联系，因此首先分析开放式教育与素质教育的异同。

1. 开放式教育

开放式教育是目前教育发达国家采取的主要形式，虽然产生较早，但经过不断发展完善，成为影响极广的教育模式。开放式教育的发展可以追溯至卢梭的自然主义思想，20 世纪初经尼尔（Alexander S. Neill，1883—1973）等的努力化为实际的教育行动。"开放教室""开放学校""开放教育"是 20 世纪 30 年代在英国产生的一种教育方式，开始多用于幼儿园和小学低年级教学，长期不太被人注意。20 世纪 60 年代后期，在人本主义心理学研究的推动下在美国盛行一时，同时引起了世界上不少国家和地区（如日本、我国台湾等）的关注。

所谓开放式教育（open education），是指以儿童为中心，适应学生个别差异设计适宜的学习环境，激发学生不断主动探索学习，使儿童获得全面发展的教育理念与措施。"开放"包括以下几层含义：①打开教室与教室之间的"墙壁"（开放空间，open space）；②打开教师与教师之间的"墙壁"（协同教学，team teaching）；③打开时间与时间之间的"墙壁"（弹性化的时间表）；④打开学科与学科之间的"墙壁"（综合学习）；⑤打破学校与社区的"墙壁"（社区学校）。开放教育主要采取无间隔开放教室（open classroom）、混合编班、无固定课本式教材、教师协同教学、学生主导自己的学习、诊断式成绩评价等措施加以实施，意在充分重视人性、尊重个性，给予学生更多自由，让他们在变化的空间和具有丰富资源的学习情境中，自主探索寻求知识。开放式教育的本质特征是实施个性化、个别化教育，营造一个自由、开放的学习气氛与丰富的学习环境，让儿童依着自己的需求、兴趣与能力，选择自我学习的方式与内容①。

2. 素质教育

素质教育是根据我国教育现状提出的一个全新的概念，教育理论界对它也没有明确的定义，全国各地教育部门也基本上处于边研究边实施的状态。人们对它的理解不尽相同。但随着研究的深入，人们正慢慢地达成共识，对素质教育的含义和内容以及相关的概念已经有一个比较清晰的轮廓。

要认识素质教育，首先必须理解素质的概念。根据《辞海》中的解释，素质是指"人或事物在某些方面的本来特点和原有基础。在心理学上，指人的先天的解剖生理特点，主要是感觉器官和神经系统方面的特点。是人的心理发展的生理条件，但不能决定人的心理内容和发展水平。"普遍认为，这只是狭义上的素质概念。素质教育中的素质，指的是广义概念上的素质，"是指个体在先天禀赋的基础上，通过环境和教育的影响所形成和发展起来的相对稳固的性质。"

素质教育还是一个成长中的概念，教育理论界对其概念的含义正在进行学术讨论。这里引用的是国家教育发展研究中心未来教育研究家杨银付博士的定义："素质教育是依据人的发展和社会发展的实际需要，以全面提高全体学生的基本素质为根本目的，以尊重学生主体性和主动性精神、注重开发人的智慧潜能、注重形成人的健全个性为根本特征的教育。"

3. 开放式教育与应试教育的比较

从开放式教育与应试教育对比（表3.14）可以得出，开放教育与素质教育在本质上是相一致的，开放教育强调的是教学的形式，而素质教育强调的是教育的重点，二者相辅相成，是针对不同的问题提出的解决方案。因此，我国素质教育发展可以借鉴国外开放教育的成功经验。

---

①北大附中深圳南山分校.《开放教育的理论与实践研究》课题研究报告[EB/OL]. https://max.book118.com/html/
　　2015/1231/32425325.shtm/2018-03-11, 2009.

表 3.14　开放式教育与应试教育比较

因素	开放式教育	应试教育
教育理念	以学生为本位，哲学思想是承续鲁索的自然主义及人文主义	以学科为本位，哲学思想承续于精粹主义
教学过程	强调"过程"重于"结果"	强调"结果"重于"过程"
学生态度	主动学习	被动学习
教材教具	较强调"合科"的学习，儿童自己选择	强调"分科"的学习，成人预先设计
教学方法	启发、引导式	传输、指导式
教学重点	学生如何学习	教师怎么教
教师立场	辅导、协助、观察	教导、给予、指示
学习气氛	自由活泼而开放	较严肃呆板与封闭
学习环境	注重规划、适时改变、重视境教的熏陶	使用固定的环境
班级经营	老师重视团体和谐、个别辅导与师生互动关系	程序管理
评量方式	重视个别差异，强调过程，注重于形成性及多元化的评量方式	强调结果，注重纸笔测验及总结性评量方式
课程设计	随时修正课表，找出最适合学生学习的内容	科目及上课时间固定，若想要修订课程，其过程太复杂，耗时
上课方式	着重个别差异，没有固定座位，教师可依照个别需要选择活动方式或围成一圈上课	着重团体学习，有固定座位，教师大多只采用讲述教学法

　　世界各国都在进行教育改革，终身制教育使学校不断向社会开放，加强学校与学校、学校与社会之间的联系成为学校发展的大势所趋；教育目标改革确立了学生全面发展的方向；课程改革使以提高学生素质为核心的各种课程理论融合在一起，课程管理的协调发展、课程类型的增多、活动课的加强，使开放式教育不断完善。通过我国比较素质教育改革与世界教育改革的各项因素，发现我国目前中小学教育的学制改革、教育目标、课程设置等方面与世界教育发展趋势相一致，因此我国教育改革应是世界教育改革的一部分。这一结论为仍处于发展中的素质教育改革指出了发展方向和目标。

　　但相比较而言，我国在各项改革措施发展程度上落后于世界水平。

　　从我国近代教育改革失败的历史分析得出，教育改革需要一定的经济、政治等条件；从我国目前教育宏观背景分析，素质教育改革所需要的大背景已基本具备；从分析应试教育与素质教育的关系得出，在素质教育的实践中，不是把应试教育完全推倒重来的过程，而是在实践中不断探索，克服应试教育的弊端；通过对全国 52 所学校教育改革措施分析与美国教育改革分析比较，并将素质教育与开放教育对比，得出开放教育与素质教育在本质上是相一致的，因此我国素质教育发展可以借鉴国外开放教育的成功经验。

4 适应素质教育的中小学校室内教学空间研究

素质教育阶段，室内教学空间仍然是教学的主要场所，但是满足"编班授课制"需求所产生的长外廊串联的固定教室已经不能满足要求。研究我国室内教学空间的现状、存在的问题及未来的发展趋势，是研究适应素质教育的建筑空间和环境模式的重要组成部分。

4.1 中国城市中小学校室内教学空间现状的调查研究

4.1.1 实地调研的具体内容与方法

本书采取建筑计划学的调研方法，分多个步骤，多种方法，选取素质教育开展初具成效的城市中小学校的典型实例，通过观察、拍照、记录、参加教学观摩课等方式了解教学理念和学习行为的变化，以及其对室内外教学空间的需求。以提取应试教育模式下产生的现有城市中小学校的室内外教学空间构成要素，分析其与教学改革实施的矛盾（表 4.1）。

表 4.1　室内教学空间研究内容与方法

序号	研究内容	方法
1	中小学校素质教育的开展情况和教学模式的变化	讲授校本课程、参加各科公开课，与学生、各科教师谈话和问卷调研
2	室内教学空间现状调研，包括：班级规模，面积指标；学校建筑布局，普通教室、专业教室、公共教学用房的数量、安排布置情况及内部现状	测绘、拍照、绘图（总平面图、平面图、展开立面图）
3	现有室内教学空间与教学模式的矛盾调研，了解教学改革中现有室内教学空间对教学的束缚	讲授校本课程、参加各科公开课，课堂拍照、记录、后期整理；与学生、各科教师谈话和问卷调研
4	师生对室内教学空间的要求	与学生、各科教师谈话和问卷调研；开展"画出你的理想教室"等绘画活动

4.1.2 调研成果总结与分析

1. 学校总平面布局现状及其分析

图 4.1 所示的这类中小学校的建筑建造时间较早，并且由于当时的经济条件和教育理念的限制，教学建筑布局比较简单，以线形或 L 形为主，教室布置呈传统的一字形"蛋盒"式布局，即教室是一间接一间并列布置，由一条走廊连接，每间教室面积为 $60\sim67\text{m}^2$，前后两端是墙壁，除去黑板，可布置的墙面只有一面，

仅能满足基本教学功能的需求，缺乏空间的变化和使用灵活性。普通教室和专业教室按功能分区布局，各功能空间缺乏紧密的联系，教室利用率不高，教学空间资源浪费严重。

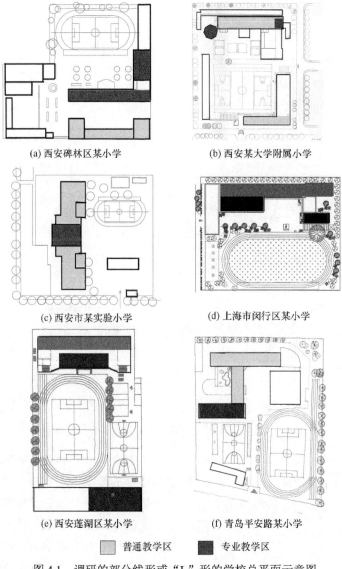

(a) 西安碑林区某小学　　　　　　　(b) 西安某大学附属小学

(c) 西安市某实验小学　　　　　　　(d) 上海市闵行区某小学

(e) 西安莲湖区某小学　　　　　　　(f) 青岛平安路某小学

普通教学区　　　　　专业教学区

图 4.1　调研的部分线形或"L"形的学校总平面示意图

图 4.2 是调研中部分改扩建和新建学校总平面示意图。这类中小学校为改扩建或新建学校，建筑布局有了丰富的变化，以庭院型、单元型和复合型为主，建筑的设计注意到了教学模式和教学空间的相互影响，注重空间组合的丰富性和多变性，比单纯的线形和"L"形的建筑布局有了很大的改观。

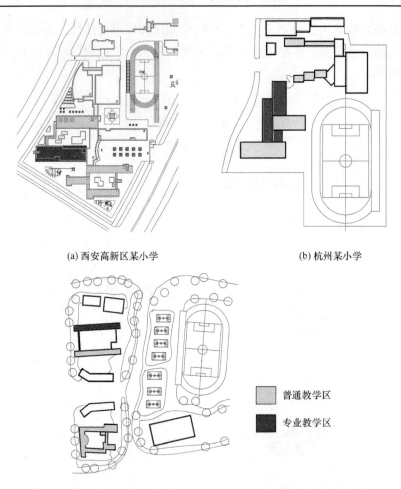

(a) 西安高新区某小学   (b) 杭州某小学

普通教学区

专业教学区

(c) 宁波海曙区某小学

图 4.2 调研的部分改扩建和新建学校总平面示意图

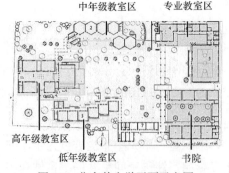

中年级教室区 专业教室区

高年级教室区

低年级教室区 书院

图 4.3 北京某小学平面示意图

也有个别中小学设计有所突破，如北京某小学的教学空间布局（图 4.3）。高中低年级教学空间分成三栋建筑，环绕形成一个大的室外空间。布局设计为高年级学生提供了一个教室围绕的中庭空间，便于学生的交流；中年级的教学空间采用六角形连接在一起，一转一折中尽显童趣。低年级学生也有专属活动场地。这样的教学空间布局考虑了学生心理，形成了灵活丰富的空间组合，是很好的范例。

　　三类不同的中小学校总平面布局反映了不同时期的设计理念，说明我国中小学校建筑在不断发展、改进中。

　　2. 室内教学空间现状及其分析

　　1）普通教室

　　（1）面积指标和班级规模是教室空间设计的重要组成要素。调研发现，在我国，尤其是经济不发达地区，普遍存在面积指标过小和班级规模过大的现象，如表4.2所示。

表 4.2　重点调研学校（西安）面积指标明细表

学校名称	占地面积/m²	校舍建筑面积/m²	普通教室使用面积/m²	班级数/个	学生人数/人	平均每班人数/人	人均校舍建筑面积/m²	人均教室建筑面积/m²
大学南路小学	10800	6100	59.4	43	2700	63	2.26	0.94
西安小学	7000	6000	66.4	28	1850	66	3.25	1.01
西安实验二小	4900	4750	61.9	24	1360	57	3.50	1.08
西安实验小学	8200	7420	55.4	34	2109	62	3.52	0.89
陕师大附小	11000	11000	54.0	40	2000	50	5.50	1.08
长庆八中	11740	11700	60.8	37	1766	48	6.63	1.06
雁塔路小学	—	—	52.2	30	1350	45	—	1.16
二府街小学	2915	4397	47.3	6	266	45	16.53	1.05
景龙池小学	4225	2400	59.4	18	900	50	2.66	1.19
西建大附小	2755	2296	53.1	18	1080	60	2.13	0.89

　　从调研的情况来看，中小学教室绝对面积并不小，但是由于学生数量多，人均教室面积十分紧张，而且随着教学模式的改革，原来的面积标准受到质疑。

　　在调研中发现，在素质教育开展过程中，小班化的呼声已经很高。根据问卷统计，75%的教师认为班级人数控制在20～30人最合适，86%的教师都认为班级人数超过40人不利于教学。在对西安中小学的实地调研中发现，班级规模居高不下，甚至有些学校每班达到65人以上，严重影响教学质量。而在对北京、上海和江浙地区的中小学调研中发现，班级规模明显缩小，有的学校已经达到25～30人的标准，实行小班化教育（图4.4）。各地班级规模的差距不仅反映了教育模式的不同，也反映了教育资源占有量的不同。

图4.4　宁波某小学30人小班

（2）普通教室使用现状。所调研的 85%左右中小学校的普通教室空间单调，主要特征有：①教室都是单一长方形，缺少空间层次；②教室面积小，活动空间不足，显得拥挤；③教室的采光、隔热、防噪声等不尽理想；④教学设施简易，不易发挥教学功能；⑤教室布局基本相同，"讲台在前方，学生排排坐"，缺乏灵活布局的可能性；⑥缺少展示、储藏空间或私人空间（图 4.5）。

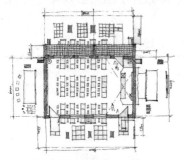

(a) 陕西某附属小学普通教室平立面示意图

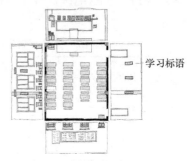

(b) 西安莲湖区某小学普通教室平立面示意图

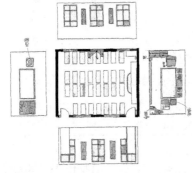

(c) 西安市某小学普通教室平立面示意图

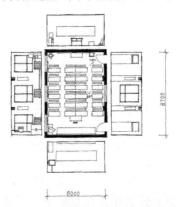

(d) 西安雁塔路某小学普通教室平立面示意图

(e) 上海卢湾区某中心小学普通教室室内

(f) 北京某小学普通教室室内

图 4.5　部分调研学校的普通教室平面图、内部立面示意图及照片

一些新建的学校在教学空间和设施上有所改善，如表 4.3 所示。

表 4.3 新建中小学教室分析表

类别	照片/平面图	分析
设备	 杭州某小学计算机讲台	教学中运用了一定的现代化教学设施，如投影仪、投影屏幕、计算机控制台、与校园网络连接的电视、广播等，为教学带来不少改变
家具	 南京某小学的扇形课桌	色彩鲜艳的扇形课桌可以两面使用、拼接使用，这样的课桌可以随意组合，进行小组、个别学习，适合学生尺度与心理。这些改变在小学教学空间的塑造上做出了有益的尝试
教学空间	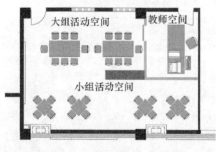 西安某国际小学教室平面示意图	利用灵活隔断和家具的不同排布方式，创造出了不同于以往的教学空间。整个教室分为大组活动空间、小组活动空间和教师空间，空间多功能化、复合化，用于满足不同的学习活动

杭州某小学，根据学生年级的不同，普通教室设计也不同，如表 4.4 所示。

2）专业教室

（1）据调研，95%以上的城市中小学校都按照国家规定设置了专业教室（图 4.6）。调研中发现，这些专业教室在使用中存在一些问题，主要如下。

①由于原有建筑布局或经费的限制，教学空间十分狭小局促。例如，陕西师范大学附属小学的微机室分为大小两个，由于房间面积的限制，学生上课时需两人共用一台计算机，且桌椅间距不够，导致学生要紧挨着上课，十分拥挤，影响教学效果。

表 4.4　杭州某小学普通教室

年级	照片及分析
一年级	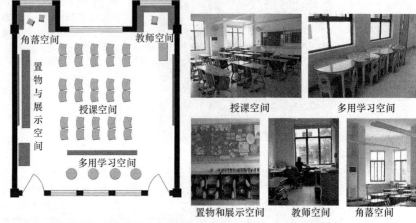

杭州某小学一年级教室平面示意图　室内照片

一年级教室不再是一个摆满整齐桌椅的呆板空间。首先，教室变大了，分成两个部分，一边是授课空间，一边是多用途学习空间，分散布置小圆桌，在这里学生可以讨论、可以做游戏、可以分组合作学习。在教室的前后都有小凹室（角落空间），前面是教师的空间，后面是学生自学的小空间，增加了储物、展示空间。教室的书架作为两个大空间的分割，上面放着书籍和各种学习用品，学生可以自由取用。普通教室不再是一个总是让学生安安静静坐在座位上的教学空间，这里成了提供孩子更多活动的场所，是孩子乐于学习的地方

| 三～六年级 |  |

杭州某小学三～六年级教室的凹室与外部开放空间照片

教室在靠走廊一侧增加了凹室，作为学生自学的空间。同时加宽走廊作为教室对应的开放空间，布置了一部分桌椅，成为室内活动场地

　　②专业教室利用率低，个别甚至长期空置。原因主要有：专业教室分布不合理，大多自成一区；普通教室与专业教室的使用割裂化，普通教室就是授课，专业教室就是除普通之外的"专用"，因设备贵重，多由教师管理，只有上课才去，学生只有被动配合教学活动，形成了教学资源的浪费。

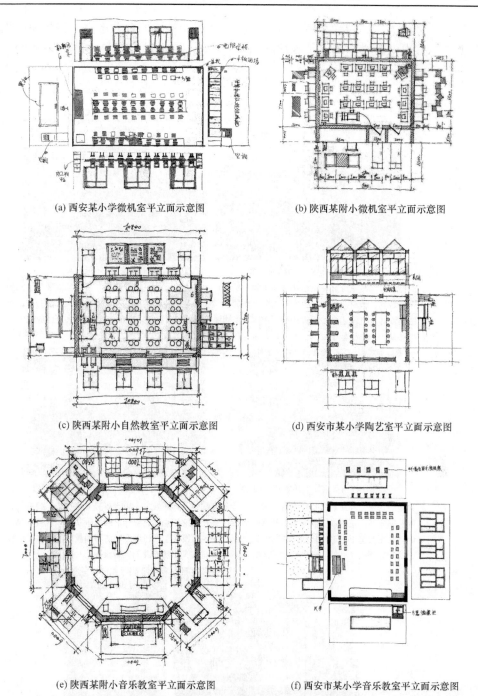

(a) 西安某小学微机室平立面示意图　　(b) 陕西某附小微机室平立面示意图

(c) 陕西某附小自然教室平立面示意图　　(d) 西安市某小学陶艺室平立面示意图

(e) 陕西某附小音乐教室平立面示意图　　(f) 西安市某小学音乐教室平立面示意图

图 4.6　部分调研学校专业教室平面及内部立面示意图

（2）同时，一些新建中小学校的专业教室也有所改进。主要表现为：①专业教室种类增多，除了国家规定的自然教室、音乐教室、美术教室、书法室、语言教室、计算机教室、劳动教室，有些学校增加了个性化的专业教室，如棋室、陶艺室等；②专业教室也不再是冷冰冰的面孔，教学空间变得丰富多彩（表4.5）。

表 4.5　专业教室发展分析

教室类别	照片及分析
自然教室	  西安某国际小学物理实验室　　西安某国际小学化学实验室 原有的自然教室分成物理、化学和生物实验室，各实验室设计更加专业化，具备学科学习所需的丰富教具、教材。例如，西安某国际小学的化学实验室和物理实验室，宽敞明亮，配置齐全，但空间设计没有考虑学生活泼的心理需求，桌椅像普通教室一样，排排摆放，教师的讲台高高在上，仍然是一个讲授型空间，没有讨论、合作的氛围，显得死板、单调
音乐、舞蹈教室	  杭州某小学音乐教室室内　　宁波海曙区某小学舞蹈教室室内 原来的音乐、舞蹈教室扩展为音乐教室、音乐欣赏室、舞蹈教室、乐器演奏室等。音乐教室的设备除钢琴外，还增加了放映设备和音响设备，原来的椅子也被色彩鲜艳的木质立方体代替，自由地摆放在教室里，形成轻松愉快的学习气氛。很多学校有了比较专业化的舞蹈教室，提供了比较正式的舞蹈教育空间。在个别学校还有乐器演奏室，有比较专业的隔音设计
美术、书法教室	  杭州某小学美术教室室内　　杭州某小学美术教室的门 美术教室和书法教室布置艺术化、专业化。杭州某小学美术教室内设有洗笔的水池，有专门展示学生作品的展示墙和储物柜，门的设计别具艺术特色

续表

教室类别	照片及分析
计算机 教室	  　　杭州某小学计算机教室室内1　　　　杭州某小学计算机教室室内2 桌椅圆心式点状布置，方便了学生交流和老师个别辅导（如室内1）；两个教室间用木质隔断分开，满足不同规模学生上课的需要（如室内2）
陶艺室	  　　　杭州某小学陶艺室室内　　　　　　西安某小学陶艺室室内 家具布局很灵活，模具、转盘、水槽一应俱全，展示架上、窗台上展示着学生的作品或半成品，很有一些艺术工作室的味道

3）公共教学用房

普通中小学校公共教学用房包括图书室、视听兼合班教室、科技活动室、体育活动室等。目前教育模式的改革，势必引发公共教学用房的调整。

图4.7是部分调研学校的阅览室和多功能厅平面及内部立面示意图。

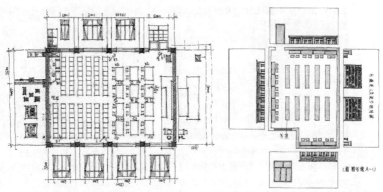

(a) 陕西某附小多功能教室平面示意图　　(b) 西安市莲湖区某小学阅览室平立面示意图

图4.7　部分调研学校的阅览室和多功能厅平面及内部立面示意图

（1）主要问题。经过调研，90%以上的城市中小学校都有齐全的公共教学用房，但部分学校因为资金和用地的限制，公共教学用房分布没有规律，甚至和教学区完全分开，影响使用；有些用房的面积指标和设备配置达不到国家要求，不能满足教学要求；在调查中发现，大部分公共教学用房使用率不高，造成了教育资源的浪费。

（2）发展变化。随着经济条件和教学理念的发展，部分条件好的新建中小学校的公共教学用房发展成为资料信息中心、多功能教室、科学探究室和体育馆等，无论是功能还是空间都有了很大的改变，这些变化很多可以借鉴（表4.6）。

表4.6　公共教学用房发展分析

教学用房类别	照片及分析
资料信息中心	 　　　宁波海曙区某小学资料信息中心室内　　　　　　杭州某小学电子阅览室室内 传统的图书室大多数设置在教学楼的顶楼或另一栋楼内，在一个封闭的空间里，摆放书架和书桌，有严谨的管理系统。这种设置虽然保证了图书室的安静，但同时减少了学生接触它的机会，违反了学生的行为规律，因此不受学生欢迎。由图书室发展而来的资料信息中心，是一个比较开放的空间，布置在学校的中心，这样增加了学生接触它的机会，从而提高了使用率，如宁波海曙区某小学，在图书馆室内通高中庭和二层的回廊中放置书架和舒适的桌椅，内部装修简洁明快，色调淡雅，塑造了一个自由的学习环境。在这里，学生可以在角落安静地看书、查阅资料，也可以在中庭进行小的集体活动。杭州某小学的阅览室分为电子阅览区和图书阅览区，电子阅览区的计算机台呈点状布置，学生可以很方便地查阅网上资料，图书阅览区由书架环绕，流线型的淡绿色的书桌自由排列
多功能教室	 　　　杭州某小学多功能教室室内1　　　　　　　　杭州某小学多功能教室室内2 根据教学需要，学校的多功能教室的使用不仅要满足原有的视听合班教室的功能，还变成了学校观摩公开课的场所。因此在多功能教室的前部设置可以容纳一个班级的平坦空间，后部仍设置逐排升起的座椅，通过这样的空间变化，可以进行各种教学模式的试验和观摩，有利于教学经验的交流

续表

教学用房类别	照片及分析
体育馆	 宁波海曙区某小学羽毛球馆室内　　　　　　宁波某小学体育馆室内 条件好的小学已经配备了比较专业的学校体育场馆，如篮球馆、羽毛球馆、跆拳道馆、游泳馆、乒乓球训练中心等，且设施齐全，给小学生的体育锻炼创造了很好的空间。并且宁波海曙区某小学将体育设施向社会开放，实现了教育资源的有效利用，是开放式教育的一种体现

　　这些室内教学空间积极的变化预示着适应素质教育的室内教学空间建构已经具有一定的现实基础，并提供了很好的借鉴意义。

4.1.3　现有室内教学空间与教学模式的矛盾调研与分析

　　1. 问卷总结与分析

　　对西安部分学校进行关于室内教学空间与教学模式的矛盾调研问卷（附录E），统计分析如下（表 4.7）。

表 4.7　关于室内教学空间与教学模式的矛盾调研问卷的总结分析表

问卷	结果及分析
实施素质教育,现在的教室能满足使用吗? A. 能　　理由: □虽然教学方式改变，但基本教学是一样的 □素质教育只是软件上的，对硬件没有要求 B. 不能　　理由: □教学模式的不同决定了房间的具体使用情况的变化 □教室可变性小，不适合教学改革后的多种使用	不满意 满意 20　30　40　50　60　70 百分比/% 经调查，40.5%的教师比较满意，认为虽然教学方式改变，但基本教学是一样的，现有教学空间基本满足学生的健康成长正常的获取知识；59.5%的教师不满意，认为学生人数太多，现在教室空间狭小、可变性小，不适合教学改革后的多种使用，设施不灵活、不完备，不能满足学生的需要

续表

问卷	结果及分析
您认为在室内教学空间对实施教学改革的最大的障碍是什么？ □学生数量太多，教室空间小，不便进行 □教室的设施或教学设备不能满足 □教室空间单一，无法开展更丰富的活动 □其他	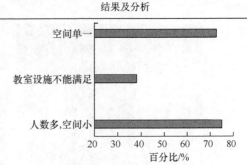 经调查，75%的教师认为主要障碍是学生数量太多，教室空间小，不便进行；72.6%的教师认为教室空间单一，无法开展更丰富的活动；38%的教师认为教室的设施或教学设备不能满足教学需求
您是否进行过一些教室内设施的调整来满足教学要求？怎样调整的？ □重新布置桌椅 □改变室内装饰 □增加一些设施 □其他	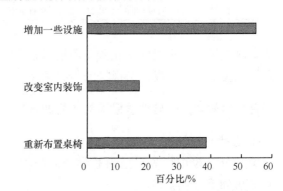 经调查，多数教师进行过一些教室内设施的调整来满足教学要求，其中38.5%的教师采用重新布置桌椅的方法，54.8%的教师采用增加一些设施的方法，16.7%的教师采用改变室内装饰的方法

从问卷分析可以得出如下结论：

（1）现有室内教学空间的满意度不高，其中的主要问题是，班级人数太多，教学空间太小，可变性小，不适合教学改革后的多种使用，难以发挥教学方法的优势。

（2）教学实践中，教师采用了多种方法来改善教学空间以适应教学模式的变化，但限于原有教学空间的约束，主要集中在对课桌的摆放、教学设施和教室装饰的改变上，难以有太大的改变。

2. 参加学校观摩公开课了解现有室内教学空间与教学模式的矛盾

调研期间，作者多次参加了西安某大学附属小学的教学公开课，年级包括一至六年级，课程包括语文、数学、英语和校本课程（建筑认识）等。该学校是西安市教学质量较好的学校之一，近年来，学校一直致力于研究课程改革和新型教学模式改革，取得了一定的教学成果。但是由于该校教学建筑陈旧，教室面积过小（56.7m²），班级规模过大（平均60人），教学空间不够灵活。该校的教学空间环境是我国大多数建于20世纪七八十年代的学校的典型，从公开课的调研中，可以部分了解目前学校实施素质教育过程中教学模式的变化与现有室内教学空间的矛盾。

1）研究步骤

（1）观察学生课堂互动情况（如教师互动设置、不同位置学生的参与互动轨迹等）和提问情况（教师的问题设置、对不同位置学生的关注度、不同位置学生举手频率、被提问频率等），并做观察记录（附录G）和绘图纪录（图4.8～图4.14）。

（2）根据观察记录制作数据分析表格。

（3）经由观察法，通过数据的讨论、分析和比较后做出结论。

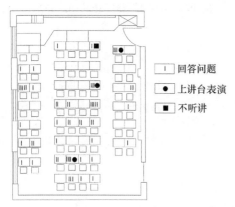

图4.8　一年级一班语文课课堂情况统计图
（2006年4月26日9：20～10：05）

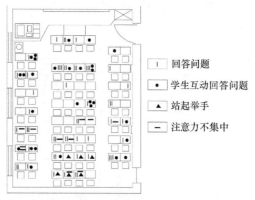

图4.9　一年级二班英语课课堂情况统计图
（2006年4月14日9：20～10：05）

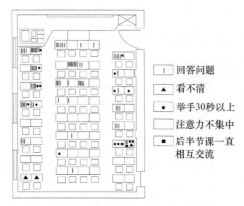

图4.10　三年级三班数学课课堂情况统计图
（2006年4月19日8：30～9：15）

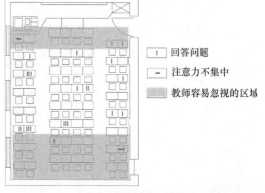

图4.11　四年级三班语文课课堂情况统计图
（2006年4月25日）

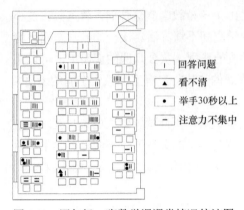

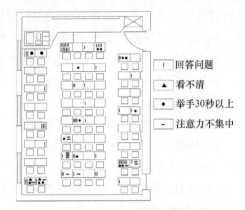

图4.12　四年级一班数学课课堂情况统计图　　　图4.13　四年级二班校本课课堂情况统计图
（2006 年 4 月 18 日 14：00～14：45）　　　　（2006 年 4 月 19 日 15：50～16：30）

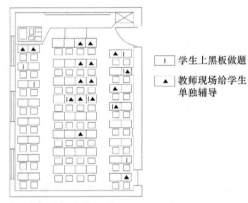

图4.14　六年级三班数学课课堂情况统计图（2006 年 4 月 24 日 8：30～9：15）

2）公开课情况及分析

从西安某大学附属小学的公开课课堂效果（表 4.8）可以总结出如下结论。

表 4.8　西安某大学附属小学公开课课堂效果记录　　　　　　（单位：%）

学生表现	1.1 语文 （60 人）	1.2 英语 （60 人）	3.3 数学 （64 人）	4.1 数学 （62 人）	4.2 校本 （64 人）	4.3 语文 （64 人）	6.3 数学 （64 人）
参与互动	5	35	—	—	—	—	33
回答问题	53	62	40	52	44	25	—
不参与互动与回答问题	45	25	60	48	56	75	67
开小差	—	22	20	15	16	3	—
长时间举手与站起举手	—	15	18	18	17	—	—
看不清黑板	0	—	5	2	9	—	—

（1）教师已经开始注重教学设计、改变教学策略和提高教学艺术。设计各种教学情境和活动，在活动中启发、鼓励、指导和帮助学生学习，运用了小组讨论和个别化指导等教学方法，试图让课堂变得更加丰富多彩，更适合学生学习的需要。

（2）积极布置学习环境，提供必要的材料，经常使用教具，通过多媒体及各种演示、操作等使情境动态化。

（3）但是由于班级规模太大，人数过多，座位摆放方式单一，原有的教学空间只能满足于单一讲授学习模式，而且比较局促，可变性小，使新的教学模式难以很好地施展。要使适应素质教育的教学模式良好发展，改进教学空间势在必行。

4.1.4 师生对室内教学空间的要求的调研与分析

1. 问卷总结与分析

对某代表性小学的师生进行关于室内教学空间的要求的问卷调研，问卷及统计结果如表 4.9 所示。

表 4.9 关于师生对室内教学空间的要求的调研问卷的总结分析表

问卷统计	结果及分析
关于更适合素质教育的教室排布方式的调查，63%的教师认同小面积的教室（适应小班教育）和大面积的庭院（多一些游乐场地）相结合，24.5%的教师认同采用走廊连接各个不同的教室，用以不同兴趣的学生的学习活动，12.5%的教师认为两者均可	
	经调查，95%的学生喜欢教室里的角上多出几个小房间作为游戏室、阅览室等，因为可以有独立思考的空间，做自己想做的事情；63.4%的学生喜欢教室里的课桌是环形布置（不是现在的面向讲台），上课时老师不讲课，大家讨论，每个人没有固定的座位，因为这样比较自由，不怕说错；95%的学生希望教室的空间再大些，给学生足够的个人空间，既有合作学习，又不缺乏独立思考的空间

根据研究总结师生对室内教学空间的要求，做出以下分析。

（1）对于教室排布方式，教师倾向于小班化教室与大庭院结合的设计。

（2）教学空间的变化普遍受到学生欢迎。体现了学生希望学习空间多样化，有合作和个人学习的空间，希望改变教室现有的横成排竖成行的呆板布置方式。

2. 学生自己设计的教室

在对西安某大学附属小学的调研中，在四年级进行"画出你想象中的学校"

和"画出你想象中的教室"的活动，收集到图画 200 余份。看到这些作品，我们惊叹于学生丰富想象力，也找出了他们想象中十分合理的方面，从中得到了很多启示，主要体现以下几个方面，如表 4.10 所示。

表 4.10　理想的学校和教室

对学校和教室的想象	图画作品和分析
灵活的校园布局，丰富的校园空间	  学生笔下的校园色彩绚烂，布局灵活，空间丰富多彩。大楼长了轮子，可以灵活移动，好像童话中的世界。这些画体现了学生对多彩校园环境的向往
绿色环保的校园建设	  校园建设绿色环保，充满童趣，大树上是一间间学习室，学生在这里可以通过计算机屏幕来进行学习，房顶上安了太阳能发电机，这些体现了学生的环保意识和对自然的学习环境的渴望
具有舒适环境的教室	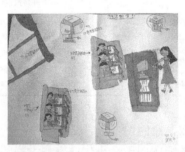  在调研中发现，学生对教室的舒适性要求十分强烈，传统的教学空间中，学生被固定在座位上，很少有活动的空间，十分不舒服。画中的教室中，家具布置分散开来，不再是一个紧挨着一个，学生在柔软舒适的座椅上聆听教师的讲课，体现了学生对教室舒适化的渴求

续表

对学校和教室的想象	图画作品和分析
建立学科教室	 
	教室被分为语文、数学、音乐、美术、科学等，每个教室都有方便的联系，这正契合了学科教室的概念。由此可见，学生也有对专业化教学空间的需求。在不同的空间上不同的课，可以避免单调的学校生活，也使学生能方便地根据自己的学习进度来选择课程及相应的教室，十分有利于无年级制的教学方法，使学生得到更好的成长
课桌椅的灵活摆放	 
	各种类型的教室家具，课桌椅不再是方方正正的、一模一样的，也不再是整整齐齐、规规矩矩的行列摆放形式，可以自由放置，也可以围绕着教师摆放，使教学活动更加多元化，更加适合学生的天性，也表现了学生渴望教室课桌椅变化的迫切愿望
教学空间的多样性和灵活性	 
	教学空间复合化，不仅有图书角、书画角，还有分组活动空间。有不同学习要求的学生可以在教室的不同空间中来进行各自的学习活动，教室空间变得多样化、灵活化，体现了学生对教学空间多元化的要求
教学空间的智能化	 
	教师不再是面对面的指导，变成了显示屏中的人物，座位安了磁铁，可以很方便地移动，便于座位的随时变化，而且不止一幅画中出现了计算机和智能化教学工具，可见学生有了教室智能化的需求

从学生的画中，可以感受到，他们的要求与现在教学空间的发展趋势不谋而合，很多设想都指出了目前教学空间中急需解决的问题，并有了一定的合理化建议。同时，也证明了教学空间设计要尊重学生的学习行为规律，以学生为本，只有受学生喜爱的教学空间才能更好地发展。

4.2　室内教学空间的研究

4.2.1　调研总结当前学校对室内教学空间建构的要求

通过对西安学校建筑空间的实态初步调研和问卷、访谈等验证性调研，发现学校建筑空间存在的主要问题是关于教学空间布置、普通教室、专业教室和公共教学用房。调研总结如表 4.11 所示。

表 4.11　调研总结

空间名称	主要问题	有利变化	师生建议
教学空间	整体布局简单，各功能空间缺乏紧密的联系，缺乏灵活性和空间变化	注重了空间组合的丰富性和多变性，比单纯的线型和 L 形的建筑布局有了很大的改观	布局的丰富性和灵活性
普通教室	面积不足，班级规模过大，设计仍然延续了工业时代的经济化做法，无法满足现今教学活动多样化的使用需求	普通教室的教学空间有了弹性的多样化趋势，而且使用效果较好	学习空间的灵活多样化、智能化、舒适化等；家具的灵活布置
专业教室	教学空间不足，与普通教室联系不紧密，使用率低	专业教室种类增多，设备更齐全先进，教学空间设计也变得丰富多彩	建立学科型教室
公共教学用房	分布没有规律，有些用房的面积指标和设备配置也达不到要求，使用率不高	教育模式的改革，引发了公共教学用房的调整。资源中心初具雏形，专业的学校出现了体育场馆	

通过调研和分析，得出目前大部分中小学教学空间滞后于教学模式，两者产生了一定的矛盾，造成多样化的教学模式在现有教学空间中应用时产生了一定的阻碍。而一些新建的中小学校教学空间做出的调整变化，使用效果较好，产生了有利的作用，表明适应素质教育的室内教学空间建构已经具有一定的现实基础，同时也为适应素质教育的室内教学空间的建构提供了可供借鉴的实例。

4.2.2　教学空间发展理论分析

通过调研可知，随着素质教育理念的不断深入，90%以上的中小学校都进行了各种形式的教学改革，范围主要以课程改革和教学方法改革为主，经过一段时间的实践，中小学校的教学模式有了较大的变化，呈现多样化的趋势。具体的教学模式包括：①多媒体演示操作；②使用教具和各种教学材料；③设计各种教学情境活动，进行角色扮演；④小组讨论和小组合作；⑤个别化辅导等。

但这只是教育改革措施的一部分，教育改革是不断变化和深入的，必须对教育改革进行理论研究，才能探讨教学空间的发展趋势。对国内 52 所学校素质教育改革的措施和美国教育改革的比较发现，教学是教育改革中最重要的环节。在学制及课程设置改革方向确定以后，具体的教学方法和教学组织形式是提高教学质量的中心环节。具体的教学工作对承载这一活动的建筑空间及环境提出具体要求，因此分析在素质教育改革中将出现哪些新的教学方法和教学组织形式，研究如何为提高教师素质做好物质保证，对于建构适应素质教育的中小学校建筑空间及环境模式是至关重要的。

1. 新教学组织形式对教学空间的要求

（1）工业社会的编班授课制极大地提高了当时的教学效率，随着教育的发展，涌现出更多的教学组织形式。教学组织形式本身经历了一个从简单到复杂、从单一到多样化、综合化的发展过程。目前存在的教学组织形式有班级、分组、小队、各别教学，所对应的空间模式也各不相同，如表 4.12 所示。

表 4.12 教学组织形式分析

组织形式	空间模式及特点
班级教学	班级教学也称"编班授课制"，是指把年龄和知识程度相同或相近的学生编成一定规模的教学班，由教师根据教学计划对学生进行集中性的教学。班级教学制存在着不能很好地照顾学生的个性差异、不利于因材施教等问题。因此班级教学制本身也在自我更新和完善，这主要表现为趋向小班教学
分组教学 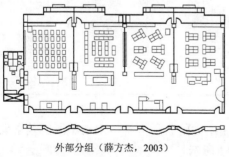 外部分组（薛方杰，2003）	打乱了传统的按年龄编班的做法，而是按学生的能力或学习成绩编组，主要包括学科分组、跨学科分组、不分级制等具体形式。法国的中小学教学采取的就是跨学科分组与不分级制相结合的形式。美国曾在中小学试行过双重进度计划，即对中小学生同时进行学科分组和不分级制两种分组形式 由于班级不固定，具有很大的灵活性，与之相适应的教学空间也相应具有灵活性，满足不同学习规模教学的需要；并且学生不再被固定在指定的桌椅上，于是学生需要一定存放私人物品的空间，单独设置的储藏空间显得尤为重要

组织形式	空间模式及特点	
分组教学	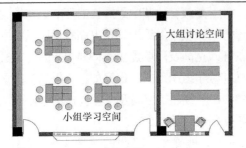 内部分组	在传统的按年龄编班的班级内，根据学生的能力、学习兴趣、教学内容等因素把学生编入不同的小组进行学习。并且根据教学的不同阶段，变化分组，这需要教学空间有很大的灵活性，能满足不同规模的团体学习
小队教学/协同教学	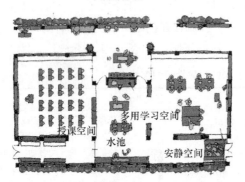 （景观设计编辑部，2004）	多位教师联合组成教学小组，共同研讨、拟定教学计划，分工合作，共同完成教学活动。小队教学一般是大班上课，由对某一课题有兴趣、有一定研究的教师主讲，其他教师可以配合教学进行演示；然后组织学生自学、讨论，其他教师深入各学生小组做辅导工作，帮助学生学习。这是开放式教育的最初的形式，要求教学空间灵活多变
个别教学	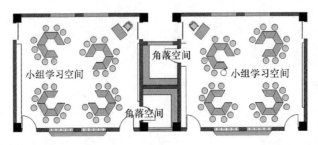	即在教师引导下，使每门学科的学习进程按照学生各自的速度来组织。目前，各国中小学采取个别教学的做法有独立学习、契约学习、伙伴教学。个别教学突出了学生在教学过程中的主体作用，能最充分地适应学生的个别差异，有利于培养学生的自学能力。但其教育规模小，对教学空间要求面积大

（2）目前各国根据国情，制定不同的教学措施，出现不同的教学理论，对应不同的课程和教学方式，如表 4.13 所示。

表 4.13 中小学课程理论、课程类型、课程名称、教学组织形式对应表

课程理论	课程类型	主要课程名称	主要学习活动方式	教学组织形式
学科中心论	基础课	国语、数学、科学、历史、地理、外语、信息技术	讲授式教学、讨论	班级教学、分组教学、个别教学、开放教学
儿童中心论	活动课程、校本课程	体育、艺术教育、设计和技术课（英国）、特别活动课程（日本）、生活课（日本）、专题研习（中国香港）	社会体验、观察和实验、参观和调查、讨论、制作和生产活动等体验式学习和问题解决学习	小组教学、开放、小队教学
社会改造主义课程论	综合课程	公民、科学课（美国）、理科（日本）、社会课（美国、加拿大、日本）、艺术课（美国、法国、日本）、生活课（日本）、事实教学（德国）、科学—技术—社会[STS]（美国、英国、澳大利亚）、专题组织整合课程	讲授式教学、社会体验、观察和实验、参观和调查、讨论、制作和生产活动等体验式学习和问题解决学习	班级教学、分组教学、开放教学、小队教学

从表 4.13 分析可得出，各种教学组织形式并非截然分开，而是合理并存、共同发展的。因为每种教学组织形式都有自己的特点，再加上各国之间、各地区之间存在着政治、经济、文化、民族等差别，所以班级教学、分组教学、个别教学、开放教学、小队教学等形式都有自己适用的范围。多种教学组织形式并存，与不同国家或地区、不同生产力发展水平、不同的教育发展程度、不同的教育目标相适应。

2. 新教学方法的运用

传统的教学方法，如讲授、谈话、演示、参观、实验、观察、练习、复习等在今天的中小学教学中仍然发挥着作用。但新的教学方法正不断涌现，对教学环境的要求也不同，主要有以下几种，如表 4.14 所示。

表 4.14 教学方法对教学环境的要求对照表

教学方法	教学描述	对教学环境的要求
问题教学法	设置问题情景，提供必要的材料和参考书籍、收集资料的工具	（1）一定的展示空间。 （2）教具储藏空间。 （3）图书信息中心。 （4）灵活的活动空间
暗示教学法	配合音乐，进行多样化交际练习：问答、对话、扮演角色、游戏、猜谜、朗诵	（1）一定的活动、展示空间。 （2）有多媒体教具。 （3）较好的声学环境。 （4）灵活的活动空间
探究—研讨教学法	教师通过让学生摆弄和操作与所学的概念相联系的现实材料，来探究具体的材料与科学的概念之间的关系。教师组织学生讨论、交流，集中集体的智慧去认识事物的本质。需要有与所学概念相关的现实材料	（1）一定的展示空间。 （2）教具储藏空间。 （3）分组教学空间

续表

教学方法	教学描述	对教学环境的要求
发现教学法	设立问题情境—提问、演示—总结	教师讲授、展示空间
掌握学习教学法	班级教学—测验—小组或个别矫正教学	灵活的教学组织空间，可同时满足班级、分组、个别教学
范例教学法	从日常生活中选取典型事例、制作模型等	（1）与社区联系紧密。 （2）提供制作、展示空间
"纲要信号"图示教学法	教师讲解 大型图表贴在教室墙上	（1）教师教授空间。 （2）展示图表空间
程序教学法	依靠教学机器和程序教材，进行学生个别学习	（1）计算机设备。 （2）个别学习空间
情境教学法	在真实情景中展开—确定问题—自主学习—协作学习—效果评价	（1）一定的活动、展示空间。 （2）与社区联系紧密。 （3）灵活的教学空间

3. 教学方法与教育组织形式

通过对新的教学组织形式和教学方法的总结得出，不同的教学模式所对应的课程、教学空间不同，如表 4.15 所示。

表 4.15　中小学教学方法与教学组织形式对应表

教学方法	创立人、倡导者	教学组织形式	主要课程名称
问题教学法	杜威（美国）	分组教学、个别教学、小队教学	语文、科学、历史、地理、艺术
暗示教学法	洛扎诺夫（保加利亚）	班级教学、分组教学、小队教学	语文、外语
探究—研讨教学法	本达（美国）	分组教学	科学
发现教学法	布鲁纳（美国）	班级教学、分组教学	数学、科学
掌握学习教学法	卡罗尔（美国）、布卢姆（美国）	班级教学、分组教学、个别教学	语文、数学等基础课
范例教学法	瓦根舍因和克拉夫基（德国）	分组教学、小队教学	历史、科学、地理
"纲要信号"图示教学法	沙塔洛夫（苏联）	班级教学	语文、数学等基础课
程序教学法	普莱西、斯金纳（美国）	个别教学	信息技术
情境教学法	建构主义理论	分组教学、个别教学、小队教学	历史（美国）

4.3　教育发达国家及地区的中小学校室内教学空间及环境模式研究

调研和理论分析都明确指出了教学空间的发展趋势，实际上这些教学空间在教育发达国家或地区已有现成实例，并且通过第 3 章的分析，素质教育和国外先进的教学模式在教育目标、教育主体、教学方法特征方面存在着相同点，故而在素质教育概念的内涵、素质教育的教学模式上都可以借鉴其内涵和内容。因此，在探讨适应素质教育的中小学校室内教学空间设计时，同样可以参考和借鉴国外先进教学空间的设计。

4.3.1 教育发达国家及地区基本教学空间功能布局研究

1. 室内教学空间功能性布局的主要构成元素

1）资源中心

资源中心是由原中小学校图书室和图书馆发展而来的。在编班授课制教育模式中，主要以教师讲授为主，图书馆的作用和利用率很低；在开放式教育模式中，教学以学生为中心，自主探究成为重要的学习手段，图书室或图书馆发挥出越来越重要的作用，成为学校内学习场所的中心，也成为学校布局的中心。资源中心也可以分成两个层次，既有集中的资源中心，也有分散在各年级的教学空间里的资源性空间。

德国盖尔森基兴新教会小学资源中心位于教学楼尽端，是个比较典型的功能多样化和空间多样化的实例（图 4.15）。空间分为集中阅览区、研究室、小团体活动区、个人活动区等，分布灵活有序，能够满足不同规模和不同目的的学习群体的需求。

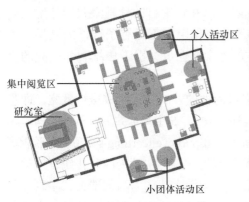

(a) 平面   (b) 室内照片

图 4.15　德国盖尔森基兴新教会小学资源中心空间的多样化（爱莉诺·柯蒂斯，2005）

2）教学区

在中小学校里，教学区可以分为普通教学区、实验区、工作区、书法区、美术区、音乐区、舞蹈区等（图 4.16）。普通教学区是学生日常学习和生活的空间；实验区是供师生进行物理、化学、生物及科学实验和发明的场所；工作区是学生

图 4.16　教学区功能构成示意图

进行家政、手工劳作和作品存放、展示的区域；书法、美术区是学生创作书法、美术、影像等视觉艺术作品的空间；音乐、舞蹈区是学生进行音乐、舞蹈学习和表演的场所。各个教学区均包括相应的特定目的性教室和它们对应的多目的性开放空间。

（1）特定目的性教室。特定目的性教室是指位置比较固定，学习目的比较固定的学习空间。特定目的性教室都是为了一定的学习目的而设置的，目的不同，教室空间也不同。相对而言，化学实验教室等多设备的空间和音乐舞蹈教室等有隔音要求的空间以封闭空间为主，而普通教室、少仪器设备的实验教室、工作教室、视觉艺术教室等主要采用半封闭、半开放空间。需要强调的是，和以前不同的是，教室的概念深化了，所有这些特定目的性教室都不再是原来单一的教室空间，而是由不同规模的空间组成的复合型空间——学习用的凹室、学习角、大小不同的学习空间。无论是个人自学还是以大、中、小组展开学习讨论，都可以找到合适的场所。

（2）多目的性的开放空间。教学区中不仅有这些特定目的性教室，还包括各个特定目的性教室所对应的开放空间，这些开放空间没有固定的形式和学习目的，而是作为特定目的性教室的辅助部分，用来供学生进行个别工作、研究、交流、游戏、休息、作品展示或者资料查询等，还可以和特定目的性教室共同使用来满足协同教学。不能忽略开放性学习空间的重要作用，正是有了这样的空间，才使各个教学空间具有灵活的布置和使用方式，这也是有别于传统教学空间的重要特征。

（3）班群教室。特定目的性教室与多目的性的开放空间组成班群教室。即将过去单班普通教室空间转变成以多班（国外现有 2～5 个班）共为一群组，同时在班级群组旁搭配增设多目的性的学习空间（multipurpose learning space）而形成班群教室（clustered classrooms）单元。班群教室的规划，主要为改善传统班级教室空间造成学生学习的弹性与自由度的局限、压抑学生活动力与创造力、限制人际间互动关系、使儿童过度服从与依赖等问题，同时也能增加教师间的协同合作的机会和必要性，而配置的各类开放、弹性和多元的空间与设施，令师生能在更丰富与自由，并且如同"家"一般亲切与舒适的环境中持续探索、学习与成长。

2. 教学区的功能布局方式

在教学模式多样化的要求下，教学空间突破单一功能的教室概念，不再是由长外廊串联固定普通教室的呆板空间模式，而是由分组教学、协同教学所要求的具有开放、灵活、多功能性的"学区"模式。根据实际教学需求，教学空间可做层次性不同的设计，通过组合来使空间具有内聚性、开放性，提高学生之间的交往和交流机会，并且使空间安排和用途都可以具有高度的灵活性与使用效率。

目前国外先进教学空间的布局方式多种多样，各自都有不同的特点。具体的组合布局方式主要有以下几种。

1）普通年级学区

同属一个年级或班群的普通教学区，可以共用开放空间和生活辅助空间（厕所、衣帽间和更衣室），联合起来组成年级学区将大大强化其作为综合性的学习与生活场所的独立性。

日本筑波市立东小学的年级学区即是这种布局方式的典型例子（图 4.17）。低、中年级学区呈"]"形的簇式平面布局，以两个教室为单元分列两侧，并与开放教学空间及木制平台连通。低年级学区的构成包括环绕木制平台的四间教室和处于校内街道间的足有两间教室那么大的开放教学空间；中年级学区位于低年级学区之上，由三间教室和室内外开放教学空间组成；高年级学区呈线性布局，朝南的教室有四间，面对室外走廊一字排开，北侧为教材角和两个开放空间，便于进行

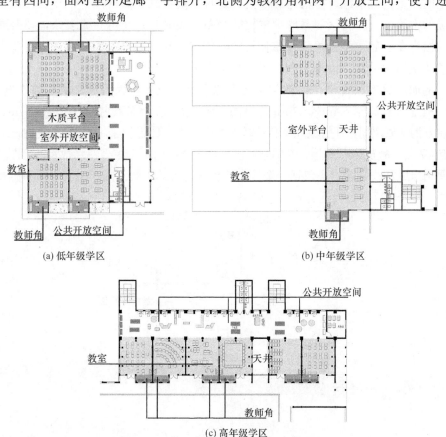

(a) 低年级学区　　　　　　　　　　　(b) 中年级学区

(c) 高年级学区

图 4.17　日本筑波市立东小学年级学区平面示意及分析（长泽悟等，2004）

人数较少的学习活动。教室与开放空间连成一片，在教室的南侧是教师角，呈凹状向外突出。并且根据年级的不同，室内外开放空间的面积不同，反映出不同阶段儿童学习对空间的不同要求（表4.16）。

表4.16　日本筑波市立东小学的年级学区面积分析

学区分类	普通教学空间 建筑面积/m²	开放空间 建筑面积/m²	普通教学空间与 开放空间面积比值	室内教学空间 建筑面积/m²	室外教学 空间面积/m²
低年级学区	358	317	1.13	675	158
中年级学区	313	298	1.05	611	0
高年级学区	342	219	1.56	561	0

2）综合型的年级学区

综合型的年级学区是指年级学区内不仅包括普通教学区域，还包括次一级规模的实验区、工作区、书法区、美术区等，它们共用开放空间，再加上相应的辅助空间，就构成了综合型的年级学区。这种布局方式主要应用于低年级，因为低年级的实验区、工作区等教学要求比较简单，设备也不十分贵重复杂，与普通教学区结合在一起，学生可以很方便地随时使用，从"心理"与"物理"距离上启发了学生的动手性，提高了利用率和教学质量。

例如，日本浪合学校的教学空间为综合学区设计。因为一个班人数不到10人，教室的面积为6.4m×5.2m，教室的顶棚为圆弧形，高度控制在2.4~2.7m。教室前方为开放空间，开放空间与普通教学空间的面积比近似于1。开放空间对面有厕所、AV角、教员休息室等。专用学习区也位于学区内，由综合特别教室、绘图角和备课角组成。在学区内还包括一个较大的包含舞台的游戏空间，提供表演和游戏的场所。整个学区布置灵活有致，形成综合型的学习环境（图4.18）。

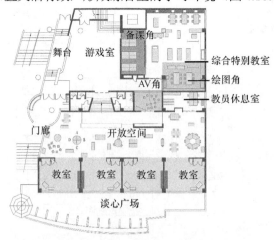

图4.18　日本浪合学校低年级综合学区平面及分析（长泽悟等，2004）

3）专科型学区

专科型教学模式是指学生没有固定的班级教室，各个教学空间成为各个学科专用的空间，可根据每一科目所要求的面积和设备进行设计，学生根据要上的课程选择相应的教学空间，这种教学模式借鉴了加德纳的多元智力理论，对无年级制教学十分有利。在专科型学区布局模式中，普通教学区分化为语文区、数学区、英文区等，和其他教学区两个或数个组合，共用开放空间，与辅助空间等组合在一起，构成不同的学区。开放空间设置与学科相关的图书、学习材料、作品、计算机等媒体和适合多种学习形态的桌椅，成为自主学习、交流和休息的场所。在相互配合上，应注意科目间的配套关系，对构成教学中心的教学空间的大小和设备加以适当改变，并按照授课的内容加以分别利用的做法。

例如，阿帕斯学校的专科型学区（图 4.19），分别包括各科目的教室（英文教室、社会课教室、国语教室、美术技术教室等）和作为传媒空间使用的开放空间，以及从事教材管理、协商、谈话等活动的开放型研究室。此外，还与计算机和图书一体化的传媒资源中心毗邻，再加上年级专用的小班活动室和辅助空间，组成了一个十分完整的专科型学区。专科型学区适合小学高年级和中学教学使用。

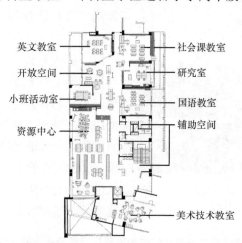

图 4.19　阿帕斯学校专科型学区（长泽悟等，2004）

根据不同的年级以及教学模式不同，采取不同的学区形式。例如，低年级大多采取综合普通或综合型年级学区，高年级则采取专科型年级学区。

4.3.2　教育发达国家及地区室内教学空间的结构性布局研究

通过分析教育发达国家及地区室内教学区的构成，得出室内教学空间分为普通教学区、专业教学区和资源中心。那么室内教学空间结构性布局应该分为两个层次。首先，从学校整体布局来说，要进行普通教学区、专业教学区和资源中心的布局；其次，在各教学区内部将各功能空间进行布局。

1. 普通教学区内部的结构布局模式

特定目的性教室与所对应的多目的性的开放空间，可以用灵活的隔断代替原来的实墙，增加空间的流动感与弹性，让学习活动充分向外延伸。特定目的性教室之间也可以用移动式隔墙分隔，以对应多样化的学习形态。这种形式一改传统设计中各个教学空间相对独立、各司其职的平面布局形式，使各个学习空间融为一体，丰富扩大了室内教学空间，为中小学生创造了学习、休息、交往、开展多种活动的舒适的场所。主要的布局方式如下。

1）线性的结构布局

走廊加教室的线性结构布局是中小学校室内教学空间的传统型组合模式，但是新型布局不再是原有的长外廊加蛋盒式教室的布局，有了很多改变。首先，走廊变宽了，变成弹性使用的开放空间，可以布置座椅、阅览桌、书架等供学生休息阅览之用。还可以布置电视、活动黑板、分组讨论的小桌子，作为师生交流、讨论和休息的空间。而且教室也不再是正规的长方形，有了空间和形式上的变化，创造出多样化的学习空间。为了开放空间的灵活运用，减少各空间的相互干扰，开放空间与教室、教室与教室之间可以用几扇能够灵活开启的滑动门或者平开门

图 4.20　日本某小学教室与开放空间室内
（伊奈辉三，1988）

分隔，打开这些门，就形成一个比较宽敞的空间用于协同教学的学习单元，关上门，就成为独立使用的空间。图 4.20 为日本某小学教室与开放空间的线性组合，可以看出这种组合形式灵活有序，使用情况是相当好的。

我国台湾地区的开放式教学空间改革采取循序渐进的态度，善于运用原有的模式进行一定的演化，教学区内部的结构布局多采用线性的布局方式（表 4.17）。

表 4.17　我国台湾典型学校的线性布局教学空间分析表格（薛方杰，2003）

学校	线性布局教学空间平面示意图	特点分析说明
健康国小		一字形组合，三班为一群，开放空间较为完整，集中于教室开放侧，长条形分布。两者面积比例关系约 1：0.75。每一教室搭配有独立阳台及室内盥洗台。开放空间中设置活动隔板，布置计算机、游戏、美术、阅读、展示等学习角与活动角。中央部分还可作为协同教学及团体活动的场所。师生使用反应良好

续表

学校	线性布局教学空间平面示意图	特点分析说明
昌平国小	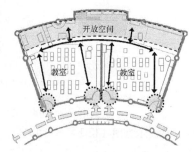	口字形组合，为目前最大的班群规模（5个班），开放空间呈长条形分布。两者面积比例关系约1：0.8。开放空间中布置有游戏、美术、阅读、下棋、自然等学习角与活动角，以活动矮柜分隔，有空间需求时，再行移动调整。缺点是班级围绕于多用途学习空间周围，容易产生活动及噪声干扰
新上国小	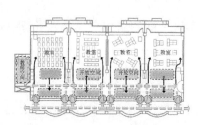	圆弧形组合，班群空间呈圆弧形，开放空间设置于教室内侧。两者面积比例关系约1：0.5。开放空间中布置有游戏、美术、阅读、展示、视听等学习角与活动角。将开放空间设置于教室内侧，可避免室内活动及室外交通相互干扰，但由于面积较小，多以学习角的形式出现，较不利于团体协同教学
福山国小		一字形组合，四班一群，多用途空间集中于教室开放侧，呈长条形分布。两者面积比例关系约1：0.7。左方设置一独立的教师空间，开放空间中布置有游戏、美术、阅读、自然、环境教育等学习角与活动角。多用途空间线状分布，容易对协同教学及团体活动使用产生限制

2）簇式的结构布局

簇式的结构布局为教学区成组分布，每组都可自成一个设备齐全的单位，簇的规模与布局同实际教学与学生活动需要是一致的。在这种形式中，开放空间一般居中，特定目的学习教室和辅助用房围绕它进行布置。各种功能用房的作用与线性组合布局没有什么区别，只是其平面布局更加紧凑、空间围合感更强。这种单元的组成，常以功能为前提。一个年级的各班在教学上有许多类似之处，且学生年龄基本一致，故常以一个年级的几个班组成一簇，有利于每个年级的教学、学习与生活。主要的设计特点是，每间教室内部和教室间有折叠式的隔屏，空间安排和用途都可以发挥高度的灵活性，并根据需要变动。这种组合形式处理得当可使单元相对独立，单元内环境安静，并可减少交通面积，使各学习单元干扰小；便于解决采光、通风等问题；内部交通流线短，课间进行交通的范围和时间将会减少，因而教学时间得以相应地增多，资源的使用率和效益都会提高，能更好地配合教学模式的新变化。日本棚仓町立社川小学教室和开放空间的组合就是簇式组合的典型实例（图 4.21），组合中包括特定目的性教室、开放空间、教师空间、安静空间、工作空间和辅助空间等，具有簇式组合的各种优点，使用十分灵活有效。

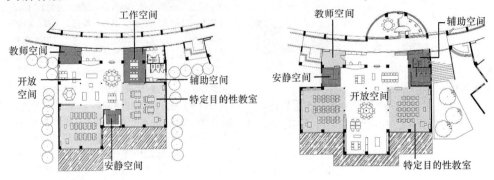

(a) 低年级学区平面示意图　　　　　　　　　　(b) 中年级学区平面示意图

图 4.21　日本棚仓町立社川小学学区平面示意图（长泽悟等，2004）

2. 各教学区之间的结构布局模式

根据布局形式的不同，可以将各教学区之间的结构布局分为资源中心居中式、资源中心尽端式、分枝式、庭院式布局等（表 4.18）。

表 4.18　教学区之间的组合表

布局方式	资源中心居中式布局	资源中心尽端式布局	分枝式布局	庭院式布局
线性结构布局				
簇式结构布局				

注：▨ 表示教室群；■ 表示资源中心；□ 表示庭院。

1）资源中心居中式布局

这种模式是以资源中心为核，各教学区分布于其周围，围绕中心资源区布置，是最基本的布局，这种布局方式使资源中心在地位上和地理位置上均成为教学区的中心，最大限度地减少从教室到达这里的距离，学生从自己的组团中可以很方便地到达。这种组合增加了走廊的视觉变换和形成班群空间的机会，使各教学区自然产生，减少了相互干扰，比较符合新型教学模式的要求。

2）资源中心尽端式布局

尽端布置资源中心的布局中各个教学区由主走廊连接，资源中心位于主走廊尽端，有效地进行了教学分区，从而减小了潜在的交通噪声干扰，并为长长的中心走廊提供了视觉变换。缺点是从教学区到资源中心距离太长，一定程度上降低了利用效率。

3）分枝式布局

在这种模式里，主走廊把教学区和资源中心分开了，教学空间与主走廊垂直，资源中心沿主走廊布置，使两者既方便到达又互不干扰，这种模式可形成最多的班群教学空间。并且这种分支布局方式增加了走廊开放空间的视觉和设计的变化性，同时围合出一些室外空间，形成安静的室外场所。

4）庭院式布局

在学校设计中，庭院模式被广泛运用。庭院可以创造一种安全的开敞空间。庭院设计中应格外注意庭院周围各场所的功能，并确保它们协调使用庭院，不相互干扰。另外，应考虑日照分析，确保开敞空间有足够的阳光并便于使用。

当然，这些布局方式只是理想化的总结归纳。当学校规模较大、功能比较复杂时，往往采用两种或数种布局方式结合的复合式布局。而且在实践中，布局也不能拘泥于以上的几种方式，而是应该根据独特的场地条件和设计要求来进行教学空间的布局，以便于教学活动更好地展开。

例如，英国欧特·瓦尔雷学校的布局（图4.22）根据地势和功能的变化，几组建筑分为普通教学区、工艺动手区和科学实验区，有线性组合，有簇式组合，整体呈几种布局的复合式，并组合出一个自由形的广场，非常灵活实用。

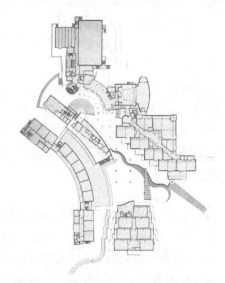

图4.22　英国欧特·瓦尔雷学校平面图（复合式布局）（爱莉诺·柯蒂斯，2005）

4.4　适应教育发展的中小学校室内教学空间的建构

根据素质教育发展和借鉴国外先进经验，未来中小学校室内教学空间主要分为教学资源中心和教学区。

4.4.1 教学资源中心的建构

1. 教学资源中心的内涵

在素质教育的大环境下，学生成为学习的主体，学生自学和查阅资料的重要性日益提高，因此学校图书馆不再是仅满足课余阅读的无足轻重的空间。此外，信息技术的传播也引发了传统借阅形式的变化。计算机设置的数目剧增，室内面积相应增大，设备不断更新，校图书馆正逐渐成为教学资源中心，提供能够接近这些资源的学习空间会为学习过程提供有力的支持。

2. 教学资源中心的特点

1）功能多样化

资源中心与原来的图书馆最大的不同是，这里不再单纯是借书和读书的场所，资源中心的功能扩充了，成为①读书中心——细细品味书的内容的场所及享受书的乐趣的场所；②开展主课学习及综合学习等的学习中心；③学习指导中心——为某些地方需要额外指导的学生提供辅导场所；④获取视听资料、数字资料和互联网资料等多样化媒体信息的中心；⑤和同学相互交流的场所。

2）空间多样化

功能的多样化必然带来空间的多样化，以适应不同的功能要求。首先，应有集中阅览区，对于读书的学生个体，需要有私密的个人阅读座位；对于团体学习者，则需要有小团体研究室，供学生团体互动解决问题和动手操作。还需要提供计算机设备和网络接口的开放空间，以及设置个人视听研究座位和一定规模的小团体开放视讯空间，条件好的可以布置大型的多媒体研讨室，满足多样化的信息传播。此外，资源中心还应包括图书管理员办公室和流动桌椅的储藏室等辅助空间。

3）信息化

原图书馆的书架、书库将会退化，资源中心必须容纳和管理日益增长的新媒体（因特网连接、录像机、CD、录音磁带等）。在大量的空间布置网络线路，这样可以通过联网的计算机或其他技术进行学习和研究，来创建适应学习需要的图书、视听系统、数字系统、互联网等多种媒体齐备的场所。并且，学校资源中心与地方大图书馆应有便利的资源分享系统，以扩大资源的丰富程度（图4.23）。

4）开放化

资源中心的构建要打破封闭的图书馆形象，它应该是吸引人的、学生可以随时使用的开放空间。透明玻璃的隔断包围，可移动的家具来分隔内部空间，路过的孩子看到信息中心内朋友们的身影，或看到他们在谈论新版书籍、兴致勃勃地操作计算机之后，很自然地就会加入他们的行列。同时，开放通透的空间也易于管理（图4.24）。

图 4.23 美国冬青树区间小学资源中心 　图 4.24 美国里克·威尔默丁学校资源中心
（迈克尔·J. 克罗斯比，2004）　　　　（爱莉诺·柯蒂斯，2005）

4.4.2 教学区的建构

教学区指的是特定目的性教室和对应的多目的性开放空间。研究表明，教室是学生学习生活的重心，学生学习和休憩活动绝大部分是在教室发生的。所以，教学区对学生的学习和行为的塑造具有不可忽视的影响力量，是影响学生最重要的教学空间。

1. 影响普通教学区建构的几个因素

1）班级规模

班级规模即一定的空间内容纳学生的多少，是教室空间设计的一个组成要素。当班级规模控制在合理的范围之内，师生之间、学生之间就能产生较多的互助，每个学生均有机会参与讨论，回答教师的问题，也可以在学生之间展开研讨，增加学生交流与发言的机会。这对学生的学习动机、学习积极性及创造力的培养有着重要的影响，从而提高学生的学业成绩，同时，教师也便于控制课堂纪律，因材施教。

在古代，有机会接受教育的人数少，教师与学生可以席地而坐，其场所也许是在一棵树阴下、一堵墙边或一空透的厅堂中等。那时学校普遍采取个别教学的组织形式。到 17 世纪，夸美纽斯提出"一个教师同时教几百个学生不仅是可能的，而且是必要的。因为，对教师，对学生，这都是最有利的制度。教师看到眼前的学生数目愈多，他对于工作的兴趣便愈大。所以一个教师一次应该能教一大群学生，毫无不便之处。"（《大教学论》）。夸美纽斯的这一思想统治了教育界 300 多年，人们均对此深信不疑。但 20 世纪 50 年代以来，主张学校小规模的呼声日益高涨，夸美纽斯的观点现在已很少能找到支持者。人们一般从一个班级中教师与学生之比来衡量一个国家的教育发展水平。师生比越高，一般就说明教育水平越高，现在欧美各国的每个教师所分有的学生数目都在减少。小规模班级已成为世界各国的发展趋势。

　　1990 年，美国教育研究家杰里米·芬恩（Jeremy Finn）等发表了"关于课堂规模的解答与疑问：一项全州范围的实验"，报道了田纳西州的 STAR 项目，即"师生比与成绩"关系的研究。研究表明，在"斯坦福成绩测验"中，小班学生的阅读和数学考试成绩更高，班级规模 20 人比 40 人在学习成就上大约高出 10 个百分等级[①]。目前，许多国家倾向于每班 20 个学生最为适宜。认为如果比值超过一定限度，必然增加教学困难，导致教育质量下降。

　　师生比与国家物质条件、出生率有着密切关系，并且随之不断变化。第二次世界大战后，在那些人口增加的国家，如美国、法国、比利时，中小学的师生比就有所上升，出现过规模过大的班级，有的班级学生人数达到 56 人，甚至达到 70 人。而在那些出生率下降的国家，如苏联、联邦德国、意大利，中小学的师生比就有所改善。20 世纪 60 年代后，随着有些国家经济条件好转，逐渐扩大了学校的建筑，增加了师资力量，因而师生比有所下降，如美国、日本、联邦德国，见表 4.19。

表 4.19　各国师生比变化对比表

国家	时间	师生比
美国	1974 年	1：25
	1987 年	1：17.6
日本	1970 年	1：25.8
	1989 年	1：21.2
联邦德国	1970 年	1：23
	1989 年	1：13

　　《农村普遍中小学校建设标准》试行稿（1997 年）、《城市普通中小学校建设标准》送审稿（1998 年 6 月）中规定，城市小学校每班 45 人。显然，在我国要把班级人数减少到 30 人以内是一个循序渐进的过程。北京正在开展实施部分中小学校班级"瘦身"。上海市长宁区天山新村第五小学已经将每个班级学额控制在较小的范围，一般在 30 人以下。天津市教委要求，从 2006 至 2007 学年度开始，天津市所有小学新一年级要严格按照班级规模 25～30 人的标准，实行小班化教育。同时，在其他年级中，继续扩大小班化教育的比例。2006 年小学小班化教育班级比例达到 30%，2007 年达到 50%，2008 年达到 70%。这些给我们缩小班级规模的实践提供了很好的现实基础。

　　2）面积指标

　　我国目前中小学的教室都比应有的空间小，呈现拥挤的状况。我国规定中小学普通教室面积指标：每班≥56m²，这个指标对素质化教育来说显然已经不足了。

---

①李钰. 减小规模：班级？学校？——美国小班化改革与小学校化改革之争[J]. 上海教育科学，2003，（6）：27-29.

对比中国台湾、美国等教育较发达地区，班级规模远远小于中国大陆，而教室面积的标准却远远高于中国大陆（图 4.25 和图 4.26）。

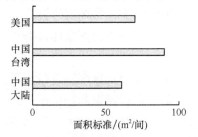

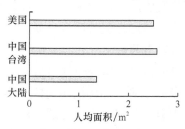

图 4.25　中国大陆与中国台湾、美国普通教室　　图 4.26　中国大陆与中国台湾、美国教室最小
使用面积标准对比　　　　　　　　　　　　人均面积对比

将美国、中国台湾地区的普通教室面积、班级规模、人均使用面积和中国大陆进行比较，见表 4.20、表 4.21。由此推算我国的普通教室面积，按小班化每班 30 人，最小人均面积 $2.65m^2$ 计算，中小学普通教室面积至少要达到 $79.5m^2$。当然，这只是最小面积，还应适当提高人均使用面积，将各功能角的面积加进去。普通教室的面积加上开放空间的面积（一般教室与开放空间比例在 1∶0.5～1∶0.8 较为适宜），就可以根据具体情况得到普通教学区的面积。由于学校的小规模化将导致班级人数的不确定性增大，在按教室面积进行推算时，应予以留意。面积增大必然带来教室尺度的变化，由于班级规模变小，主教学空间的尺度只是稍微增大，多余面积的分配主要在增加的多个功能性空间中，而且教室不再是一个固定尺度的空间，具有灵活变化的特征。

表 4.20　美国、中国台湾、中国大陆教室面积指标比较

地区	普通教室使用面积标准/（m²/间）	班级规模/（人/班）	人均使用面积/m²
美国	70.0～92.9	28	2.5～3.3
中国台湾	90（单边走廊）	35	2.57
	112.5（双边走廊）	—	3.21
中国大陆	61	45	1.36

表 4.21　美国中小学的普通教室使用面积指标（布拉福德·柏金斯，2005）

地区	教室净面积最小标准/m²	班级规模/（人/班）	人均教室使用面积标准/m²
纽约	71.5	27	>2.65
加利福尼亚	89.2	32	>2.79
弗吉尼亚	90.6（一年级）	—	—
	74.3（其他年级）	—	—
佛罗里达	83.75（一、二年级）	25（一、二年级）	3.35～3.72（一、二年级）
	78.12（其他年级）	28（其他年级）	2.79～3.16（其他年级）

3）座位模式

座位模式（seating patterns）是形成教学环境的一个重要因素。它取决于教育模式的发展，它对学生动机、课堂学习行为和学生成绩都有着深刻的影响。

就目前这方面的研究进展及实际状况来看，中小学一般的课堂座位编排方式主要有以下几种。

（1）传统课堂座位编排方式——秧田式排列法。秧田式排列法是中小学最普遍、最常见的一种传统的座位编排方法。它是伴随着班级授课制产生的，最适合大班教学。研究表明，在这种座位模式下，所有的学生都面向教师，教师容易控制学生，容易发挥自己在教学活动中的主导作用，因而传授知识的效果比较理想。但 20 世纪 70 年代，亚当斯和彼德尔发现采取秧田式座位法，学生参与课堂教学的程度受学生座位的影响相当大，教师与学生之间的交流集中发生在教室前排和前排中间一带的区域，人们一般将这个区域称为"行动区"（action zone）。处在"行动区"内的学生在课堂上表现活跃，发言积极，与教师交流的机会和次数明显比其他区域内的学生多（图 4.27）。研究者认为，这种情况的出现在很大程度上与这种座位的空间特征有关。"行动区"处于教师的视觉监控范围之内，这个区域内学生的一举一动都受到教师的严格控制，从而能在学习上表现出较大的投入。在"行动区"以外则是教师视觉的"盲区"，处在此区域内的学生的一举一动，教师都难以控制，从而捣乱、做小动作的现象也就随之出现了。因此，这部分学生在课堂上的学习并不十分有效[①]。另外，固定的座位使学生很少有机会从"做"中"学"，丧失了学生的思维能力和创造能力。学生之间几乎没什么交往活动，不利于学生的社会化成长。这种座位模式从空间特点上突出了教师居高临下的地位，客观上造成了师生在空间位置上的不平等，因而不利于平等民主的师生人际关系的建立。

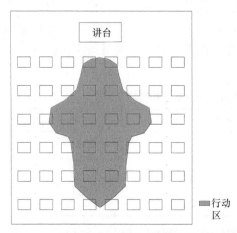

图 4.27　秧田式座位排列，教学"行动区"示意图（吴立岗，1998）

（2）非正式座位模式。从 20 世纪 70 年代起，不少人对常规的座位模式提出了异议，探索出了几套新的座位编排模式（表 4.22）。相对于传统的常规座位编排模式，它在国外被称为"非正式座位模式"（informal seating patterns），非正式座位编排模式一般有会议式、小组式、"U"形四种形式及其变式，它们分别适用于

①吴立岗. 教学的原理、模式和活动[M]. 南宁：广西教育出版社，1998：517.

不同的教学目的与要求[①]。

表 4.22 座位模式分析表

座位模式	教学描述	特点
会议式排列法	将课桌椅面对面摆成两列,学生分坐两边进行交流活动。在人数较多的班级,也可将课桌椅摆成四列。教师可以站在"田"的前面(图1),也可以站在中间	(1)适合课堂讨论和情景对话。 (2)有利于课堂中的社会交往活动。 (3)有利于增进学生间的相互影响

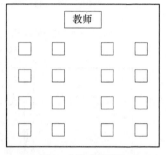

图 1 会议式排列法

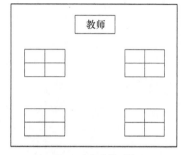

图 2 小组式排列法

座位模式	教学描述	特点
小组式排列法	将课桌椅分成若干组,每组由4~6张桌椅构成(图2)。美国、加拿大等国的小学、初中的课堂座位编排多采用这种模式	(1)适合讨论、作业课。 (2)最大限度地促进学生之间的相互交往和相互影响。 (3)加强学生之间的关系,促进小组活动
圆形排列法	撤掉课桌,只留下椅子并将椅子摆放成圆形、梅花形、椭圆形等。教师可以站在圆形的中央,让学生围坐在一起参与学习和讨论(图3)。有时班级人数超过25人,则可采用双圆形的编排方式,这时教师处于教室的正前方	(1)特别适合课堂讨论和游戏教学。 (2)具有向心内敛性,学生有较多的视觉接触和非言语交流的机会,有利于消除学生的紧张情绪。 (3)最大限度地促进课堂中的社会交往活动。 (4)消除了座位的主次之分,有利于师生之间形成平等融洽的关系

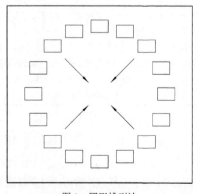

图 3 圆形排列法

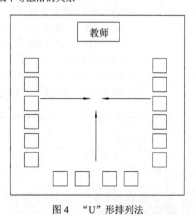

图 4 "U"形排列法

---

①田慧生. 教学环境论[M]. 南昌:江西教育出版社,1996:259-263.

续表

座位模式	教学描述	特点
"U"形排列法	将学生分成两队，将课桌椅排列成"U"形，教师居于"U"形开口处（图4）	（1）适用于学生的自学活动。 （2）学生与教师有较多的视觉交流
双"U"形排列法	班级人数超过 25 人，则采用双"U"形，即"W"形（图5）	（1）适合课堂分组竞赛。 （2）适用于情景教学。 （3）兼有秧田形和圆形排列法的某些特点，既可以充分增进师生之间的交流，有助于问题讨论和实验演示，同时又可以突出教师对课堂的控制，发挥教师的主导作用。 （4）不足之处是所需空间较多，不适合人数较多的大班

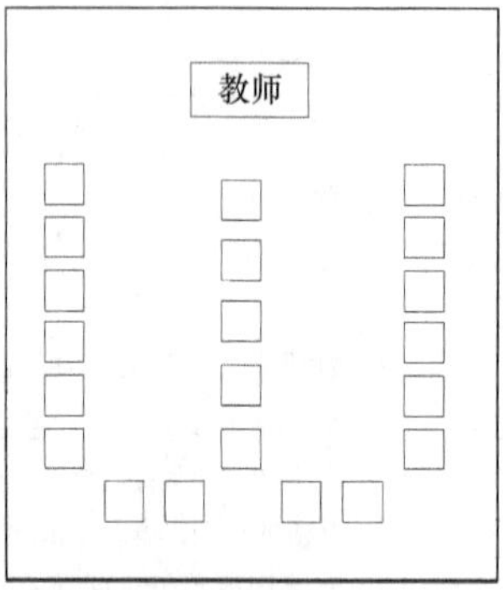

图 5　双"U"形排列法

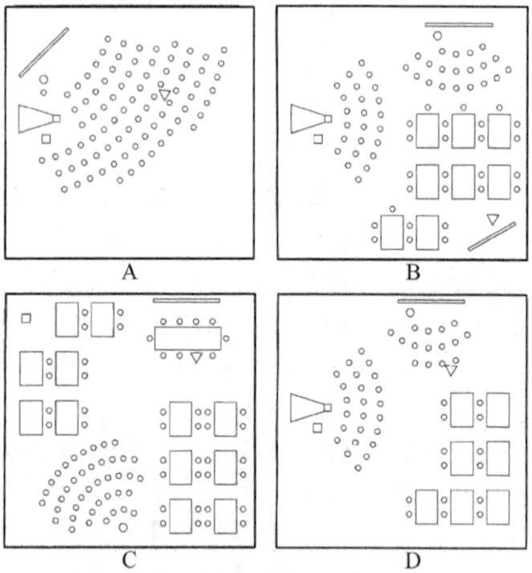

图 6　开放式编排方式

座位模式	教学描述	特点
开放式编排方式	将座位、书桌、现代化的教学媒体、黑板、实验设备等均引入教室中，学生的课桌可根据需要移动，教室被分成若干学区，如阅读区、教学区、实验区、个别学习区等，每个学生都有专门的主题或课程，有 1～2 名专职教师负责学生的学习活动，学生可以根据不同的学习任务选择小组学习或个别化的学习（图6）	（1）增加了学生与学生之间的互动。 （2）给予学生较多的参与不同学习活动的机会。 （3）有利于学生学业成绩的提高以及合作能力、创造能力的培养。 （4）教师的主要工作不是讲课和维持纪律。最主要的任务是布置学习环境，提供必要的材料；其次，教师要设计各种活动；再次，就是在活动中启发、鼓励、指导和帮助学生

　　不同的座位编排方式具有各自不同的特点，既有各自明显的优越性，也有应用上的局限性。很显然，在实践中不存在对所有班级、所有学习状况和所有的教师、学生来说都很理想的座位安排方式。教师必须根据教学目标和课程实施的要求，灵活运用各种不同的座位编排模式，使座位编排与教学活动的性质及参加人员的需要协调一致，使教学活动在相应的座位模式下获得最大效益。

2. 适应素质教育的教学区的发展趋势

1）弹性开放的多功能教学空间

教学区分为特定目的性空间和对应的多目的性的开放空间。其不再是仅仅满足讲课需要的传统的单一层次的教室空间，而是要建立满足多种功能需要的富有创意且弹性开放的空间。使学生的语言表达机会和参与活动机会大大增加，同时可以更多地获得教师的关心和辅导，更多地体会学习的快乐。根据理论分析和国外实例借鉴，多功能教学空间包括以下的功能空间：授课空间、多用学习空间、安静私密空间、资源、媒体空间、游戏空间、储藏空间、展示空间、教师空间（表4.23）。

表 4.23　多功能教学空间的构成要素

序号	空间类型	特点
1	授课空间	将分散于各区的学生集中起来进行集体讲授和班级活动的空间
2	多用学习空间	新的教学模式采取不同的学习组群，进行互动学习等方式。课堂不再是整齐划一的行动，而是小组讨论、探索学习、展示等多种活动并存，需要满足不同行为发生的场所。因此多用学习空间为满足不同的学习组群从事各种学习活动，需要很大的自由度。多用学习空间和授课空间可以是一个空间，也可以分别设置，这要根据具体情况而定
3	安静私密空间	用于学生自习、独立研究、休息、转换情绪或进行个别辅导、小范围交流的空间，应该是宁静舒适的空间
4	资源、媒体空间	布置计算机、视听资料和设备、图书、教材和足够的电源和网络接口，学生可以自由使用。也有利于学习需要的教材及教具的准备，教师可以随时根据教学内容，指导不同程度的学生使用适合他们的资料
5	游戏空间	设置简单的游戏用具，如小道具、棋类游戏用具等，供学生学习之余放松和娱乐使用，有助于提高学习效率
6	储藏空间	储藏空间内有供学生放置个人物品的书架或柜子，学生的教学档案、个人物品等在教室里都有固定的存放地点
7	展示空间	用于学生作业或作品的展示。从自画像到手工制作，从书写到剪贴，是学生发表作品的场所。重视学生成果的展示，将有利于学生互相交流，提高学生的学习兴趣
8	教师空间	在教学区设置教师空间的好处是可以增多教师与学生交流的机会。教室空间是属于学生的，教师使用的桌子和柜子位于教室的一角，而且只用于办公和保管班级用品等

这些空间将设置在多功能教学区中。需要指出的是，它们并不是必须全部具备或者一成不变地处于教学区的某个位置，而是根据教学模式和教学建筑的不同，以一定的原则加以组合安排，这样才能够设计出有所变化的教室（图4.28）。

2）多功能教学空间的布置和使用原则

（1）合理分区。规划各个学习空间时，必须考虑各个空间的性质，将性质较接近、兼容性较高的空间设置在一起。反之，性质不同、兼容性较低的必须进行空间上的分隔。例如，将属于动态性质的"游戏空间"与"多用空间"比邻设置，属于静态性质的"授课空间"与"安静空间"则需要与喧闹的空间有一定的距离。

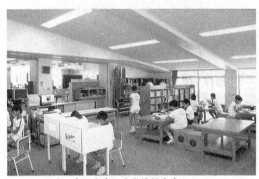

(a) 日本三春町立岩江小学校教室内　　　　　　　(b) 美国Fort Recovery城学校的教室内
　　　(伊奈辉三，1988)　　　　　　　　　　　　　(迈克尔·J. 克罗斯比，2004)

图 4.28　多功能教学空间实例

（2）灵活分隔。在空间分隔方面，对于开放性场所，可利用可移动的推拉隔断墙或屏风、储物柜、地毯等家具来灵活界定各个学习空间的范围。例如，在设置"游戏区"时，可运用橱柜将此区隔成一个包围空间，并于其地面铺设地毯，以界定学生活动的范围。而在安静私密空间的塑造上，则需要利用角落空间和凹室空间，或进行较封闭的分隔，才能达到使用要求。

（3）弹性使用。多功能空间使用起来要能使全班的学生可以同时进行不同的学习活动，给予学生自由选择的可能性。学生可以有选择地从一个空间到另一个空间进行不同的学习活动，在同一个空间中也可以进行不同的活动。总之，多功能空间的使用不能拘泥于空间的划分，而应该根据不同情况灵活进行。

（4）智能化。视听设备、高射投影仪，甚至幻灯机仍是教室中存在的常见的视听设备，但是计算机（包括网络插口及其他程序和设备）正在取代传统的教学工具。网络可以提供迅速、无边界的资源，多媒体电脑可以提供声音、影像、动画、文字等辅助教学手段，二者结合，突破传统教材限制，使教材、教法、教学媒体多元化，建立自发式、互动式教学环境，以更生动、活泼、丰富的方式，启发学生学习动机，加强学习效果。

（5）舒适化。经研究，发现教室物质环境的改善，如适宜的温度、湿度、照明、家具和墙面色彩设计等，使孩子感到愉快和舒适，对学业成就有正面的影响。20 世纪 80 年代，美国科学家提出"友好教室"（friendly classroom）和"软性教室"（soft classroom）的概念。这些教室里，灯光柔和，墙壁漆上明亮的颜色，挂上艺术画报，屋里放入几个盆景，天花板上挂上彩色的动态艺术品。除了原先的桌椅，教室内还设置了可以坐的小毯子、色彩协调的坐垫和木质的椅子。研究发现，在"软性教室"里，学生参与课堂讨论的情形是别间教室的2～3倍，其平常考试成绩显著优于一般教室里的学生[①]。

研究表明，舒适化是教学空间的发展趋势之一，需要为儿童设计家庭氛围的学习空间。首先，在学校设计中的所有方面运用孩子们所熟悉的、在家庭中经常用到的装饰材料，尽可能地让师生以最舒坦的方式学习，如教室地板化，减少有棱角的柱子和梁等，用软质材料装饰等。其次是教室各种物理环境的设计，如温度、湿度、光线、声音、色彩等的适宜化都使学生充分感受到家的温馨和舒适，在放松和愉悦的心情下接受教育。最后，空间的尺度和比例要适合儿童使用，创造适宜儿童活动的空间，而且要考虑随着儿童的成长会带来的一系列问题。总之，要运用自然的材料和色彩及适宜的物理环境和尺度，来创造有趣、宜人的空间。

总之，教学空间的发展趋势是使整个环境具有吸引力，能启发孩子思考、创造及其他方面的能力，提高学生的使用意愿。

3. 适应素质教育的教室

教室发展到教学区，教学空间经历了一个由单一空间到多功能复合空间的过程，不同的形式满足不同教学方式的需要，如表 4.24 所示。归纳组成教学区的各功能构成和学生行为模式，可以得出教学区的发展趋势。

表 4.24 普通教室——多功能教学空间模式变化类型[②]

教学空间平面	空间分析
 （邱茂林，2004）	类型一：（授课空间 + 角落空间 + 阳台） 这是一个教室单元平面的改进设计，增加了私密的角落空间，满足孩子私密性的需求，在这里可以自习，可以遐想，可以和好朋友谈心。阳台提供了呼吸新鲜空气和观察外面的机会

①汤志民. 教室情境对学生行为的影响[J]. 教育研究，1992，（23）：44.

②类型一至六图片来源于：邱茂林，黄建兴. 小学、设计、教育[M]. 台北：田园城市文化事业有限公司，2004. 类型七图片来源于：长泽悟，中村勉. 国外建筑设计详图图集 10——教育设施[M]. 滕征本，等，译. 北京：中国建筑工业出版社，2004. 类型八图片来源于：景观设计编辑部. 校园景观规划设计[M]. 辽宁：大连理工大学出版社，2004. 类型九图片来源于：薛方杰. 国民小学班群教室多元弹性规划与评估研究[D]. 台北：台湾大学土木工程学研究所，2003.

教学空间平面	空间分析
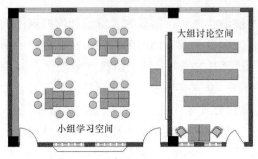 （邱茂林等，2004）	**类型二：（大组讨论空间 ＋ 小组学习空间）** 这是授课空间与多用学习空间的不同的运用方式，为不同的学习组群设计多样的学习空间，小组学习与大组讨论都有各自的领域，可以进行多样化的学习
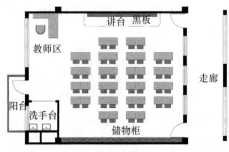 （邱茂林等，2004）	**类型三：［授课空间 ＋（媒体空间或教师空间）＋阳台］** 这是改进的教室单元平面，相对类型一，此方案将阳台置于一侧，更合理，且自然形成一个角落空间，可用于教师办公、学生阅览、休息和自习
 （邱茂林等，2004）	**类型四：［授课空间 ＋（表演空间或媒体空间）＋（阳台独处空间或亲密谈心区）］** 这是一个比较成熟的教室单元平面，休闲空间可以作为席地阅览的媒体空间或表演空间，教师空间在教室的一角，小阳台使尺度私密感更强，便于独处或和好友谈心
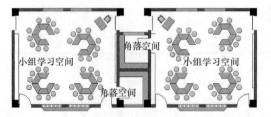 （邱茂林等，2004）	**类型五：（多用学习空间＋安静私密空间的组合型）** 这是两个教室平面的组合，教室提供授课或小组学习的多用空间和安静角落空间

续表

教学空间平面	空间分析
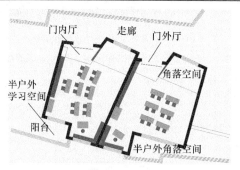 （邱茂林等，2004）	类型六：（授课空间+ 安静私密空间 + 教师空间+阳台） 这是我国台湾广英国小的教室平面，形体设计成异形，独立的角落空间配置于主体教室与走廊之间，带来安定感，构成丰富的层次及领域，并提供了多样学习与生活的形态，如休息、自习、阅读、交流等
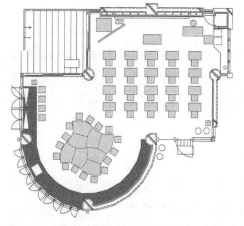 （长泽悟等，2004）	类型七：（授课空间+多用学习空间） 这是日本沙雷吉奥小学的教室平面，教室由正方形的授课空间和半圆形的多用学习空间组成，满足上课及小组学习，以及作业和午餐等活动
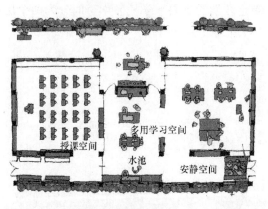 （景观设计编辑部，2004）	类型八：（授课空间+多用学习空间+安静空间） 这是日本多治见小学的教室平面，由授课空间和多用学习空间组成，可同时进行授课和小组学习。还有能进行简单实验的水池、长凳和可容纳几个人的安静的凹室

续表

教学空间平面	空间分析
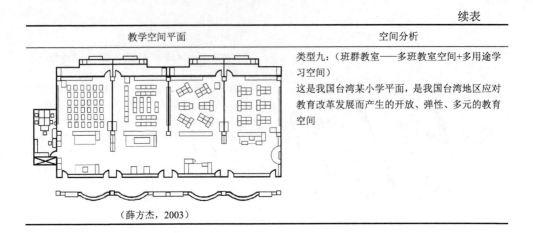（薛方杰，2003）	类型九：（班群教室——多班教室空间+多用途学习空间） 这是我国台湾某小学平面，是我国台湾地区应对教育改革发展而产生的开放、弹性、多元的教育空间

4.5　中小学校室内空间的设计要点

通过调研了解我国室内教学空间现状、发展趋势及师生对教学空间的要求；通过教学模式理论分析，进一步明确了室内教学空间要求，在分析借鉴教育先进国家及地区室内教学空间布局经验的基础上，得出适应素质教育的室内教学空间的布局模式和规律。

4.5.1　中小学校室内教学空间构成要素

传统的中小学校室内教学空间主要由普通教室、专业教室、公共教学用房构成，各部分自成一区，联系不紧密。当代教育模式要求教学空间多样化，以供不同规模的学生学习交往，供个体学生不同时段的活动对空间所需。因此室内教学空间构成要素发生了结构性的变化，满足教学的需要，学校教学空间分为两个层次（图4.29）。

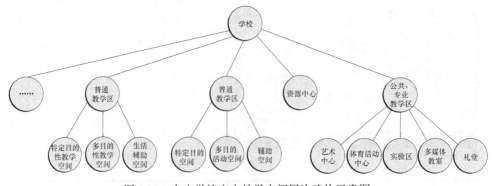

图 4.29　中小学校室内教学空间层次建构示意图

第一层次：由特定目的性教学空间、多目的性教学空间和生活辅助空间构成普通教学区；艺术中心、实验区、多媒体教室、体育活动中心和礼堂构成公共、专业教学区；资源中心。

第二层次：以上三类教学空间共同构成学校教学空间的整体。

4.5.2　中小学校室内教学空间布局模式

以资源中心（配备多媒体计算机、宽带网、视听资料、图书资料等）为指导型区域，同时配置各种教学区（普通教学区、实验区、工作区、书法区、美术区、音乐区、舞蹈区等），各个教学区均包括相应的特定目的性教室和它们对应的多目的性开放空间，形成一个教学空间网络（图4.30），尽可能提供满足不同目的和不同规模的学习群体所需要的学习空间，这样中小学校室内教学空间将会有突破性的大改变。

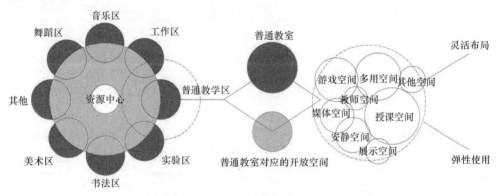

图4.30　中小学校室内教学空间布局和建构示意图

根据资源中心与教学区的不同位置，可采取以表4.17的结构性布局，满足不同学校的实际需要。其中比较有效的功能性布局的主要特点为：资源中心是教学空间的中心，按照不同的学区布置方式将教学空间分为不同的区域，开放空间分布于其中。这种布局方式便于建立学区间的相互联系，创造良好的学习氛围，在国外已经进行了多年实践，效果较好。但在我国尚未进行相关实践，认为引进这种布局方式，将改变原来的普通教室、专业教室加公共用房的僵化形式，通过不断实践探索使之适应我国国情，将有利于素质教育的尝试。

4.5.3　中小学校室内教学空间相关设计指标

1. 班级规模

我国中小学校目前还是以编班授课制为主，按照国家现有经济条件和人口规模，小学建筑设计相关规范提出"45人/班"。近年来，小班化成为发展趋势，"30人/班"的指标将是近几年的发展目标。随着教育改革不断深入，采取跨班级学习、跨年级学习到完全开放教育模式阶段，"师生比"将是衡量学校教学条件的重要指标，参考国外发展历史，到素质教育深入阶段，我国中小学师生比将会朝 1：25 发展。

2. 面积指标

（1）我国目前普通教室人均使用面积指标为教育发达国家的 1/3～1/2，为 1.36m²/人。素质教育发展必将增加人均教室使用面积，按照 2.65m²/人，30 人/班，则普通教室面积应为 79.5m²。

（2）根据日本、我国台湾中小学教学空间研究，普通教学空间与相对应的开放空间比为 1：0.8～1：0.5。

（3）由 3～4 个特定目的教学空间及相对应的多目的活动空间构成的一个普通教学区面积应为 310.05～477m²。这将为今后教学空间设计提供参考。

5 适应教育发展的中小学校廊空间、教师空间发展研究

5.1 廊 空 间

廊："一面开敞的有顶的过道，如门廊或柱廊。尤指中世纪后期和文艺复兴时期与墙等长的狭廊或平台。在罗马风格建筑中，特别在意大利和德国，突出墙外的拱廊称为矮廊。在文艺复兴式的住宅或府邸中，以及在英国伊丽莎白时期和詹姆士一世时期的住宅中，作为散步或陈列画的狭长房间也称为廊。"①

由于教育模式和经济条件的限制，我国 20 世纪 90 年代以前的中小学中设置的廊大多为长外廊，主要满足交通的需要。随着教育改革的发展，对原有廊空间作用的认识和要求也发生了巨大的变化。

5.1.1 廊空间多功能性要求的提出

1. 素质教育发展过程中对中小学教育建筑中交往环境提出新的要求

在我国逐渐由应试教育向素质教育的转变过程中，由于"以人为本"理念的不断深化，学生间交往行为的作用越来越引起人们的关注。如何为学生创造轻松愉快的学习与交往的空间环境已经成为世界各国教育界所关注的话题。

英、美、日等国在开放式的新型学校建设方面已取得了很大的成功：学校由以满足"教育"实施为主的空间环境向以满足"学习与交往"为主的空间环境转变；学校空间环境生活化、人情化；重视室内外环境及空间气氛对学生身心健康及情操形成的影响作用。

2. 我国中小学教育建筑环境中缺乏适当的交往空间

在我国的教育类建筑发展过程中，出现了大量快速建设的要求；并且学校建筑的设计从"教育空间"的单向思维出发，体现了现代主义建筑理论的"住宅是居住的机器"（引自柯布西耶《走向新建筑》），而学校建筑则是"教育的机器"的思想。校园规划和校舍设计忽视儿童成长特点，学生行为被模式化、统一化，相应的交往空间也没有得到足够重视，缺乏对学生行为的考虑。在对西安市 20 余所中小学校的调查中发现，90%的学校由于用地紧张，校舍在满足教学基本功能的情况下，忽视了学生交往空间的设计，教室在二、三层的学生课间只能挤在狭窄的走廊上观看楼下的同学玩耍，不利于学生成长，如图 5.1 所示。

---

① 中美联合编审委员会. 简明不列颠百科全书（第五卷）[M]. 北京：中国大百科全书出版社，1986：120.

近年来由于国家对教育事业的重视，兴建了许多新学校。但由于当前教育建筑设计理念滞后于教育理念的发展，新建的学校大多只注重教室面积的增大、专业教室、公共教学空间的增加，很少考虑到学生交往空间对于教学与学生认知的重要作用，学生在校的交往空间不能完全满足各种活动的需要。

图 5.1　西安某大学附小

3. 廊空间是学生在学校进行交往活动的主要空间之一

在学校建筑设计领域，廊空间是学生除了教室空间之外使用频率最高的空间。国外研究表明，走廊等交通空间是学生间进行交流、相互学习的理想场所。而我国目前的廊空间由于空间功能关系单一、形态单调，成了一个具有较高使用率、较低教育效率的空间。

学校建筑中良好的廊空间设计，能缓解学生的心理压力，提高学生的学习兴趣，为学生提供与他人轻松愉快交流的场所，以便互相分享学习经验等。在国外，学校的廊空间已经被赋予了新的功能及含义，如多功能开放空间取代由长外廊连接普通教室的封闭空间，取得了很好的成效。

5.1.2　学校廊空间调研分析

1. 三种不同的学校廊空间类型

在对国内 38 所中小学校廊空间调研的基础上，根据学校的建筑建成年代与相应的廊空间布局方式，将调研的学校划分成三个类型，如表 5.1 所示。它们分别是：20 世纪 70～80 年代建成的中小学校，具有较为单一的廊空间；90 年代在老校舍的基础上进行改扩建的学校，廊空间有了一定改变，空间质量有了进一步提高；2000 年左右建成的具有现代气息的学校建筑，廊空间有很大改善，学校空间环境多变。

2. 一类学校廊空间——以西安某大学附小为例

西安某大学附属小学是一类中小学的代表。在学校内，通过观察学生在廊空间的行为表现，从环境与行为的关系角度，分析儿童行为对廊空间提出的要求。对西安某大学附小的调研进行了 10 余次，选取其中有代表性的调研进行分析。

西安某大学附小廊空间现状：长外廊，廊宽度为 1.6m，长度为 36m，所用材料为混凝土与砖，廊空间的形式为一层为挑出廊，二～四层为单面廊空间（图 5.2）。

表 5.1　廊空间具体调研学校分类表

类别	廊空间特点	学校
一类学校	20 世纪 70～80 年代建成的中小学校，由于当时经济条件的限制，学校建设目的是满足基础教育的普及，廊空间形式普遍为一字形，而且宽度为 1.6～1.8m，廊空间的主要作用是满足交通。也有一些中小学虽然建于 90 年代，但空间形式没有实质变化，所以仍然被划分为一类学校	西安建筑科技大学附属小学、西安交通大学附属小学、东方小学、陕西师范大学附属小学、西安实验二小、西安实验小学、西安小学、大学南路小学、雁塔路小学、航天 201 小学、西影路小学、西安铁路第 5 小学、后宰门小学、振兴路小学、铁一局子校、二府街小学、高新一小、郑州东关小学、郑州实验小学、郑州外国语小学、江苏海门东洲小学、江苏如东县马塘小学、北京小学、西安长庆八中小学部、闵行区华坪小学、卢湾区第一中心小学、上海市实验小学、万航渡路小学

西安某大学附小廊空间

上海某小学廊空间

上海闵行区某小学廊空间

类别	廊空间特点	学校
二类学校	20 世纪 90 年代建成的小学校，是在 80 年代学校建筑基础上改进的一代。对于 80 年代狭窄的廊空间已经有了加宽的需求，宽度在 2.4~2.8m。设计中注意到了教学模式和教学空间的相互影响，考虑到了儿童的行为特点，在廊空间中引入了有助于交往的空间要素，布置了相应的家具	西安某学院附属小学、郑州创新街小学、杭州学军小学、宁波海曙区某学校、宁波实验小学  西安某学院附属小学廊空间  宁波海曙区某学校廊空间
三类学校	2000 年左右建成的中小学校，是教育理念逐渐由应试教育向素质教育转变中的产物，在培养学生智育的同时，更加注重学生的身心全面健康发展。这类学校廊空间形式多变，具有很多不同层次的空间，可满足学生各种不同的活动	浙江某小学、南京行知小学、西安高新小学、北京某大学附属小学、青岛平安路第二小学、郑州 47 中小学部  杭州某小学一年级廊空间  北京某大学附属小学廊空间

1）2005 年 11 月 21 日 7：30~12：20 和 2005 年 11 月 22 日 13：30~18：30

分时段（不同的课间）拍摄记录儿童在廊空间的行为表现，来分析廊空间使用情况。

（1）调查统计。通过对西安某大学附小廊空间的调研得到的数据如表 5.2 和图 5.3 所示。

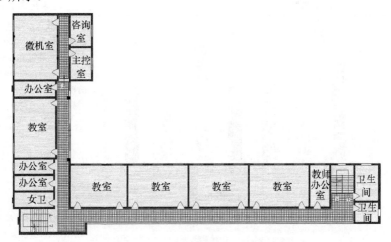

图 5.2　西安某大学附小二层平面图

表 5.2　西安某大学附小廊空间统计表

时间	首层廊内人数/人	首层廊使用人数比/%	二层廊内人数/人	二层廊使用人数比/%	三层廊内人数/人	三层廊使用人数比/%	四层廊内人数/人	四层廊使用人数比/%
第一、二节课间	28	11.7	18	7.50	10	4.17	4	1.67
第二、三节课间	12	5.00	16	6.67	12	5.00	9	3.75
第三、四节课间	21	8.75	8	3.33	5	2.08	7	2.91
第四节课（11：40）后	22	9.17	12	5.00	8	3.33	17	7.08
第五、六节课间	35	14.58	42	17.5	17	7.08	36	15.00
第六、七节课间	14	5.83	8	3.33	10	4.17	15	6.25
放学（16：50）后	20	8.33	22	9.17	8	3.33	12	5.00

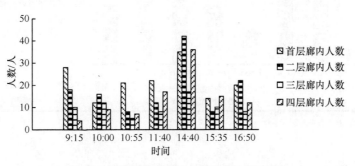

图 5.3　西安某大学附小廊空间统计分析图

（2）廊空间利用率分析。教学楼由长外廊串联4个普通教室构成，按60人/班，可大致得出儿童使用走廊的频率，如表5.3所示。

表5.3 西安某大学附小各楼层廊空间利用率分析表

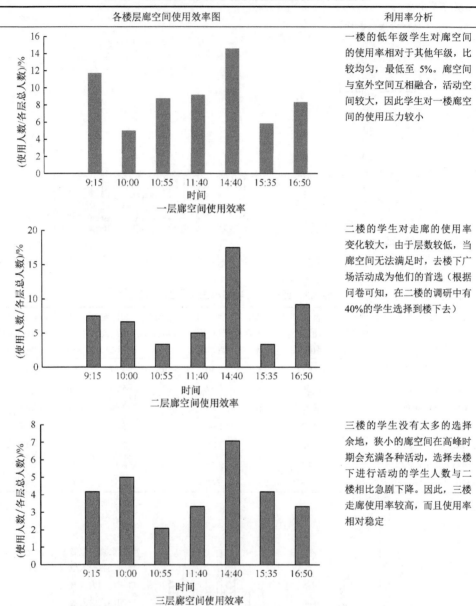

各楼层廊空间使用效率图	利用率分析
一层廊空间使用效率	一楼的低年级学生对廊空间的使用率相对于其他年级，比较均匀，最低至 5%。廊空间与室外空间互相融合，活动空间较大，因此学生对一楼廊空间的使用压力较小
二层廊空间使用效率	二楼的学生对走廊的使用率变化较大，由于层数较低，当廊空间无法满足时，去楼下广场活动成为他们的首选（根据问卷可知，在二楼的调研中有40%的学生选择到楼下去）
三层廊空间使用效率	三楼的学生没有太多的选择余地，狭小的廊空间在高峰时期会充满各种活动，选择去楼下进行活动的学生人数与二楼相比急剧下降。因此，三楼走廊使用率较高，而且使用率相对稳定

续表

各楼层廊空间使用效率图	利用率分析
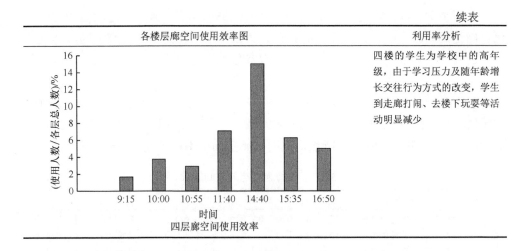	四楼的学生为学校中的高年级，由于学习压力及随年龄增长交往行为方式的改变，学生到走廊打闹、去楼下玩耍等活动明显减少

①走廊使用率普遍很低，在 1.67%～17.5%，一、二年级学生还可以到院子里玩耍，而三、四年级大部分的学生是在教室里，没有出来活动休息，这与学生成长规律相违背，反映出现有空间设置的不合理。

②四个楼层的廊空间都是在下午 14：40 时使用率最高，可能与气候有关。调研时为冬季，学生大都选择温暖的午后出来活动，早上及傍晚人数最少。楼梯与走廊的结合部位因为有维护，成为学生喜爱的场所（图 5.4）。可见冬天由于廊空间缺少必要的维护设施，抑制了学生的活动。说明学校缺乏具有一定舒适性（相对稳定的温湿度）的自由活动场所。

③走廊的使用中有以下特点：学生按班级划分领地；在走廊中玩耍的大都为男生（图 5.5），女生被挤到教室中不出来；在上下楼拍摄廊空间的同时，还发现有 2、3 位女生选择在楼梯的休息平台处玩耍，来往的学生并没有让她们感觉不自在，该处反而在学生上下楼不多时成为较为宽敞的交往空间，这跟学生喜欢有自己固定小团体和较强的领域性有关。走廊空间的单一层次，同样抑制了学生的交往活动。

图 5.4　楼梯间的活动

图 5.5　狭窄的廊空间

④附小廊空间高度为 3.6m，与室内教室空间的高度一致，缺乏相应的空间变化。廊空间与教室的关系为简单的并置式关系，形式较为单一，廊空间除了交通之外的其他功能没有体现出来。另外，教室与走廊之间没有过渡空间，在教室入口处常造成学生堵塞，应在班级入口处设计缓冲空间。

⑤中小学阶段是儿童成长变化很快的阶段，而大多数学校无视儿童成长规律，按照统一模式进行空间设计。通过上述的调研，发现了不同年龄阶段的学生在下课 10 分钟内有着不同的行为特点，进而对廊空间有不同的需求（表 5.4）。

表 5.4　学生行为特点与空间需求

年级	生理特点	行为特点	设计需求
一、二年级学生	低年级学生有较强的好奇心，对身边的事情都有兴趣；学生对环境要求较高，容易产生紧张情绪；学生喜欢自主性强的游戏活动	在下午第一节课后廊空间统计的 35 人中，有 26 人都在以 2~3 人为一个小团体进行玩耍；有 4 人在观察他人游戏；有 3 人在自己玩；有 2 人在交谈	设置明确的空间标识，使低年级学生可以直观地理解和判断，并创造能缓解儿童紧张心理的游戏空间与私密空间，满足儿童心理需求，如容纳 2~3 人小空间
三、四年级学生	中年级学生的求知欲加强，语言能力有了很大提高；朋友的重要性提高，开始团体活动；对活动性较强的活动很感兴趣	在下午的第一节课后，廊空间中有 42 人在进行不同的活动，其中有 36 人在以 5~7 人为团体玩耍，由于廊空间狭窄，活动被限制在原地，奔跑性游戏被迫改变，但丰富的语言交流，满足了学生的需要。有一组 7 人选择在楼梯与廊空间的结合部进行运动型玩耍；4 人在相互交谈；有 2 人在观察他人	在设计中年级廊空间时，应注重学生的求知欲，设计相应激发学生兴趣的空间环境，在条件适宜的情况下，设计能容纳小团体活动的游戏空间，如能容纳 5~7 人的小空间
五、六年级学生	高年级学生已经初具成人的理性思维，并具有较强的责任心与荣誉感，对有组织的团体活动很感兴趣	在下午第一节课后观察到的 36 名学生中，有 16 人趴在栏板上观察他人；有 12 人在相互交流；有 4 人在帮老师拿作业	应营造能满足学生学术交流和社会交往的空间，并能让他们自己安排空间中的活动，如大的活动空间

2）2006 年 1 月 4 日 16：30~18：00

（1）调查统计。主要任务是调查下课期间下楼学生的数目，得到数据为：2006 年 4 月 20 日下午第一节课后（14：40~14：50），楼下学生总数 42 人，底层学生人数 25 人，二层下楼学生 12 人，三层下楼 5 人，四层 0 人。

（2）分析结果。①楼层越高的学生越不容易下楼，他们宁愿在较拥挤的廊空间活动，特别是中年级的学生。设计时应考虑提供各年级专用活动场所。②特别指出的是，由于生理特点不一样，高年级学生更希望能形成自己的独特个性，希望能参加团体的活动，具有一定的自我表现力。应为较高年级的学生提供质量更高的交往空间，设置一些能促进广泛交流的场景，满足高年级学生对活动空间的要求。

3）2006 年 4 月 14 日 9：20～10：00

通过对附小的长时间调研，针对前面得出的结论，进行验证性的问卷调研，制定出了相应的调研表，见附录 E，现就调研统计数据进行分析（表 5.5）。

表 5.5　关于现有教学空间与教学模式的调研分析表

问卷	结果及分析

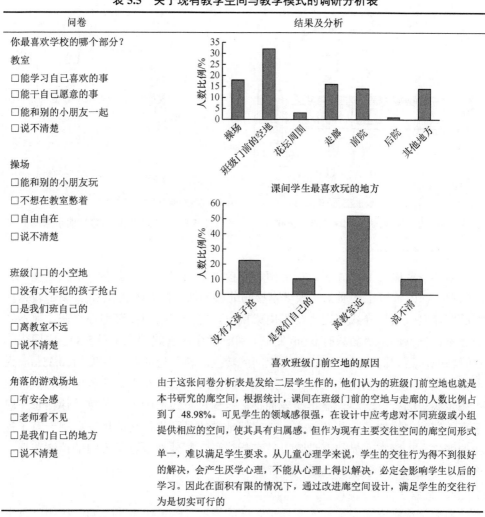

你最喜欢学校的哪个部分？

教室
□能学习自己喜欢的事
□能干自己愿意的事
□能和别的小朋友一起
□说不清楚

操场
□能和别的小朋友玩
□不想在教室憋着
□自由自在
□说不清楚

课间学生最喜欢玩的地方

班级门口的小空地
□没有大年纪的孩子抢占
□是我们班自己的
□离教室不远
□说不清楚

喜欢班级门前空地的原因

角落的游戏场地
□有安全感
□老师看不见
□是我们自己的地方
□说不清楚

由于这张问卷分析表是发给二层学生作的，他们认为的班级门前空地也就是本书研究的廊空间，根据统计，课间在班级门前的空地与走廊的人数比例占到了 48.98%。可见学生的领域感很强，在设计中应考虑对不同班级或小组提供相应的空间，使其具有归属感。但作为现有主要交往空间的廊空间形式单一，难以满足学生要求。从儿童心理学来说，学生的交往行为得不到很好的解决，会产生厌学心理，不能从心理上得以解决，必定会影响学生以后的学习。因此在面积有限的情况下，通过改进廊空间设计，满足学生的交往行为是切实可行的

4）2006 年 4 月 17 日 16：00

参加校本课程旁听，下课后记录学生行为（图 5.6）。通过跟踪 3 名学生行为的流线发现，廊空间是学生课间主要的活动空间，廊空间的利用率较高，是学生喜爱的交往空间之一。

3. 二类学校廊空间——以杭州学军小学为例

杭州学军小学具有悠久的历史，经过近百年的风雨，在原有建筑的改扩建基础上形成今天的建筑格局（图 5.7）。主要教学楼有 3 座，南、北教学楼为旧教学楼改造，东西向的为新教学楼。

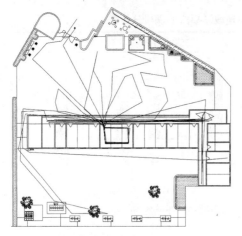

图 5.6　学生行为轨迹图（王旭，2007）

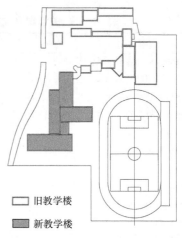

□ 旧教学楼
■ 新教学楼

图 5.7　杭州学军小学总平面示意图

1）改造后的旧教学楼廊空间

虽然主要廊仍为单外廊式，但南、北楼廊空间增加了许多细节，在宽度不变的情况下，改善了空间质量。教学南楼与北楼的廊空间宽度为 1.8m，属于较为典型的旧建筑改造后样式。走廊全都由梁挑出，整个空间中没有列柱存在。靠走廊的教室窗户下沿距地面只有 0.6m 左右，符合学生的视线要求（图 5.8）。底层廊以台阶与花坛结合的方式，暗示两个空间的转换。转角处的花坛高度为 0.35m，为学生提供了可以休息的小座椅。虽然二～四层廊空间，在下课或放学的时候，学生在走廊里通行、活动，显得比较拥挤，但通过折线形的走廊过渡，使很长一段笔直的空间中增加了一些开放空间，很好地缓解了学生拥挤的现象。由于有了视线的变化，走廊空间显得有趣味，并在折线形走廊外部设置了悬空的植物花坛，美化了环境，深受学生的喜爱（图 5.9）。

2）新教学楼廊空间

新教学楼廊空间中最大的变化是宽度的增加（图 5.10 和图 5.11，杭州学军小学新旧楼廊空间宽度对比）。

新教学楼结构的问题得以解决，走廊宽度为 3.6m，高度为 3.4m，底层廊靠近室外空间一侧由列柱来进行空间的过渡，台阶通过柱子将室内外空间进行衔接。底层廊靠近实体一侧布置了 1.2～2.1m 的宣传画栏，高度对高年级学生较好，对低年级学生来说，观看有一定困难。因为结构的改变，教室的窗户宽度不受限制

（最宽为 3.2m），满足室内外视线交流的需要。宽敞的走廊在很多地方与梯空间相结合，形成了有一定特色的梯下空间，具有一定交往空间的性质。

图 5.8　杭州某小学廊空间（旧楼改造）　　图 5.9　杭州某小学走廊拐弯处（旧楼改造）

图 5.10　杭州学军小学旧楼廊空间　　　　图 5.11　杭州学军小学新楼廊空间

4. 三类学校廊空间——以浙江绿城小学为例

浙江绿城小学总平面图如图 5.12 所示。小学中的走廊形式与前两类小学相比，具有类型多、空间丰富等特点，分为外围连廊、单外廊、内廊、扩充式廊空间、多层次廊空间、丰富多彩的梯下空间。不同的走廊满足不同学生的需求，体现了设计的人性化。

1）外围连廊

外围连廊宽度为 3.3m，高度为 4.5m（顶部为坡屋顶，4.5m 是其屋脊距地面的最大高度），形式为围绕建筑的折线形（图 5.13）。

在小学的主要教学楼的外围，有很大面积的外围回廊，满足不同气候条件的交通联系作用，同时也为学生提供了良好的交往空间。回廊底部通过棕色铺地将内外空间加以界定，并与顶部的空间相互呼应，界面交接处的颜色与质感变化暗示了空间的过渡。廊两侧的列柱也起到了限定边界空间的作用，柱子外侧的绿色植物为廊空间中的学生提供了一定的私密性。

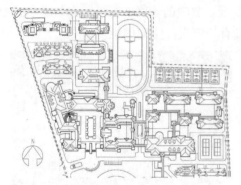

图 5.12　浙江绿城小学总平面图

图 5.13　外围连廊空间

图 5.14　建筑底部单面廊

2）建筑底部单面廊

走廊宽度为 2.8m，高度为 3.3m，形式为建筑底部的直线形（图 5.14）。柱间设置的座椅，既是学生休息的家具，也是室内外的交界，满足了学生对良好的交往空间的要求。廊处在建筑的外围，交通道路附近的视线干扰往往会影响廊空间中人的活动，种植相应高度的绿色植物，为廊空间中学生的交往提供了合适的私密性。

教室墙面注重细节设计，墙面上下有一定收分变化，底部有线角处理，整个墙面具有一定的节奏感。墙上窗户高大宽阔（高度为2.4m，宽度为1.8m），满足室内采光要求，也符合儿童的视线高度特点。

3）年级廊空间

教学楼内部年级的走廊不再是长外廊式，而是长内廊将多目的空间与教室空间串联在一起（图 5.15）。

(a)内部扩展型廊空间

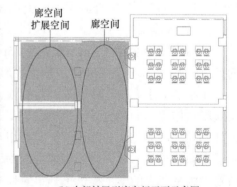

(b)内部扩展型廊空间平面示意图

图 5.15　年级廊空间（一）

多目的活动空间在走廊一侧，由半开放空间构成。半开放空间一侧采用了封闭性处理，主要是考虑到低年级学生在相对封闭的环境中交往会减少伤害的发生。在封闭这个空间的同时，设计者采用了大落地窗的处理手法，拓展了学生的视线，满足了学生对外的好奇心。并在里面布置了小型桌椅和游戏器具，满足儿童课余时间的交往。并用隔墙将空间按班级分为几部分，满足儿童领域感需求。

教室墙面一部分由粘贴学生作品的突展示空间构成，通过高度与材质的变化，吸引儿童观看。突展示空间尺寸在 2.1m×2.4m 内，形式为突出的多边形，主要由木质隔板与玻璃制成，开敞的玻璃使得教室空间与廊空间视线交流不受阻碍，木质隔板又为本班学生提供了良好的展示机会，学生可以很容易地靠近并作一定评价（图 5.16）。另外，突出的展示空

图 5.16　年级廊空间（二）

间又提供了教室门前的缓冲区域，设计别具匠心。

4）专业教学楼中的内廊空间

在学校中的专业教学楼内采用内廊式布局，内廊宽度为 3.6m，高度为 3.3m，内廊端部的开敞设计与两侧的采光满足了内部光线的需求。玻璃门扇，对于采光与室内外交流都有很大作用，玻璃的隔挡中还布置了学生的美术作品，加强了儿童对专业教室的认同感。大面积玻璃窗的设置，使室内外的交流更加顺畅（图 5.17）。

5）与走廊结合的梯空间

在廊与梯空间的交接处，放大的空间使人觉得空间过渡自然、顺畅。在设计梯下空间时，专门在梯空间下部加装了角窗，增加了梯空间的明亮程度，并设置了相应的阅览柜与小型桌椅，满足学生停留、交往等活动。还有一些小型演讲台，距地面高度 0.3m，也成为学生喜欢的地点。小家具结合柱子设计，并在柱子上作了相应装饰，更增添了整个梯空间的趣味性（图 5.18）。

图 5.17　内廊空间图

图 5.18　梯下空间

5. 对三类廊空间的分析比较

1）一类学校中的廊空间

（1）一类学校的早期建筑。这类学校 90%的建筑是在经济、适用、美观的前提下修建的，走廊只能满足交通的需要。现在许多学校是具有一定教育水平的先进学校，走廊不能满足学生的活动，学生对走廊设计改善的要求日益强烈。

（2）一类学校的中晚期建筑。一些学校对部分廊空间的空间形式作了小规模的调整（如将一字形改成折线形），将楼梯与走廊的结合部稍微放大处理，由于缺少相应的空间构筑物，空间中的各种活动只能有限发展，比较单一。

总体上，一类学校廊空间形态单一，空间缺乏变化，走廊主要是满足交通疏散的要求，廊空间与教室的关系僵硬，廊空间界定清晰（图 5.19）。

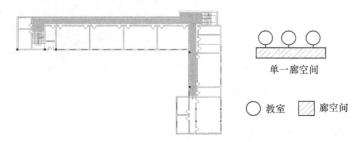

图 5.19　西安某大学附属小学平面与分析示意图

2）二类学校中的廊空间

二类学校中的走廊是在新教育思想的背景下建造的，在廊的设计中首先明确了廊空间是具有一定交往性质的空间（图 5.20）。在空间中引入了交往的小型桌椅，布置了展示墙面，通过围合与吊顶变化等方法营造具有一定特色的交往型廊空间。廊宽度平均为 2.4m，廊与梯的结合部也有了相应的扩展，并设计了相应的矮墙与台阶，增加学生交往活动。廊空间围合手法趋于多样化，宽敞的廊空间、廊空间与梯空间的结合都为学生创造了丰富的空间。

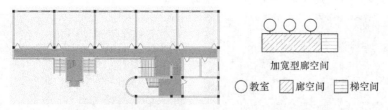

图 5.20　西安某学院附属小学平面图与分析示意图

3）三类学校中的走廊

三类学校中的走廊是在教育理念不断成熟的过程中新建的，走廊具有一定的多功能性，外廊、内廊、连廊都在相应的基础上加宽，并增加了促进学生活动的小型家具，丰富了空间（图 5.21）。

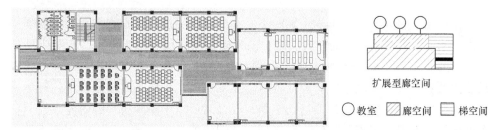

扩展型廊空间

○教室　▨廊空间　▭梯空间

图 5.21　西安某国际小学平面图与分析示意图

4）一、二、三类廊空间比较

（1）宽度。对三类廊空间的跨度进行比较，从 2m 到 7.2m 不断加大，走廊不仅是交通空间，而且是学生交流、玩耍的地方（图 5.22）。

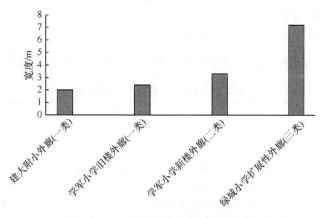

图 5.22　一类到三类廊空间宽度变化

（2）功能。比较分析得出，廊空间朝多功能复合化方向发展，以满足儿童多种活动的需求，与教育多样化趋势相同（表 5.6）。

表 5.6　一类到三类廊空间功能统计表

功能	一类廊空间	二类廊空间	三类廊空间
交通	☆	☆	☆
简单交往	☆	☆	☆
游戏		☆	☆
展示			☆

从简单的单外廊发展到连廊、多功能扩展型，空间层次丰富；围合要素趋于多样化、复杂化，更加注重构筑物的细节（色彩、质感、尺度）。廊由于围合物的多样性而具有更多的空间模糊性，增加了灵活适应性。

5.1.3　日本中小学校廊空间优秀实例分析

在讨论了目前一类中小学走廊的不足和学生使用需求的基础上（如设置学生交往空间，设置不同大小的空间满足不同规模学生活动等），虽然二、三类中小学廊空间的质量得到很大改善，但并没有将问题完全解决。日本很早就引进了西方开放式教育，并且在教学空间设计上结合亚洲传统，形成具有自己特色的教学空间，为在校学生提供了良好的活动空间。经过对日本中小学资料的研究，发现日本学校的走廊设计考虑到了学生和老师在空间中的行为，具有优质的空间质量。我国中小学空间发展可以借鉴日本学校的成功经验。这里举出几个典型实例，进行分析。

1. 实例分析

一所学校包括的廊空间类型细分起来很多，如外廊、连廊等，本书主要讨论其中的新型廊空间。

（1）阿帕斯学校。教学区走廊的主要形态为融合型廊空间，与教学区融为一体，除了交通，还作为教学空间的补充，为灵活多样的学习活动提供场所（表 5.7）。

表 5.7　阿帕斯学校廊空间分析表

项目	详情及分析
廊空间的宽度	≥3m
廊空间的高度	3.3m
廊空间的形态	交通空间与开放空间相互融合，空间形态根据各个空间的变化而相应变化。教室中很少可以看到封闭的门窗，教学综合区中的学生能自由交往，靠近底部的柜子与相应空间上部的限定性装饰物划分了空间，不同空间中顶部吊顶的凹凸变化会给学生带来各异的心理感受
图示	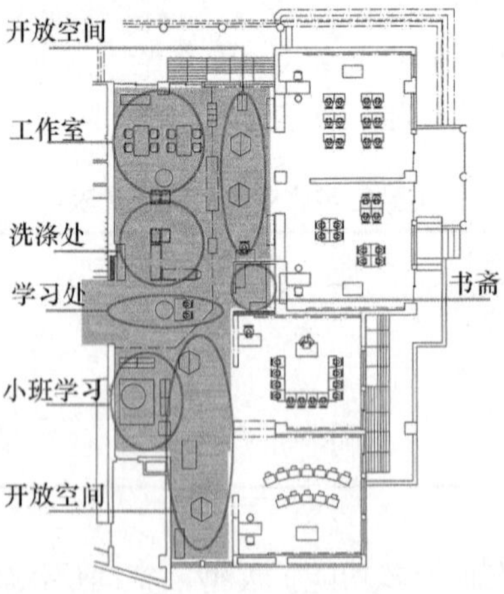 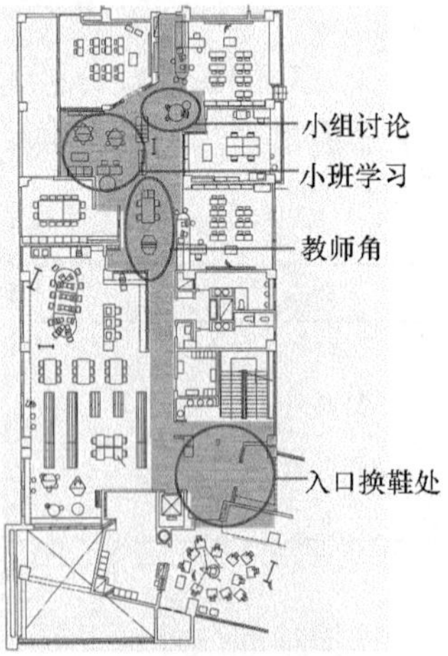

高年级教学区部分平面图（包括内外廊）　　　三层人文科学学区平面图
　　　（长泽悟等，2004）　　　　　　　　　　（长泽悟等，2004）

（2）浪合学校。考虑到人在教学空间中的行为而进行设计的校园，交通空间主要为融合型廊，来为学生们提供各种各样的交往场所（表5.8）。

表5.8　浪合学校廊空间分析表

项目	详情及分析
廊空间的宽度	1.5～3.6m
廊空间的高度	2.4m
廊空间的形态	走廊与空间中的开放空间相互融合，空间形态多样，没有十分明确的限定物。小型储物柜的设置灵活地划分了空间，半开敞的模式消除了学生对封闭空间的压抑感，缓解了低年级学生的紧张心理。教室的吊顶处理与公共空间中的顶部处理形成了一定的凹凸变化，增强了学生的领域感。灯具的布置方式也通过光线的明暗变化暗示了不同空间。一些结构柱子周围也相应布置了小型桌椅，活跃了空间氛围
图示	

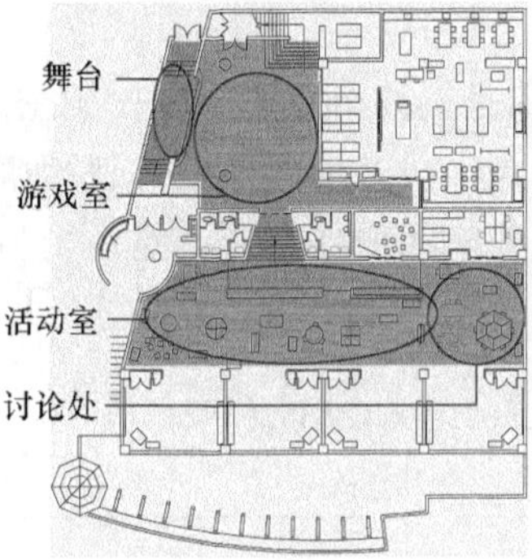

舞台

游戏室

活动室

讨论处

廊空间平面图　　　　　　　　　　　　　廊空间实景

（长泽悟等，2004）　　　　　　　　　　（长泽悟等，2004）

（3）棚仓町立社川小学。该小学是一所由坡道连接的多种空间构成的建筑群，走廊串联起整个建筑群，廊空间中高度的不断变化给人增加了很强的趣味性。走廊主要为扩展型廊，局部打开与教学区内多目的活动空间相互融合，丰富了空间的层次（表5.9）。

表5.9　棚仓町立社川小学廊空间分析表

项目	详情及分析
廊空间的宽度	2.4m
廊空间的形态	廊空间具有较强的引导性，大片玻璃的引入使得空间很开敞。为了消除学生在其中的单调感，廊空间进行了弧线形处理。整个建筑群通过扩展型廊空间来联系整座建筑，廊空间在每个教学综合区都会进行适当的变化，让使用这个空间的学生有一种安全感。在低年级的扩展型廊空间中，廊空间通过与教室空间半开放的连接，将教室综合区中的空间进行了内外过渡，扩展型廊已成为教室综合区中的一部分。在高年级教室综合区中，扩展型廊还在综合教学区的相对位置设置了满足中年级学生交往需求的儿童会室

项目	详情及分析
图示	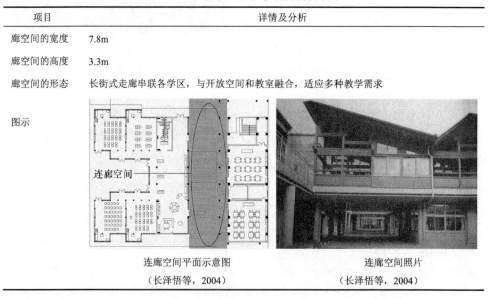

扩展型廊空间平面示意图　　　　　　　　扩展型廊空间照片
（长泽悟等，2004）　　　　　　　　　　（长泽悟等，2004）

（4）筑波市立东小学校。内街型连廊是筑波市立东小学校廊空间的特色之一，环绕建筑布置的走廊能在很大程度上提高学校多功能建筑的使用率，为将来学校逐渐向社区开放奠定了很好的基础。学校空间变化多样，是内街型连廊在学校设计中应用的经典之作（表 5.10）。

表 5.10　筑波市立东小学校走廊分析表

项目	详情及分析
廊空间的宽度	7.8m
廊空间的高度	3.3m
廊空间的形态	长街式走廊串联各学区，与开放空间和教室融合，适应多种教学需求
图示	

连廊空间平面示意图　　　　　　　　　连廊空间照片
（长泽悟等，2004）　　　　　　　　　（长泽悟等，2004）

（5）旭町立旭学校。该校具有变化多端的木结构空间造型，廊空间的典型形式为扩展式廊空间。廊空间分析见表 5.11。

表 5.11　旭町立旭学校廊空间分析表

项目	详情及分析
廊空间的宽度	2.4m
廊空间的高度	2.7m
廊空间的形态	走廊具有一定的柔和性，弯曲状的廊空间在教室门口有一定开敞性处理
廊空间的围合元素	通过空间中的小型家具与衣帽间及半开敞隔断来划分廊空间
廊空间元素作用	小型座椅的布置结合放大的走廊，容易让学生产生领域感。放大的空间与廊空间相互贯穿，有一定空间变化的趣味性
图示	 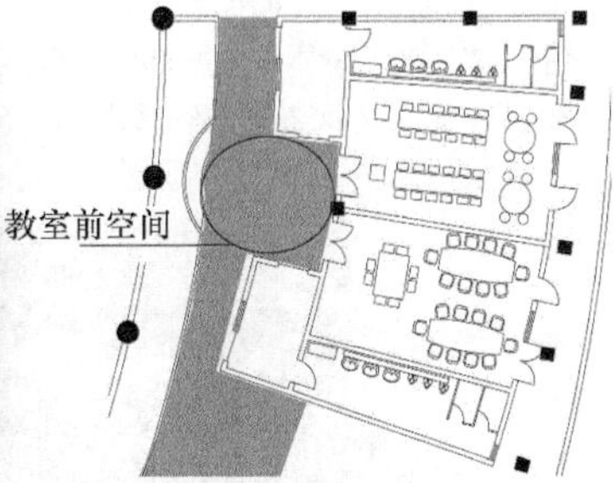

扩展型廊空间照片图　　　　　　　　　　扩展型廊空间平面示意图
（长泽悟等，2004）　　　　　　　　　　（长泽悟等，2004）

（6）岩出山町立岩出山学校。该校中每个教室群都有相应的媒体廊和学生休息廊，很好地解决了空间中的交往问题。空间中的层次变化很多，空间的限定手法多样，为学生提供了很多的交往场所（表 5.12）。

表 5.12　岩出山町立岩出山学校廊空间分析表

项目	详情及分析
廊空间的宽度	5.1m
廊空间的高度	3.6m
廊空间的形态	廊空间为直线型与开敞型空间的结合，座椅与学习桌的布置结合柱子，划分出廊空间中安静的部分，具有大面积玻璃的研究室，与廊空间保持了视线的通透性，加强了不同空间之间的交流
图示	 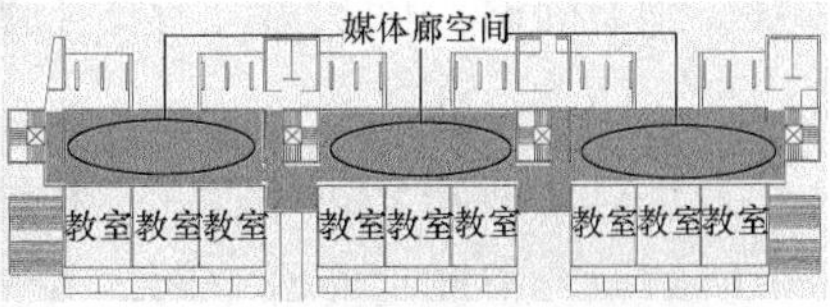

扩展型廊空间照片　　　　　　　　　　扩展型廊空间平面示意图
（长泽悟等，2004）　　　　　　　　　　（长泽悟等，2004）

（7）庆应湘南藤泽学校。该校将走廊与楼梯、服务、活动空间相连，宽度不一样，自然形成可供学生交流、活动的空间（表 5.13）。

表 5.13　庆应湘南藤泽学校廊空间分析表

项目	详情及分析
廊空间的宽度	5.4m
廊空间的高度	3.9m
廊空间的形态	走廊由直线型空间与开放空间组合而成，结合梯空间与公共饮水处的开敞型处理，空间具有一定的收放变化
廊空间元素作用	教室靠近走廊的一侧，采用了内缩进式的开门处理，廊的平面有收放处理，节奏感加强，在教室门口形成缓冲区。在走廊靠近公用空间的一侧，通过与梯空间、公共空间的结合，形成不同的活动空间
图示	

扩展型廊空间照片图　　　　　　　　扩展型廊空间平面示意图
（长泽悟等，2004）　　　　　　　　（长泽悟等，2004）

2. 理论分析

1）实例中定义模糊的两种廊

在研究日本学校的例子中，可以发现：日本学校中的走廊形式变化多样，有连廊、外廊、内廊等。在通常的廊划分中，由于功能单一，走廊表现出很强的交通性。在廊空间的不断发展中，越来越多的行为融入廊空间中，廊空间在相应的要求下，逐渐具有了多种功能的空间性格，有的与教室结合成为多目的性活动空间。本书将从廊空间角度按照功能的不同分为扩展型廊与融合型廊两种全新的空间形式，进而深入探讨构成廊空间的各种建筑要素。

这两种廊是最新形式的廊空间，学校对廊空间进行了相应的扩展，把一些空间融入廊空间中，使其在具有原来单一空间品质特征的同时，还具有一定的空间包容性，成为多功能空间。

为了对新型廊空间加以区分和理解，本书将这两种廊加以定义。

（1）融合型多功能廊空间。廊空间通过开放空间和公共活动空间与教室相互连接，共同构成了第 4 章所讨论的多目的开放空间，包含多种功能、内部联系紧凑、半开放性很强，这类廊可称为融合型廊空间。

（2）以交通性为主的扩展型廊空间。廊空间主要作用是将不同年级的综合学区串联起来，每个学区中都有自己的空间，廊空间在一些部位适当放大，交往空间的领域感较强，这类廊空间可称为扩展型廊空间。

2）建构手法

日本中小学校的廊空间变化形式多样，单纯的外廊与内廊已经不复存在，取而代之的是具有丰富空间层次与功能的新型廊——融合型廊空间与扩展型廊空间。空间的构筑物种类很多，限定因素也趋于多元化，墙面围合的教室已经很少见了，半围合式空间成为教室空间与廊交界处处理手法的主流，以学生为中心的设计促使廊空间成为学生的交往场所。

（1）融合型廊空间。在融合型廊中，空间的围合元素已经不只是冰冷阴暗的教室墙面，而是由很多家具与建筑构件共同围合的空间。廊与开放空间的结合使得两种空间的界限很难划分清楚，但廊与开放空间的巧妙过渡很好地促成了学生交往行为的发生，公共性在这里被很好地诠释出来。空间中有提供交谈的地方，也有读书娱乐的场地，学生在廊空间中进行各种各样的活动，可以步行、玩耍，也可以停下来交谈，也可以安静地坐在一个小的角落里观察别人，或者看看自己喜欢的书，写自己的作业。在空间的围合中，日本中小学采用了上部开敞的轻质隔墙，小型储物柜也起到了划分空间的作用（柜子高度在 1.5m 左右），空间中的结构柱子也被用来划分空间，结合柱子布置小型室内花草培育箱，小型桌椅，都利于提高空间中的交往质量。地面的铺装材料采用不同颜色铺设，对低年级学生有很好的引导作用，教室空间中的铺地与廊空间中的有一定区别，也暗示了空间性质的不同。廊顶部的吊顶处理也有一定的区别，廊空间中吊顶的高低及灯具的布置方式，都在不断暗示廊空间在和不同的空间相互转换、过渡。廊空间中的细部装饰物也表现出不同空间的相互穿插，柱子上的学生习作和通知栏上的学生表现评比表都代表了空间的不同特质。

（2）扩展型廊空间。扩展型廊是廊空间在日本中小学校中发展的另一种形式，它继承了廊的空间特性，在灰空间性质的基础上进一步向前深入。这种空间的交通联系性和过渡性很强，首先将各学区空间联系在一起，其次在通过教学区时，宽敞的廊与教学区多目的开放空间相互融合。廊空间的宽度一般为 2.1~3.3m，在廊空间中还通过平面形式收放的变化，减少学生在廊空间中的单调感。在一些空间的凹入处，布置相应的交往性质小型桌椅很大程度上提高了空间的质量。在一些教学综合区的节点处，廊空间在相应的地点适当进行了空间的放大，布置了小型活动室，提高了扩展型廊空间中的交往质量。扩展型廊空间一般由玻璃材质围合的廊道组成，随着学生在廊空间中的不断走动，室外的景致也在相应变化，大大减少了学生在其中的紧张感。廊附近设置的小型桌椅提高了教室中学生的领域感，地面不同材质铺地也暗示了空间有一定变化。

　　廊空间在日本主要呈现上述的两种空间形式的发展，在高度变化、质感变化、色彩变化、光线变化等方面都有各自的优点，在变化过程中变得更加多元化，功能更加复杂，界限逐渐模糊，廊空间与教室空间、开放空间的关系更为灵活多变，成为学生喜欢的空间。

　　在日本中小学校的走廊中，值得一提的是廊与梯结合部空间的处理，在这些空间中，细心的设计师会引入充足的光线，使得廊空间与梯空间的结合处成为一个明亮的、可以有效使用的空间。小型桌椅的引入、楼梯下可见围合物的遮挡、楼梯旁边绿色植物花坛的视线遮挡都为低年级学生创造了一个安全、私密的小空间，满足他们心理上的安全感。

5.1.4　学校建筑中廊空间的设计要点分析

　　学校建筑中，廊的设计手法随着教育理念的变化也在不断地进行尝试。在复杂多变的外在特征下，廊的处理有一定自身规律性。通过调研和国外实例分析，对中小学校廊空间设计要点进行归纳总结，总结设计手法，有助于把握设计规律，会对今后的设计有所裨益。

　　1. 廊空间的宽度

　　《中小学校建筑设计规范》（GBJ 99—86）规定，教学楼走道的净宽度应符合下列规定：教学用房：内廊不应小于 2100mm，外廊不应小于 1800mm。这个标准远低于教育发达国家的水平（表 5.14）。

表 5.14　日本中小学校廊空间宽度比较

学校名称	融合型廊空间宽度/mm	扩展型廊空间宽度/mm
利贺村阿帕斯小学校	3000	2500
浪合学校	1800～3600	3600
棚仓町立社川小学	3600	2400
出石町立弘道小学校	10000	1800
筑波市立东小学校	7500	7800
武藏野市立千川小学校	8100	2500
日本女子大学附属丰明小学	5400	2400
三隅町立三隅小学校	7800	3000
旭町立旭学校	—	2400
岩出山町立岩出山学校	—	5100
庆应湘南藤泽学校	—	5400
东京度立晴海联中	—	2700
沙雷吉奥小学及中学校	—	2700～3600
群马县白银分校	—	2400

　　纽约州教育部门的《规范设计标准手册》规定：不设储物柜的主要走廊宽：8 英尺（2438mm）；设单面储物柜的主要走廊宽：9 英尺（2743mm）；设双面储物柜的主要走廊宽：10 英尺（3048mm）；不设储物柜的次要走廊宽：6 英尺（1829mm）；设单面储物柜的次要走廊宽：7 英尺（2134mm）；设双面储物柜的次要走廊宽：8 英尺（2438mm）。

　　2. 廊空间的功能

　　（1）交往的功能。除了满足交通功能，廊空间是介于内部空间与外部空间的共有空间，为激发使用者交往行为的有力"媒介"。交通空间作为一种特殊的中介型空间，具有私密空间与公共空间的各自特点，更容易促进人与人之间，尤其是儿童之间交往行为的发生，交通空间的交往功能使得空间内注入了场所精神，增加了空间的活力。

　　（2）学习功能。融合型廊空间使多目的开放空间和特定目的教学空间很好地融合在一起，满足多种教学方法的需要，成为重要的学习空间。

　　（3）展示、储藏功能。因为交通空间有连续的墙，所以是展示的好地方。可以在墙体或悬挂的顶棚上提供空间，展示各种各样的艺术作品。同时，也可以将储物柜放置在交通空间内，与展示空间结合设计，突出交通空间的灵活性。

　　（4）丰富空间的功能。交通空间根据自身的特点，可以对建筑空间进行各种各样的围合、分割、过渡、暗示、划分等。通过这些手法，将交通空间划分为许多相互联系的不同空间。这些空间具有各自的领域性和不同的空间特点。斯蒂德·保罗·哈蒙事务所设计的印第安足迹小学中，内廊通过教室入口部分的节点处有规律地退让，使得廊道虽长但有一定变化，增加了空间的活力，打破了单调的直线空间，具有一定韵律感（图 5.23）。

　　（5）再现功能。中小学校建筑中的交通空间可以通过相应的内部装饰手段将许多学生经常接触到的场景进行浓缩与加工，以儿童的视点再现他们熟悉的情景，通过交通空间将教学融于学生的娱乐之中，让他们在感兴趣的情况下去轻松地学习（图 5.24）。

图 5.23　丰富空间的功能（印第安足迹小学）　　图 5.24　廊空间的再现（Fort Recovery 城学校）

（迈克尔·J.克罗斯比，2004）　　　　　　　　（迈克尔·J.克罗斯比，2004）

3. 基本设计原则

（1）安全性原则。安全性是廊空间设计的重要原则，只有符合最基本的安全要求，廊空间设计才有可能谈到相应的设计理念。

（2）舒适性要求。根据美国著名学者马歇洛的观点，人类在满足最基本的物质需求后，往往会注重精神等更深层次的需求。现代学校建筑中的走廊在满足最基本的安全性要求之后，对廊空间有了更高的要求，赋予了廊空间更多的特质，各种空间功能在不断增加。从单一廊空间，慢慢发展成为具有一定交往特性的空间；从单一的通过模式，逐渐转化为复杂的融合型模式。考虑使用者的不同要求，人们对廊空间的设计逐渐从一个方面转向多方面。

（3）导向性与领域感原则。在教育建筑中的廊空间应具有明确的导向性，利用不同颜色、材质、吊顶变化，营造明确的导向性和班级领域感，减少学生在廊空间中的紧张感，为他们营造轻松和谐的空间氛围。

（4）营造交往空间原则——在确保监督的情况下设计曲折的交通流线。营造交往空间需要重视长走道的作用。通常人们认为交通设施（如走廊和回廊等）在建造校舍时是比较花钱但没什么用的部分，但这些交通空间同样可以作为积极的学习空间，因为曲折的交通空间可以为孩子创造接触交流的机会。在交通流线上不同的部分（如转弯和拐角处）可以创造独特的学习场所。当然还要考虑安全问题，交通流线设计要易于学校管理者、教师、家长，以及学生与学生之间进行监督管理。设计交通中心和节点，并以较短的路径连接，是保持视觉监督的一个好办法，那种很长的直走廊在学校设计中是不提倡的。教育建筑中的走廊属于公共空间的一部分，是学生在校交往与学习过程中最重要的公共空间之一。廊空间应把学生的行为与心理作为设计交往空间的重要依据，塑造出适合不同年龄、性别、性格学生的空间，运用小型家具或构件提高廊空间中的交往质量，使这个比较特别的场所具有交往的特性。

4. 中小学建筑廊空间设计手法

中小学建筑廊空间的设计主要以学生的心理与行为作为设计依据，根据空间的特性，将设计手法分为三个主要方面：空间变化、围合面变化、构件变化。下面将根据这三个方面进行论述。

图 5.25　水平并置示意图（王旭，2007）

1）廊空间与其他空间的组合方式

（1）水平并置。廊空间可以与教学空间并置，形成内廊或外廊（图 5.25）。浙江绿城小学在廊的设计中采用了与教室和活动空间并置的方法，利用列柱划分了教室前空间与扩展型廊空间，利用小型隔墙设置了学生习作园地，为低年级的学生创造了轻松愉悦的学习氛围（图 5.15）。

（2）垂直叠合。在多层中小学建筑中，上下走廊相互对应，利用采光井将它们围合起来，使上下空间被分开的同时，视觉上有一定的联系，加强了各层之间的交流，空间具有一致性（图 5.26）。在杭州绿城小学中，教学主楼的廊空间就采用了垂直叠合的方法，为学生创造了有一定视线交流的空间形式，形成多层次的空间效果（图 5.27）。

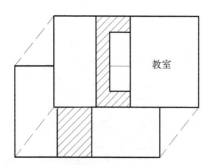

图 5.26　垂直叠合示意图（王旭，2007）

图 5.27　杭州绿城小学廊空间

（3）夹层设置。夹层部分将空间划分出上下两部分空间，可以使处在公共空间中的学生感受到多样的空间体验。在保持视线交流的情况下，体会到不同的空间感受（图 5.28）。在山本理显设计的岩出山町立岩出山学校廊空间中，就采用了插入夹层的设计手法，丰富了廊空间的公共性，给人以舒适的感觉（图 5.29）。

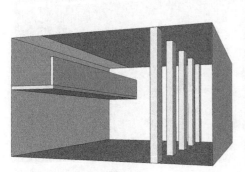

图 5.28　加入夹层示意图（王旭，2007）

图 5.29　岩出山学校廊空间（长泽悟等，2004）

（4）加入楼梯。加入楼梯后的空间，楼梯的上半部是廊空间垂直方向的延伸，下半部空间可以作为空间节点或学生的休息场所。在杭州绿城小学中，廊空间就在与楼梯的结合部位专门为学生设置了小型桌椅、阅览书架，丰富了小空间中的学生行为，促进了学生的相互交往（图 5.18）。

（5）加入体块。体块的加入可以增加廊空间的趣味性，形成空间序列中的一个小片段。通过加入体块，造成突破与阻挡的空间变化，由于某些实体的出现将一个空间层次引向别处而创造不同的空间（图5.30）。在日本三隅町立三隅小学校中，圆形的廊空间就被突出的图书室实体打破，具有了一种不完整形状，增加了环形廊空间中的趣味性（图5.31）。

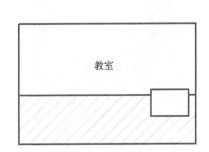 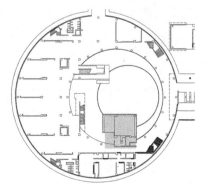

图5.30　加入体块示意图（王旭，2007）　　图5.31　三隅町立三隅小学校平面图（长泽悟等，2004）

2）廊空间的尺度变化

（1）宽度变化。宽度变化的廊空间时而开放、时而封闭，有时空间局部会放大成为过渡性厅堂，连续的空间被划分为多段，空间有一定规律性变化，增加了趣味性，满足了学生在其中通行时的心理需求（图5.32）。在西安高新国际小学中就采用了适当放宽廊空间的做法，创造了空间中的交往空间（图5.33）。

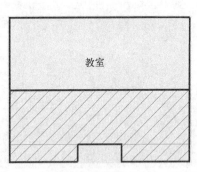 

图5.32　局部加宽示意图（王旭，2007）　　图5.33　西安高新国际小学廊空间

（2）局部开敞。廊空间可以通过局部开敞使廊空间变成外廊或者侧廊形式，具有丰富的空间效果（图5.34）。杭州学军小学的廊空间就采用这种形式，空间变化多样（图5.35）。

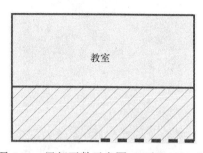

图 5.34 局部开敞示意图（王旭，2007）

图 5.35 杭州学军小学廊空间（一）

（3）界面倾斜。界面的倾斜造成不稳定的视觉感受，空间沿倾斜面具有向外延伸的趋势。不同的倾斜方式会形成多种扩张形式（图5.36）。青岛平安路第二小学的廊空间就采用这种方法，结合厅空间、廊空间，共同形成了具有一定开敞性的大空间（图5.37）。

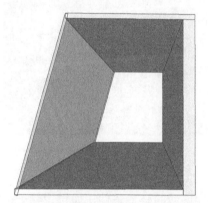

图 5.36 界面倾斜示意图（王旭，2007）

图 5.37 青岛平安路第二小学廊空间

（4）运用曲线形式。曲线本身就具有动态的表情，可产生无限延伸的感觉。曲线形廊空间是具有韵律感的空间，可以形成一条有节奏的动感引导线。美国中心树学校、威尔伯特斯诺小学的走廊就采用曲线形式，具有很强的节奏感，并且有一定的导向作用（图5.38、图5.39）。

3）设计细节

（1）质感置换。廊空间侧面运用建筑中的外墙材料及外地面铺砌材料，使室内廊空间具有外化的倾向。Fort Recovery 城学校的廊空间中就运用了许多在外部空间才能看到的建筑材料，使人联想到城市中的街道（图5.40）。

（2）景观元素置换。廊空间加入室外的建筑小品或构件，在室内营造出室外的感觉。街灯的引入，商店招牌的悬挂，铺设类似于街面的铺地材料，店面入口处雨棚的的引入，都很好地进行了景观元素的置换（图5.41）。

图 5.38　美国中心树学校廊空间
（迈克尔·J.克罗斯比，2004）

图 5.39　威尔伯特斯诺小学廊空间
（迈克尔·J.克罗斯比，2004）

图 5.40　Fort Recovery 城学校
（迈克尔·J.克罗斯比，2004）

图 5.41　冬青树区间学校
（迈克尔·J.克罗斯比，2004）

　　（3）设置休息设施。设置休息设施是人性场所的必备条件，如设置凳子、椅子、沙发、台阶、矮墙、箱子、花池等。这样不仅提供了休息处，而且丰富了空间的层次，具有好的景观作用。例如，美国毕必小学的廊空间设计就提供了舒适的休息设施（图 5.42）。

　　（4）运用色彩。色彩的表现力很强，不同的色彩可以产生出各异的色彩气氛与色彩环境。色彩可以对学生的心理进行影响，让他们体验到不同的心理感受。例如，美国印第安足迹小学就是利用廊空间中的色彩，为学生创造了轻松的空间环境（图 5.43）。

　　（5）植物配置。植物可以构成建筑空间的一部分，并起到一定的围合作用，它在自身生长的同时，又让空间具有很多活力。例如，杭州学军小学就利用了绿色植物，丰富了空间（图 5.44）。

图 5.42　毕必小学的廊空间
（迈克尔·J.克罗斯比，2004）

图 5.43　印第安足迹小学
（迈克尔·J.克罗斯比，2004）

（6）巧妙运用光线。光是空间的活跃元素，不同的方位与角度的直射、漫射和反射，可以使廊空间形成明暗、虚实及光影交错的视觉美感，从而营造出不同的空间氛围。例如，茨城市立二宫小学校廊空间就具有强烈的节奏感（图 5.45）。

4）功能变换

廊空间发展到开放式学校阶段，与教学空间融合，成为多目的学习空间，具有多功能、多层次等特点。

图 5.44　杭州学军小学廊空间（二）

图 5.45　茨城市立二宫小学廊空间
（伊奈辉三，1988）

模糊空间的朦胧美是建筑空间艺术的一种美学特征，它可使人体会到不同的空间感受。廊空间边界的不确定性使廊空间具有不同的空间性格，产生了廊空间的模糊性，使内外不同属性空间相互渗透，可以创造不同的空间层次、弱化空间边界（图 5.46），因而具有多功能性。在现代日本中小学校建筑中，多功能的新型融合型廊空间在边界的处理上取得了令人满意的效果。它结合开放空间、特定目的教学空间，共同形成了具有灵活适应性的融合型廊空间（图 5.47）。

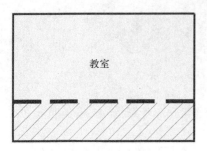

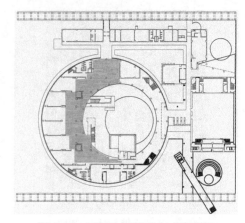

图 5.46　虚化边界示意图（王旭，2007）　　　图 5.47　三隔小学校融合式廊空间

5.2　教　师　空　间

在编班授课制的教育模式下，教师根据固定的大纲和内容进行教学，学生被动接受知识。教育模式的改革，使教师和学生的地位发生改变。学生成为学习的中心，教师则扮演启发者与促进者的角色，辅助学生学习，这对教师提出更高的要求。"教育改革的关键在于教师"[①]。教育观念、教育内容和教育方法改革，都必须以教师专业素养和专业能力的提高为起点。目前，世界各国都把提高教师的专业化水平作为本国教育改革的重要组成部分。除了建立以教师资格证书为主的教师聘用制度，还要加强教师的培养，改善教师的地位和待遇。

5.2.1　教师办公空间调研

在传统的"工厂"式的学校中，教师与其说是专家，不如说是实验员，而学生就是产品。教师处于教学的主导地位，是知识的传授者，但是在学校设计中，对教师办公空间却没有足够的重视，往往是在一层中设一间面积较小的办公室，仅仅满足教师批改作业和备课的需要。

2006 年，对西安某大学附小教师办公室及其对应的空间环境进行了调研。以三年级教师办公室为例（图 5.48），其位于教学楼的二层。教室平面为矩形，长 6.6m，宽 2.7m，建筑面积 17.82m^2。供三年级的三名班主任共同使用。

---

①张蓉. 走近外国中小学教育[M]. 天津：天津教育出版社，2006：135.

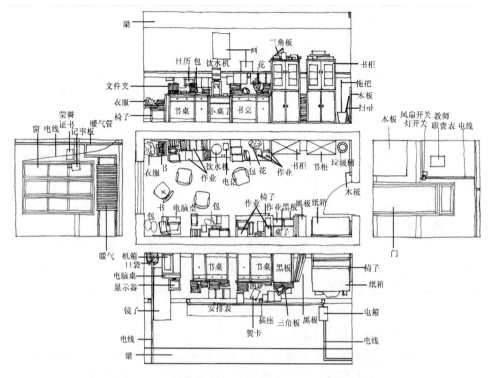

图 5.48 西安某大学附小三年级办公室平立面示意图

　　西安某大学附小中其他办公室室内空间与三年级教师办公室类似。一般年级教师办公室都设在年级各班教室的顶端，方便学生与教师的沟通。而类似于数学教研室、英语教研室这样的教师办公室则没有固定的位置。教师在办公室内备课、批改作业、开会，辅导个别学生作业、找学生谈话、与个别家长座谈，在这有限的空间内完成一系列的教学工作。从图 5.49 和图 5.50 中不难看出，教师用房已不能满足目前教学要求。

图 5.49 三年级教师办公室

图 5.50 教师在办公室指导学生

5.2.2 适应素质教育的中小学办公空间的建构

随教育改革逐步深入，教师在学校行为不仅是课堂讲授，而且课余备课、团体研究、培训和休息成为教师行为模式的重要组成部分。江苏海门市东州小学（全国素质发展教育基地）的教学成功经验之一就是将教师培养作为学校发展的重点。根据东州小学经验①，在学校中，教师办公空间不再是教学楼不起眼的一隅，而是由一系列空间构成的教师空间系统。首先，在教室设置教师角，作为教师在课堂中的"阵地"；其次，设置教师发展中心，供教师学习和讨论使用；最后，提供教师休息娱乐空间，使教师在繁忙的工作中得到放松，从而更好地工作。

综上所述，教师空间应包括以下几个方面。

1. 教师课堂办公空间

教师用房与教室相分离，这从教学理念来讲是一种误区。本来"教"与"学"是合一的，"教"必须深入"学"中，在"学"中"教"。教师需要对学生进行面对面的辅导，因此将教师办公空间与教室分离开，不利于教学。因此许多小学在教室内设立了教师角，如图5.51和图5.52所示。

2. 教师公共办公空间

如果教师办公空间仅限于教室内部的一张办公桌，那么不仅使教师在学生面前没有私人空间，而且不利于教师间的联系。因为在学校中教师不是教育的中心，而学生是中心，所以教师办公室应该靠近指导区，而不是在指导区的中心。在设计中，可以在紧临教学区的地方设置公共办公室，这样可以加强学生与教师的联系。

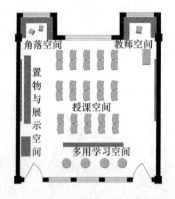
图5.51 杭州某小学一年教室平面

图5.52 教室内的教师角

教师办公室不同于以往的8～10名教师在一个空间内的大公共办公室，需要将教师作为专家，并应提供相应的待遇，为教师设置类似"家"的工作环境——教

师私人办公室。这种私密或半私密的办公空间中应配备包括电话/传真、个人计算机、信息中心、书桌和存储私人物品的空间，一间办公室内最多容纳 4 名教师，便于教师备课。

3. 教师发展中心

由于"开放教育"大力推行，教学目标转向了适应学生需要、培养学生自主能力，教师的教学观念及教学方法有了极大的改变。教师在教学方法上需全力投入，深入专研。但是目前的学校建筑设计，往往忽视教师发展专业的研究空间。

（1）教师资源中心。素质教育的教学需要教师不断查阅资料、相互研讨，满足教师发展的需要。教师资源中心为教师提供图书、课件、实验设施等教学资源。

（2）教师培训、研讨空间。资源中心的周围应设有教师会谈室，在那里教师之间或者教师与来访者之间可以交换教学信息和经验，便于他们在一起交流思想、备课。

通过对国内 52 所素质教育改革开展较为突出的中小学校分析统计得出，有 38 所学校将教师发展与培养列为学校改革的内容之一。关于教师培养，除了高校和专业机构的培训，学校本位的教师培训占了很大比例。学校本位的教师培训模式是指由教师所在学校自主或邀请有关单位共同制定培训计划、目标、内容，并组织实施培训。例如，美国的中小学非常重视与当地大学的合作，请专家来校举办专题研讨会；安排教师与专家会面，通过咨询、讲演等形式使教师获得新知识。因此应设立视听教室、配备电教设施的教师会议室等以满足教师培训、学习的要求。

（3）教师休息空间。还要有一间正式或非正式的休息室，在那里设有小厨房、储藏室和私人休息空间。如果有可能，应配备专门的教师娱乐室，供教师在一起喝茶聊天、锻炼身体，在轻松的状态下相互交流。

（4）教师体育活动空间。如果能设立专门的教师体育活动室，让教师在繁重的脑力劳动之余得到休息，会极大地提高教师的工作效率。

综上所述，教师发展中心由教师报告厅——专家演讲、教师资源中心——查资料；教师会议室——满足小规模教师交流的需要、教师会谈室——满足教师与专家以一对一的交流、教师自修室——满足教师自我学习的需要、教师休息活动室等几部分组成。

5.3 中小学校廊空间及教师空间发展趋势

对中小学校廊空间及教师空间发展趋势归纳为以下几点。

1. 国外学校建筑中的廊空间发展动向

走廊已经从长外廊逐步向多层次廊空间发展（图 5.53）。在传统内、外廊空间的基础上设计出了具有多层次空间的扩展型与融合型廊空间。在这两种新型的廊空间中，引入了更多的围合元素，空间定义变得模糊，为学生提供了更多的、灵活的空间形式。廊空间的设计已经从空间变化、构筑物围合手法扩展到了构件的细节处理，廊空间的设计从整体到局部都进行了深入的设计，成为新型学校廊空间的典型代表。

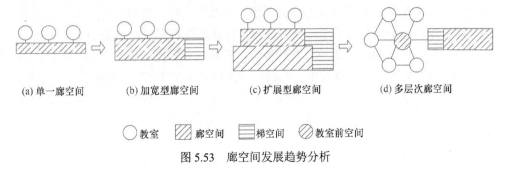

(a) 单一廊空间　　　(b) 加宽型廊空间　　　(c) 扩展型廊空间　　　(d) 多层次廊空间

◯教室　▨廊空间　▤梯空间　◪教室前空间

图 5.53　廊空间发展趋势分析

2. 我国学校建筑廊空间发展趋势分析

我国中小学的长外廊正在向扩展型廊空间发展。通过历史研究得出，我国廊空间从初期的带状窄廊开始，教室空间与廊空间缺少联系，形态单一；在发展中逐步加宽廊空间，并尝试设计廊的局部空间的扩展形式，增加空间功能；在我国中小学校廊空间今后的发展中，与教室空间的相互联系会加强，教室的边界围合性减弱，廊和教室前空间的界限会更加模糊，空间层次更加丰富。

3. 在廊空间设计中应注意的一些问题

在实际调查中发现，有些三类学校的廊空间，在相应的交往空间中由于缺少一定的构筑物围合、空间构件来实现视线遮挡，缺少一定的私密性，廊的交往功能没有发挥正常作用反而被闲置。例如，在西安高新国际学校的内部廊空间中，设计师专门在廊空间中设计了具有一定交往性质的空间，分别位于建筑的中部与端部，良好的设计初衷在建成后由于交往空间过于开敞，缺乏相应的构筑围合物而使得许多学生不愿意去。

4. 走廊设计要点

（1）根据研究，目前《中小学校建筑设计规范》中对中小学校走廊宽度的规定（内廊净宽不应小于 2100mm，外廊净宽不应小于 1800mm）已不能满足要求。参考国外实例和学生活动调研，不设置储物柜的中小学校外走廊净宽不应小于 2400mm，内走廊净宽不应小于 3000mm。

（2）作为满足学生交往、学习活动的场所，走廊内应设有座椅、宣传栏等设施，尺度以满足学生使用舒适为原则。设计应遵循安全性、舒适性、导向性、领域感等原则，并在确保安全的情况下设计曲折的交通流线。

5. 教师空间系统

通过对教师空间调研及教学要求理论分析，适应素质教育的教师空间不再是简单的大办公室里的小办公桌，而是由多层次空间组成的系列空间（图 5.54）。教师素质的提高是素质教育发展的关键，因此在教育空间资源相对有限的情况下，对教师空间的优先建设，也许会对素质教育发展起到事半功倍的效果。

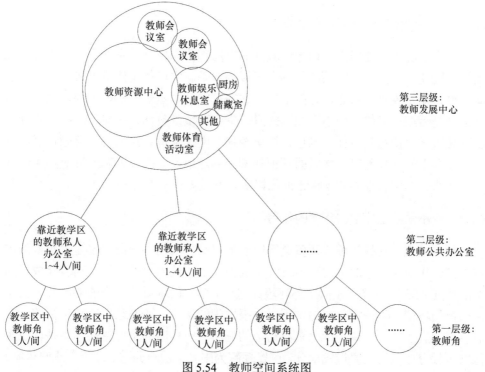

图 5.54   教师空间系统图

6 适应教育发展的中小学校室外空间环境设计研究

6.1 中小学校室外空间环境现状

6.1.1 中小学校室外空间环境的定义

通常情况下，校园内一切无遮蔽性的空间都称为校园的室外空间。室外空间属于校园的一部分，是联系校园各个区域的纽带。它可能是建筑形成后留下的空间，也可能是规划时精心设计的结果，它既可能是与建筑一起产生的，也有相当一部分是后期形成的。中小学校园的室外空间环境既包括校舍建筑、绿化景观、小品雕塑等一切物质条件，也包括校史校训、文化意境、象征意义等一切激励学生奋发向上的精神因素。优质的学校外部空间环境及其各项设施能够对师生的教学、情绪、健康和行为有积极正面的影响，其重要性不容忽视。

6.1.2 中小学校室外空间环境的作用

长久以来，受教学模式及资金等因素的限制，人们将提高学校建筑质量的焦点大部分集中在教学的室内环境及设施的改善上，认为室外空间是建筑建成后遗留的"负空间"，忽略了校园室外环境的塑造。学校的本质是一个能够激发人们学习热情的环境。学校不仅应提供用于传授知识的课堂，还必须提供表达情感、交流思想、启发智力、满足学生多样活动的场所……校园的室外空间环境是构成校园整体教育环境的重要组成部分，可以理解为阳光下的自修室、讨论室或娱乐室，树下的交往空间等。

随着人们对教学环境重要性认识的不断提高，学校室外环境的优化与建设问题日益引起教育工作者的广泛关注。2003 年 1~6 月，英国的教育机构对全国 700 所学校在过去的四年中采取的教学改革实施情况进行研究，其中 351 所学校认为校园外部环境的改善能够增加孩子对学校的喜爱程度[①]（图 6.1）。

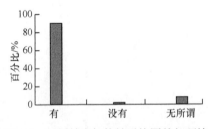

图 6.1 英国教育机构针对校园外部环境改善的调查

---

①KELLLEY E A. Improving School Climate-Leadership techniques for PrinciPals[D]. Reston：The National Association of Secondary School Principals，1980.

6.2 中小学校外部空间环境现状总体调查与分析

从学生的环境行为调研入手，通过对四所具有典型性的学校进行实地重点调研，并对 106 所学校的调研资料和文献进行整理，提出现在中小学校面临的主要问题并对这些问题的出现进行相应的分析。通过对校园外部空间的不同使用者进行问卷和访谈调研，了解他们对室外空间环境的需求。

6.2.1 实地调研

为了能对我国中小学校外部空间环境有全面性的了解，根据研究的对象不同，从实地调研的中小学校中选择四所具有代表性的学校进行典型调研，这四所学校分别是西安某大学附属小学、西安某实验小学、青岛平安路某小学、江苏如东县某小学（附录 G1）。调研内容包括：①小学生活动的总体观察（学生如何使用校园的各个外部空间及其使用情况、类型、方式等）；②学生在空间占有及支配行为等方面的细部观察（学生对空间与设施的占有、控制和使用方式，从中了解学生的喜好，什么样的空间和设施受到他们的欢迎）。有计划地制定实地调研时间（表 6.1）和调研的空间类型，力求使调研深入、系统。

表 6.1 调研时间活动安排表

空间类型	调研时间活动安排				调查人数	调研方式
	各节上课时段	各节下课时段	中午时段	上下学		
校园入口空间	无	有	有	有	3	
校园广场	有	有	有	有	3	
校园庭院	无	有	有	有	3	一周观察三次
运动场	有	有	无	无	3	

6.2.2 文献资料分析

国内外有关中小学校建筑的著作很多，其中不乏优秀的中小学校设计。根据《学校建筑——新一代校园》《中小学建筑实录》《中小学建筑设计手册》等书的内容总结分析各类中小学校。其中对 16 所中小学校（附录 G2）的基本情况、面积组成和外部空间类型都进行了详细的分析。

6.2.3 综合分析比较

通过对实地学校的调研和文献资料上优秀实例的研究，下面主要针对中小学校园外部空间整体上呈现的情况和问题进行分析。

1. 中小学校外部空间形式

根据对国内外学校的分析，大致把这些中小学校的外部空间环境根据其与周边建筑的关系分为五种类型，如表 6.2 所示。

表 6.2　中小学校园外部空间形式分析

类别	照片/平面图	分析
以空间围合单栋建筑形成的开敞式空间	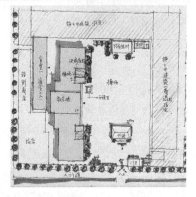 西安某小学平面示意图	虽然校园里的室外空间所占的比例较大，但难以形成有聚合感的室外空间。很多空间变成校园的死角，尤其是建筑北面的室外空间利用率很低。 我国 20 世纪 70~80 年代建成的中小学校园大多属于这种类型，学校总平面规划形式过于简单，外部空间环境也相对单一
建筑围合而成的内院空间	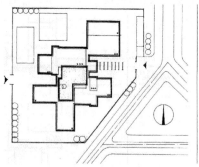 陕西长安某小学总平面示意图	室外空间半封闭半围合，可以作为学校集会和学生游戏、休息以及学习空间。但是学生的活动与休息没有区分开，动静分区不明确
陈列馆式布局形成多个线型空间	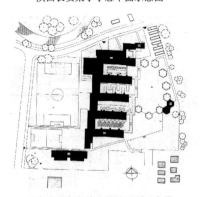 丹麦欧登塞市某小学总平面示意图 （迈克尔·J.克罗斯比，2004）	室外空间分成多个区域，能够满足不同年级学生的需要。活动场地形式多样，既有专属的活动场地也有共同的活动场地。这种外部空间形式多出现在国外小学校，如研究过的新加坡四所中小学校基本上都是采用这种形式。我国目前新建的中小学校也已经大多采用这样的设计方式，如海门市某小学、杭州某小学等

续表

类别	照片/平面图	分析
多个建筑围合成的"面"状空间	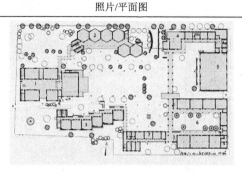 北京某大学附属小学总平面示意图	分散式布局使外部空间灵活多变，满足儿童多种活动的需要，但会占用过多的面积。不受用地限制、规模又不是很大的小学校，常常会采用这种方式，如我国台湾的新竹市立阳光国小、南投县育英国小等
结合地形地貌自然的延展	 日本水见市立海峰小学校总平面示意图 （长泽悟等，2004）	充分利用地形资源，将校园周边的自然景物，如丘、谷、河流等自然要素借入校园中，充分发挥这些景观的特点，与自然风貌结合的校园空间更加具有趣味性。在已经调研的中小学校中，有9所利用了这些自然资源，而且基本上是国外的中小学校，特别是日本的学校，国内只有行知小学结合产业进行了枣园、莲花池的设计

2. 中小学校园外部空间构成比较

对西安市某实验小学和上海某实验小学的外部空间构成进行比较，如表 6.3 所示。

表 6.3 两所学校外部空间比较表

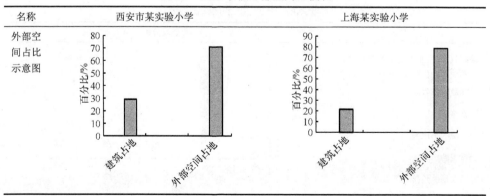

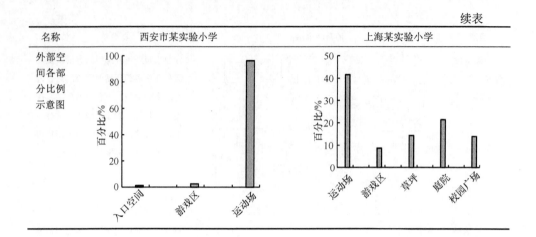

从表 6.3 可以发现，两所学校的外部空间占据学校的面积比例差距不是很大，都在 70%以上。但是由于两所学校的外部空间构成方式不同，令空间感受也截然不同，西安市某试验小学的外部空间主要以运动场为主，缺乏庭院、广场等空间，形式单调、缺乏趣味性；上海某实验小学外部空间类型丰富，比例适当，运动场、游戏区、草坪、庭院、校园广场能够满足中小学生多种活动的需要。

我国《中小学建筑规范》（GB 50099—2011）对于校园的室外空间构成没有明确规定，许多学校规划忽略了外部空间的设计，校园中教学楼剩下的空间成为设计的盲点。然而要想创造优美舒适的校园空间环境，主要还是从外部空间的各个组成元素下手，为学生提供多样的外部空间，充分提高外部空间环境的质量。

6.2.4 问卷调查部分

为了了解中小学校中师生、家长和建筑设计人员对中小学校室外环境的认识与要求，分别对其进行问卷调研（表 6.4，附录 I）。

表 6.4 中小学生问卷统计表

问卷情况	图表及分析
课间或课后，如果想独自待一会儿或和知心的好朋友说说悄悄话，你会选择的地方？ □教室 □前院的小座椅上 □后院的小广场 □运动场的角落	

续表

问卷情况	图表及分析

21%的学生会选择教室，原因是中小学校的外部空间过于开敞，没有考虑到学生的私密性需求，学生在室外交谈的时候容易被别的同学干扰。说明学校外部空间环境缺少层次性，无法满足多种活动的需要

课余时间不在学校室外学习的原因？

☐ 天气太冷或太热，在室外学习不舒服

☐ 因为没有学习的场所，没有桌子和座椅

☐ 因为广场太暴露，没有私密安静的地方供我们学习

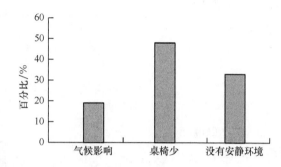

说明学校室外学习环境较差，不能满足学生的需要

你最喜欢学校的哪个部分？

☐ 操场

☐ 班级门前的空地

☐ 室外花架

☐ 角落游戏场地

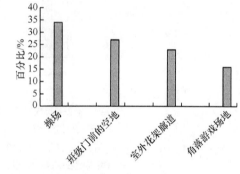

你理想的校园外部空间？

☐ 大块的空白广场，可以玩耍、跑、跳

☐ 把教学楼前的大片广场划分成小块的场所，供小团体进行活动

☐ 有许多自然植物在广场上，可以围绕着这些植物活动

☐ 有那种猫耳洞空间，想要得到安静时可以去

☐ 广场中有浅浅的小水池，可以夏天去玩水游戏，冬天埋上沙土

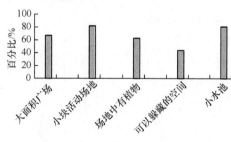

学生希望校园中有多样化的空间，能满足他们的各种需求

问卷情况	图表及分析
喜欢学校操场的原因 □能和别的小朋友玩 □操场上游戏设施多 □自由自在，活动范围大 □说不清楚	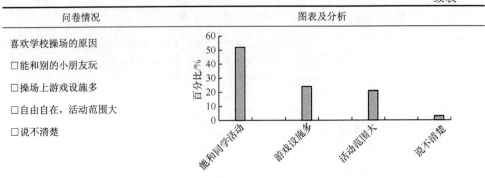 学生还是喜欢同学之间能产生互动，操场这样的大空间能够满足儿童团体性的体育活动
学生喜欢班级前空地的原因 □没有高年级学生抢占 □是我们班自己的 □离教室不远 □说不清楚	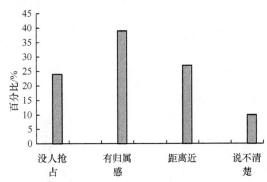 学生的年龄差异比较明显，低年级学生在校园里如果没有专属的活动场地，会影响他们到室外活动的积极性。从中可知，设计具有班级层次的室外空间有助于满足低年级学生对空间领域性及安全感方面的需求，也满足高年级学生在交流及表演展示等方面的愿望
学生喜欢角落游戏场地的原因 □有安全感 □有好玩的游戏设施 □是我们自己的地方 □说不清楚	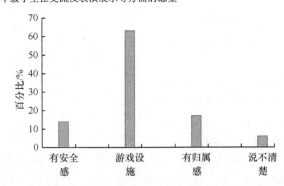 对于角落型游戏场地，在四项调研场所中学生选择最少，主要原因就是现在部分学校根本没有游戏场地的设计，反映了学校设计在这方面的欠缺

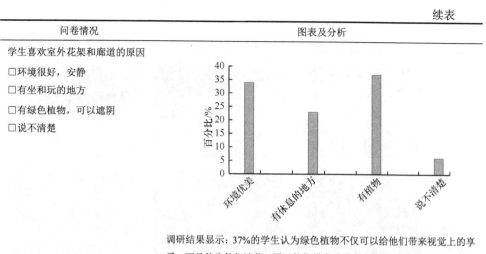

问卷情况	图表及分析
学生喜欢室外花架和廊道的原因 □环境很好，安静 □有坐和玩的地方 □有绿色植物，可以遮阴 □说不清楚	

调研结果显示：37%的学生认为绿色植物不仅可以给他们带来视觉上的享受，而且能为他们遮荫，夏天他们最喜欢去有大树的地方活动；34%的学生认为有花草的花架和廊道是校园最漂亮的地方，很有吸引力；23%的学生感觉他们在玩累的时候花架和廊道能为他们提供休息的场所

本节对各类型的中小学校进行了系统、整体的调研，接下来从校园外部空间的各个部分进行详细的分析和研究。

6.3　中小学校室外节点空间——入口空间设计研究

入口空间作为校园与社会、社区接触的第一场所，可以说是校园空间序列的开端，所呈现出的空间环境尤为重要，直接影响到整个校园外部空间环境的质量。

6.3.1　学校入口空间调研分析

选取三所小学，运用建筑计划学的方法进行入口区的调研。绘制入口平面示意图，观察学生、家长行为特征，如表 6.5 所示。

表 6.5　三所学校入口区调研实录

项目	西安某大学附属小学	西安某实验小学	青岛平安路某小学
入口平面示意			

续表

项目		西安某大学附属小学	西安某实验小学	青岛平安路某小学
行为特征	上下学			
	学生交谈			
	嬉闹游戏			
	家长等候			
	家长交谈			
	观看			

续表

项目	西安某大学附属小学	西安某实验小学	青岛平安路某小学
基本情况	学校的入口空间主要为校门、门卫室和家长接送学生的等候区。整个入口空间面积是 442m²，占据整个校园面积的 6.41%。因为小学位于家属区中，北侧为学校主入口，主入口面向社区的组团道路开口，所以学校外部的环境不是很复杂，车辆也不多，主要是家属院中的私家车	入口位于学校综合楼底层，所以门卫室和主体建筑连为一体，入口空间为一个 4m 宽的洞口，承担全校师生的进出功能。从校门出来的学生，直接面对的就是 7m 宽的城市道路，来往的车流人流相对比较复杂，虽然没有公交车带来的大量人车流，但是有很多机动车在这条道路上来回穿梭	入口空间是由门前小广场、入口和校园前小广场共同组成的，面积大概是 800m²，占到整个校园面积的 4.3%。学校入口空间临城市道路，而且有三条城市公共交通线路从此通过，所以车流量很大。并且这所学校是青岛市重点实验小学，生源来自周边的很多小区，家长接送孩子上下学时交通拥堵情况非常严重。这所学校入口的小广场成为学生、家长、学校交流的场所
问题小结	（1）学生活泼好动，狭小的入口区不能满足使用要求。（2）上下学人流量大，对小区交通造成影响。（3）缺乏家长的等候空间	（1）缺乏家长的等候空间。（2）学校入口区没有缓冲地带，上下学高峰造成交通堵塞。虽然学校在管理上采取了措施，低年级的学生上午只有三节课，减小了入口区交通压力，但是效果不是很明显。入口空间缺乏层次，学生直接由安静、简单的校内环境进入复杂、嘈杂的社会环境，转变过于突然	虽然学校的入口空间已经进行了一定的处理，形成了内凹区域，为学生上下学提供了一个过渡缓冲空间，但由于面积有限，并没有有效地减轻入口空间的交通压力，周边的城市交通还是会对学生的人身安全产生威胁

通过对国内三所学校的实地调研，总结出入口空间行为特征和现状问题（表 6.6）。

表 6.6 入口空间人群行为特征与所需设施、现状问题分析表

人群	活动	行为特征	现状问题	解决方案
学生	上下学	（1）学生兴奋地奔跑导致互相冲撞。（2）人流集中	缺乏空间层次，缺少校内外缓冲空间，易发生交通事故	需要一定的活动空间
	整队、等待	高年级整队、等待行为无纪律，呈现松散状态，整个班级整队的距离、范围容易延长并扩大；而低年级的迁移过程表现整齐集中	缺少相应空间，人流大造成交通堵塞	需要等待空间

人群	活动	行为特征	现状问题	解决方案
学生	停留	调研结果显示，39%的学生会因为某种原因逗留一段时间（详见右图）	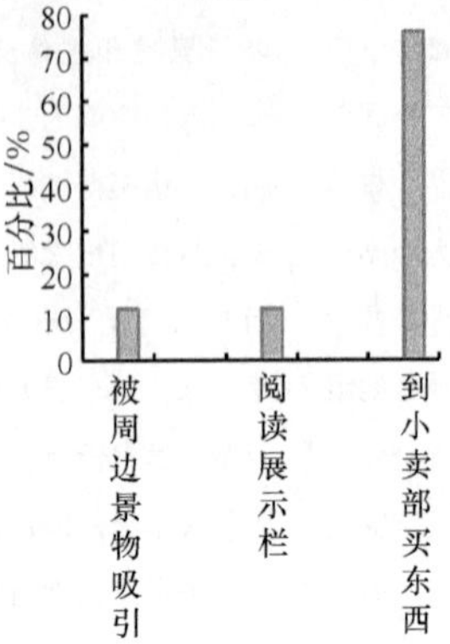	（1）需要一定的生活服务设施。 （2）在靠近入口区设置一定的等候空间和设施，供少数学生在此等候家长
	嬉闹	（1）行为时间短且多为简短的语言与肢体动作。 （2）嬉闹中，学生彼此之间距离会时近时远，且会利用身边设施来进行活动	入口空间设计忽视学生的行为心理和相应设施。如爬铁栏杆，活动铁门当滑板，容易发生安全问题，虽然只是少数，但已对学校造成很大的负担	需要一定的活动空间和设施
家长	交谈、招呼	结伴中常见的交谈行为几乎随时随地发生		
	等候	调研中，73%的家长选择接送孩子，其中47%的家长选择的是自行车接送；45%的家长选择的是步行接送；只有8%的家长选择开私家车接送	调研结果显示，1.67%的家长认为在接送孩子上下学的时候，学校周边没有遮蔽的空间，夏天没有树荫遮阳，雨雪天没有躲避的空间，很不方便；2.58%的家长认为缺少机动车、非机动车停留空间，在上下学的人流高峰时间，他们在学校周边造成了交通干扰，来往的人群也是很不方便	国内小学的用地一般比较紧张，入口空间腹地较小，学校不易进行较有视觉深度的规划；而且校园入口空间作为阶段性交通流量很大的地方，因为没有足够的场所，可能会对周边环境特别是城市交通产生严重的干扰，甚至也影响到经常接触校园入口空间的人们的空间感受。应合理规划、设置足够面积的等候空间
	交谈	简单打招呼	没有家长交流场所，使家长之间很少交流	
	了解学生在校情况	看学校通知、宣传	42%的家长感觉校园入口没有什么特色，只是一个交通集散地，没有让家长和学校产生交流	设置宣传空间及设施
	通过入口了解学校	学校建筑的地标作用	学校的入口空间是学生家长和学校接触最频繁的场所。有25%的家长感觉校门是学校形象的代表，能打动他们；21%的家长来去匆匆，根本就没有注意过学校的入口	入口设计需要一定标识性

6.3.2 中小学校入口空间分析

通过对国内外 104 所中小学的分析得出，中小学校园入口空间一般分为内凹型、直线型、过街楼型、道路引入型四种类型（表 6.7）。其中，有将一半的中小学校（52 所中小学校）采用的是内凹型的入口形式，27 所中小学校选择的是直线型，只有 11 所中小学校采用的是过街楼型，道路引入型的中小学校也不是很多，只有 14 所，其中只有 2 所是国内的中小学，12 所为国外的中小学校。

表 6.7 入口空间类型分析

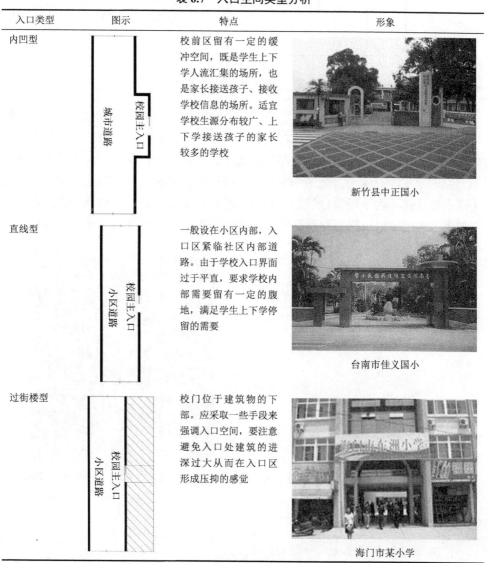

入口类型	图示	特点	形象
内凹型	校园主入口／城市道路	校前区留有一定的缓冲空间，既是学生上下学人流汇集的场所，也是家长接送孩子、接收学校信息的场所。适宜学校生源分布较广、上下学接送孩子的家长较多的学校	新竹县中正国小
直线型	校园主入口／小区道路	一般设在小区内部，入口区紧临社区内部道路。由于学校入口界面过于平直，要求学校内部需要留有一定的腹地，满足学生上下学停留的需要	台南市佳义国小
过街楼型	校园主入口／小区道路	校门位于建筑物的下部。应采取一些手段来强调入口空间，要注意避免入口处建筑的进深过大从而在入口区形成压抑的感觉	海门市某小学

续表

入口类型	图示	特点	形象
道路引入型	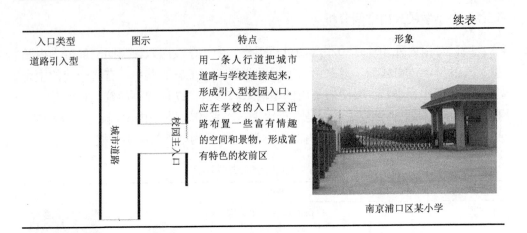	用一条人行道把城市道路与学校连接起来，形成引入型校园入口。应在学校的入口区沿路布置一些富有情趣的空间和景物，形成富有特色的校前区	南京浦口区某小学

6.3.3　优秀实例分析：日本仓町立社川小学入口空间

从平面布局（图6.2）中可以看到，社川小学的入口空间采用的是道路引入型。中小学生每天上下学都会经过这样优美的自然环境，设计者希望能增加学生与自然相接触的感受，在这条引入道路的两边布置了操场和游戏场，便于放学后还不想回家的学生能有安全舒适的场所活动。校园的建筑和入口空间通过这条长长的小道进行连接，由于距离比较远，建筑师通过建筑布局展现出对孩子的欢迎。从小道走过远远地就可以看到呈怀抱迎接状的建筑，与学生产生共鸣（图6.3）。

图6.2　社川小学总平面图（长泽悟等，2004）　　图6.3　社川小学入口（长泽悟等，2004）

6.3.4　中小学校园入口空间的设计

1. 入口空间构成要素

通过调研，目前大部分中小学入口空间为校门连接两个简单的空地（图6.4）。

通过对入口区使用人群的行为分析，得出理想的中小学校入口空间结构应为校门连接相应的活动、等候空间，并配备一定的生活服务设施（图6.5）。

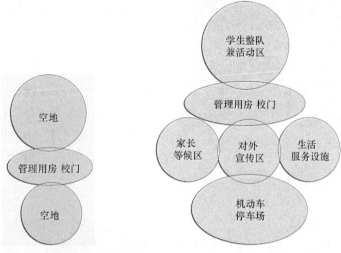

图6.4　入口空间现状结构图　　图6.5　理想入口空间结构图（李霞，2007）

2. 入口空间的特征

通过对学生行为心理的观察，根据附表H和附表I，可以发现学校的入口空间可以被理解为建筑的"门廊+门厅"，它具备自己独特的特征，可概括为以下几点。

1）标识性

入口空间是校园空间和城市空间的转换交接与叠合相融之处，是两种不同性质空间的节点，所以它应该具有很强的识别性。学校的特色应通过校园的入口空间第一时间为路人展现出来（图6.6）。

2）交通性

入口是空间序列上的第一要素。在交通功能方面，入口既是实现由外部空间向内部空间过渡这一正向序列的开端，也是实现由内部空间向外部空间过渡这一逆向

图6.6　江苏如东县某小学入口图

序列的结尾。它具有强烈的主旨空间的功能，因此应具有明确的指向性和具备等候辅助功能，以人流的聚散、方向的转换以及空间的过渡为前提。

3）展示性

任何一个学校总是希望能把最好的一面呈现给公众，让人们能够了解到学校的光辉历史和成就。那么，入口空间作为公众接触学校的第一场所，它的作用尤

图 6.7　青岛平安路某小学入口展示栏

为重要。一般情况下，学校都会在入口空间展示出学校的各种荣誉和近况。图 6.7 所示的学校的入口空间有学校的一系列的荣誉奖章。

4）礼仪性

学校本来是学习的场所，这些学习不仅包括文化知识的获得，还包括为人处事、礼貌、品德等其他方面的学习。每天，值日的学生站在学校入口的两边，迎接和欢送上下学的师生，这种师生间的尊重、同学间的友谊让学校充满儒雅之风。

3. 学校入口空间的改善原则

1）造型与尺度

在造型上应在庄重中求活泼，在尺度上应力求亲切。例如，我国台湾新竹县某小学的入口空间属于直线型（图 6.8），整个入口尺度适宜，一个小小的弧形顶符合学生的生理特征，尺度不大且很有亲切感。调色板和彩色蜡笔组成的围墙更使学校符合学生心理特征的要求。

图 6.8　我国台湾新竹县某小学入口

2）减轻交通压力

学校出入口的布置应满足《中小学建筑设计规范》（GB 50099—2011）的规定，并且为保证学生出入安全，防止冲出校门的学生与过路行人、车辆相撞，应在校门前设一个小的广场作为缓冲空间，且校门不直接开向道路。当校园地势与道路地势有变化时，学校入口区最好不要设置台阶，因为这一部分人流过多，时间集中，容易出现危险。最好以缓坡的形式解决，这样既降低因学校上下学或者举办活动所产生的拥挤，又保障学生上下学的安全性。

3）绿化配置

一些校园的种植多采用人工化的盆栽和修剪密度高的灌木，盆栽容易被搬移，灌木耐修剪。学校的入口空间还可以充分发挥与城市道路相连接的优势，把行道树设计成校园入口空间的组成部分。

4）创意与特色

入口区是学校展示的第一形象，而许多学校门太过于呆板且无特色，应在设计时加以重视，创造鲜明的学校特色。例如，校园对面景观不雅，可利用'照壁'解决；另外入口也可规划水池，一来可制造倒影，增加视觉深度，同时也可调节气候，并可作为紧急消防用水等。

6.4　中小学校园室外节点空间——广场空间设计研究

"广场，16 至 18 世纪泛指周围有房屋的空旷场地。""庭院，建筑中由房屋或围墙环绕的空旷场地。"[①] 为了进一步划分中小学校园中的不同室外空间，本节将由大面积硬质铺地构成的室外环境称为"学校广场"；将主要由绿化构成的室外围合空间称为"校园庭院"。

中小学校园中，学校广场一般都是公共活动和交通空间，也是一种过渡性空间，多表现出装饰性，以规则式布置为主，对环境起到了衬托作用，并将导向性和展示行为作为主要目标，成为学生朝夕相伴的一个重要外部场所。

6.4.1　学校广场空间调研

1. 西安某大学附属小学实地调研

学校用地十分紧张，室外活动空间主要为前后院，由于位置及布置方式不同，前后院的利用情况相差很大，根据 2005 年 9 月 8 日进行的一整天定时拍摄，研究其空间使用状况（附录 J），并进行了人数及分布统计（表 6.8）。

西安某大学附属小学的前后院学生利用率相差很大反映出校园室外空间作为儿童休息、游戏的主要场所应该得到重视和合理的设计。

表 6.8　西安某大学附属小学的前、后院空间利用率统计

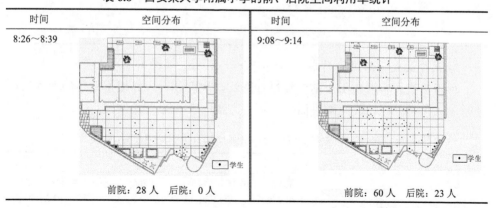

时间	空间分布	时间	空间分布
8:26～8:39	· 学生	9:08～9:14	· 学生
前院：28 人　后院：0 人		前院：60 人　后院：23 人	

①中美联合编审委员会. 简明不列颠百科全书（第七卷）[M]. 北京：中国大百科全书出版社，1985：523，812.

续表

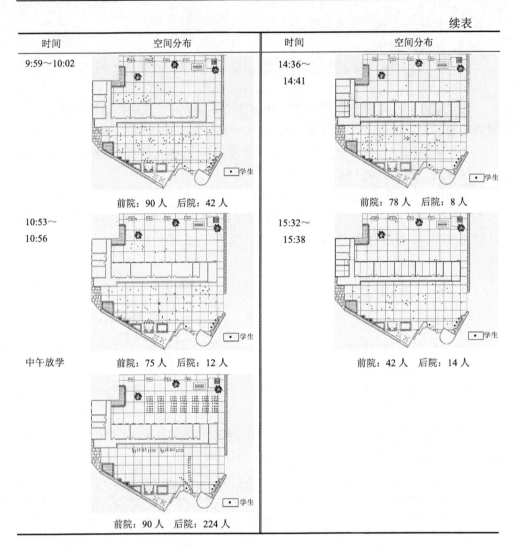

时间	空间分布	时间	空间分布

9:59～10:02　前院：90人　后院：42人　　14:36～14:41　前院：78人　后院：8人

10:53～10:56　前院：75人　后院：12人　　15:32～15:38　前院：42人　后院：14人

中午放学　前院：90人　后院：224人

2. 西安某大学附属小学前广场调研分析

对西安某大学附属小学前广场进行形状、尺度分析，并根据发生的学生活动进行记录和分析，寻找问题进而提出解决方案（表6.9）。

表6.9　西安某大学附属小学前广场学生活动记录分析

项目	照片	分析
广场基本情况	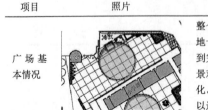	整个广场呈不规则三角形，占校园外部空间面积的45.5%，学校用地十分紧张，使得学校几乎是寸土必争，所以广场的处理也尽力做到完整性和多样化。削掉三角形的顶角，把这部分空间做成校园的景观绿化区，其中布置了升旗台和四张桌椅，空间紧凑而且富有变化。三角形剩下的部分作为学生的主要活动区域，在这个场所中可以进行全校性的集会，学生们也可以再次进行游戏玩耍等活动

续表

项目	照片	分析
行为特征	集会 	现状问题：面积太小 解决方案：增大广场面积
	学生玩耍、嬉闹、游戏  	现状问题：（1）基本上都是硬质铺地。（2）学生活动应有领域感，但校园缺乏空间层次和划分，一方面相互干扰，另一方面抑制了部分学生活动的愿望。（3）学生在广场中心地带活动，有一定的距离要求，调研发现在距离班级 5～12m 范围内活动的学生最多。（4）受气候影响较大 解决方案：（1）尽可能增加绿化。（2）通过绿篱、室外小品等划分不同的活动区域。（3）增加小团体活动空间。（4）控制广场尺度（15m×15m），在主要活动场地周围增加小空间。（5）增加遮蔽设施和室外多目的的活动空间
	排队 	现状问题：无遮蔽设施，天气不好时活动受干扰 解决方案：增加遮蔽设施
	打扫 	
	学习 	现状问题：室外设施太少，学生在室外学习的时间很少 解决方案：（1）增加遮蔽设施，如遮阳棚、绿化。（2）提供室外学习设施，如座椅等

3. 学生在广场发生的行为模式分析

经过调研观察，发现学生在学校广场发生的行为存在以下特点（表6.10）。

表 6.10　广场学生行为分析

活动	行为特征	现状问题	解决方案
课间操	人数多，需要空间大且固定	活动结束，班级行动间互相干扰	分区域，合理规划班级路线
游戏	（1）活动进行时多会持续整个下课时段，常有上课钟响后学生仍继续活动直到满足才转回教室。 （2）通常学生会于固定地点进行活动。 （3）学生经常是各自拿自己的活动器材来进行活动，如皮筋、沙袋等，会彼此结伴游戏活动，一些共享活动器材也很受学生欢迎	（1）空间无划分，功能单一，相互干扰。 （2）缺少活动器材。 （3）缺少绿化	分层划分空间；设置共享器材，如跳皮筋的桩子、凉棚等；种植绿化，如新加坡海洛女校广场
课程教育	学生在轻松愉快的状态下进行活动，他们的身心可以得到放松。不管是体育课还是美术、自然等课程，学生都不会局限于建筑前面的小片空间，活动范围比较大	除体育课外，缺少必要设施，很少有课程在室外校园中进行	（1）设置座椅、凉棚等设施。 （2）在广场上铺设具有知识性的图案，如地图等，就像玛丽·C.巴尔克小学综合体广场那样
打扫、清理	（1）有时在进行打扫时会出现嬉闹、追逐等活动，学生容易受此吸引而忘记目前要做的工作。 （2）受音乐的影响，学生行动上会跟随节拍来进行，若无播放音乐，学生之间打扫的行动力会减弱，并有犹豫、互相询问的现象发生		

6.4.2　广场空间形态类型小结

　　通过对国内外中小学的分析得出，广场空间的感觉在很大程度上取决于封闭与开放的程度。外部空间设计就是要熟练地运用封闭与开放这两个词汇，创造出怡人的空间，广场形式大致可分为封闭型、开放型和介于两者之间的半开放型（表 6.11）。

表 6.11　广场空间类型分析

类型	图示	特点	示例照片
封闭型	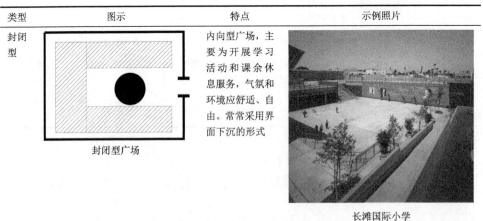 封闭型广场	内向型广场，主要为开展学习活动和课余休息服务，气氛和环境应舒适、自由。常常采用界面下沉的形式	长滩国际小学

续表

类型	图示	特点	示例照片
半开放型	半开放型广场	介于封闭型和开放型之间，空间收放自如，学生活动比较自由，不容易受到空间的束缚	连云港某小学
开放型	开放型广场	只有一面由建筑物组成，其余三面是比较通透的构筑物，空间宽敞。但这类型广场容易形成一定的空间浪费，靠近教学楼的广场利用率高，离得远则利用率就会比较低	青岛某小学

6.4.3 优秀实例分析：纽波特海岸小学

学校充分尊重孩子向往自由的天性，结合校园外部空间的设计，把课堂放到外部广场的草坪上，这样既能让学生亲近自然，放松情绪，又能充分提高学生的学习积极性（图6.9）。

图6.9 纽波特海岸小学的室外课堂（罗伯特·鲍威尔，2002）

学校的外部广场层次丰富多样，通过材质的变化、景观小品的布置、地势高低的变化，为学生创造出集趣味性与教育性为一体的场所。凉亭、钟塔、桌椅、游戏器材的设置使校园的特色更鲜明，为孩子提供了丰富多样的环境（图 6.10）。

图 6.10　纽波特海岸小学的室外活动场地（罗伯特·鲍威尔，2002）

6.4.4　中小学校广场空间的设计

1. 广场空间改善原则

1）广场的多功能化

广场是校园里的综合节点，不仅要满足作为交通枢纽的功能需求，同时还应满足学生进行交往和休闲活动的需求。

2）广场尺度人性化

学校广场的使用者基本是还未发育成熟的儿童。考虑到孩子的生理和心理的发展情况，应该创造出适合儿童的广场尺度。意味着孩子和空间之间应有充分交流和相互认知、被认知。我国台湾并木第一小学校的前广场比较小（图 6.11），空间比较局促，但是通过墙体开洞、台阶的深入等空间尺度的转换使广场变得亲切宜人。在一些面积较大的广场，可适当运用一些小尺度的雕塑、园灯、矮墙、小型乔木、廊架以及乔木树阵等进行空间分割，形成隔而不断的流动性空间，拉近广场空间和学生之间的关系。

3）广场的区域划分多样化

学校的广场一般占整个校园基地面积的一半，因此作为学生交往活动的主要场所，进行不同的区域划分是必要的。广场空间根据学生行为的需要相应划分出公共、半公共、半私密、私密空间，以满足师生的各种活动需要，形成不同空间层次的领域空间。莫伊兰小学广场占地面积很大，然而通过一段弧墙就界定出一片相对安静的空间（图 6.12）。

4）广场的绿化

广场不可缺少植物，尤其是高大乔木，它们可以遮阴、防风、降温，还可以围合小空间。广场的绿化可避免广场空阔而毫无生气，同时适当引入绿化可以为学生创造自然的小环境，以保持孩子与自然的联系。

图 6.11 並木第一小学校的前广场
（建筑思潮研究社，1999a）

图 6.12 莫伊兰小学广场
（美国建筑师学会，2004）

5）广场"边缘效应"的有效运用

心理学家德克·德·琼治在对人们喜爱的逗留空间进行的一项研究中，提出了颇有特色的边界效应理论。他指出，森林、海滩、丛林、林中空地等的边缘都是人们喜爱的区域。边界效应理论说明空间的边界是人们喜欢逗留的地方，拥有良好座凳的台阶和种植池也是人们青睐的去处。同样，这个理论适用于学校的广场空间：将广场的边界设计成有足够魅力的空间，丰富的空间层次可使更多的学生在这里逗留，增强校园的活力和交往气氛，增加使用效率。玛丽·C.巴尔克小学的广场边缘略高出广场基面（图 6.13），既可以作为广场界限的界定，又能为活动的孩子提供休息的场所。

2. 广场空间的设计手法

1）标志物的设置

广场上的旗杆、单独的塔楼都是视觉的中心，周围界定出一定的室外空间，这种广场的向心性很强。学生会围绕这个标志物形成一个场所，自然而然就可以成为校园的焦点。例如，青岛大枣园小学的升旗台就成为校园广场中学生聚集的标志点（图 6.14）。

图 6.13 玛丽·C.巴尔克小学的广场
（迈克尔·J.克罗斯比，2004）

图 6.14 青岛某小学广场

2）利用高差形成广场

图 6.15　日本宫前小学校的下沉广场
（建筑思潮研究社，1999a）

（1）升起的广场。很多的学校基地情况比较复杂，遇到地形变化的学校，室外空间的丰富性就更能吸引学生。升起的广场会成为校园的视觉中心，有俯瞰学校整体的居高临下的感觉。学生在这种场所活动会比较有自信，活动不受到约束。

（2）下沉广场。下沉广场可以满足学生不受外界环境的干扰，创造一个比较安静舒适的室外环境。图 6.15 是日本宫前小学校利用地势的高差变化形成的气氛静谧的下沉广场。

（3）阶梯形的广场。学校处于山地地形上，结合地形把广场做成阶梯状，每一个平台都留有足够的活动场地。这样，既解决了高差的问题，又可以把学生安排在不同的活动场地中，避免学生之间活动的相互干扰。例如，日本的马天小学就是一所解决坡地问题比较成功的学校（图 6.16）。

3）地面铺砌

丰富多样的广场基面会激发学生的兴趣。现在很多学校直接利用广场地面铺装，形成一些比较有意思的图案和场所，让学生在不同材质的场地中活动。海洛女校的广场的地面不但生动可爱，而且是学生跳房子游戏的重要活动场地（图 6.17）。

图 6.16　日本马天小学的广场
（建筑思潮研究社，1999）

图 6.17　新加坡海洛女校广场的地面
（罗伯特·鲍威尔，2002）

6.5 中小学校园室外节点空间——庭院空间设计研究

校园里各种不同的建筑组合形式决定了各类不同的室外空间形式，庭院空间也是校园中常见的一种室外空间，建筑师所设想的庭院空间可以说是"没有屋顶的建筑"空间。

6.5.1 中小学校园庭院的调研

1. 调研实录

选取西安、青岛的两所学校进行校园室外空间及学生行为模式的调研，采取建筑计划学的调研方法，通过测绘、定时拍照等手段，发现空间与使用之间的问题（表 6.12）。

表 6.12 庭院调研分析

项目		西安某大学附属小学	青岛平安路某小学
平面图		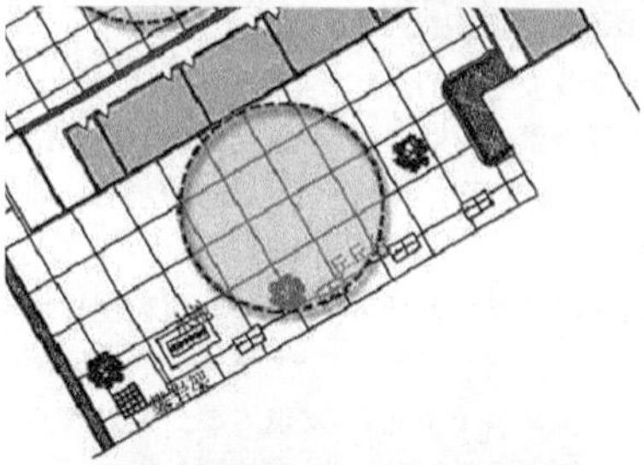	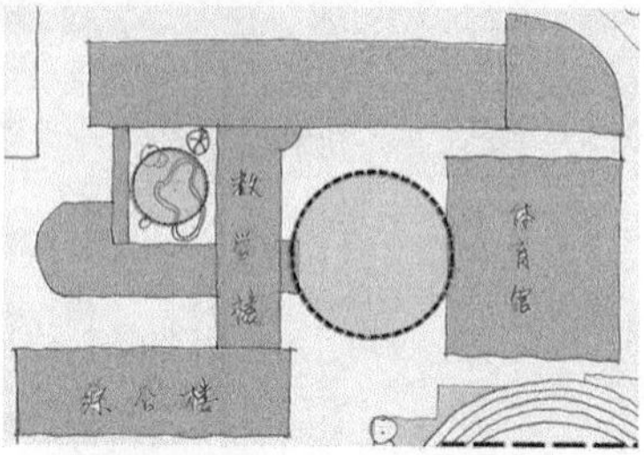
行为特征	集会		
	嬉闹游戏		

项目	西安某大学附属小学	青岛平安路某小学
行为　活动 特征	 打扫 	
基本情况	学校的半开放式庭院其实可以看成学校的后院空间，位于教学楼后。布置少量的游戏设施，由于不方便学生到达，利用率较低	这两个庭院是学生活动的好地方，而且动静分区明确，前面的半开敞庭院是低年级学生活动的场所，而侧面是高年级学生的活动空间
问题小结	（1）庭院的一个围合面是教学楼的背面，使得这个地方人气不足，因此学校在这个场所里布置了一些体育活动器材，但是由于游戏器材老旧，并不能吸引学生。例如，学校的攀登架就很少有学生去活动，久而久之，攀登架都被腐蚀了，影响了校园的景观。 （2）经过长期的实地调研发现，学生活动的范围有限，活动距离一般是 20m 左右，其中 10m 左右是学生活动的主要区域，只有极少数的学生会在奔跑中到达 20m 外的场地	学校基地面积比较大，有足够的用地布置学生学习生活所需要的空间，但是调研后发现，缺少设施和景观，空间显得比较空旷。校园外部空间的主要服务对象就是学生，设计一个人性化、趣味性的空间才会吸引他们的到来

2. 中小学生行为分析

通过对中小学校的观察调研发现，中小学生在学校的庭院空间发生的活动行为与庭院本身的空间环境质量有很大的关系，庭院的大小、景观的布置、路线的通畅都对学生的行为有直接的影响。一般的学校，学生在庭院空间发生的行为除嬉戏、运动、集会、打扫外，大多是散步、休息，其次还伴有观看、用餐，详见表 6.13。

表 6.13 庭院人群行为分析表

活动	行为特征
散步	学生散步有固定路线与活动范围，且多在各自班级教室附近的走廊、穿堂或庭院之中进行

宁波某小学

活动	行为特征
休息	（1）学生通常会在离教室不远、紧靠建筑的庭院空间进行休息活动。 （2）有坐有躺，一般情况下学生会选择在干净的场地进行。 （3）有较强领域性，先占用地的学生会排挤他人进入，若发现常用的地点已有人使用，也多会避开另觅地点

海门市某小学

活动	行为特征
观看	经观察，一般下课时，庭院中展览橱窗总会吸引一些学生观看，更多的学生会比较关注其他学生的活动，而且在观看过程中学生会利用座椅或花台为依靠。海洛女校的庭院通过形态自由的弧墙形成了不同的空间感受，靠近建筑一侧布置了座椅，成为学生课间休息交流的好场所

海洛女校学生课间休息（罗伯特·鲍威尔，2002）

续表

活动	行为特征
加餐	一般学生较常利用庭园的座椅或户外剧场来进行，过程中学生多会安静地坐着进食。庭院中的桌椅和遮阳伞的布置都体现了人性化的设计原则，如北源小学庭院

北源小学庭院（罗伯特·鲍威尔，2002）

校园庭院空间现状存在以下问题。

（1）功能复杂，空间单一。中庭的面积过于小造成各个功能相互干扰，动静分区不是很明确，流线也容易产生混杂。由于学生都有就近选择场地的心理特征，所以中庭中学生的分布过于集中，空间使用混乱。

（2）空间浪费。很多学校的后院只是做了点绿化，使用率低。造成这种情况的原因，一方面是设计学校时没有留足够的活动场地；另一方面是不便到达，要去后院必须经过前庭、侧庭才能到达。许多校园中都存在大量潜在的后院空间，但真正发挥功效的却并不多。下图所示青岛某小学的后院看上去冷冰冰的，都是垃圾和一些杂物，学生到后院活动的可能性就更小了，所以后院、侧庭常常成为"负空间"。

解决方案有以下几个方面。

（1）分区域，合理规划。庭院空间由大、小等不同空间组成，分层次，合理布局，满足不同规模活动的需要。

（2）精心设计，充分利用空间，避免死角出现。

（3）完善功能。配备设施，使一些室外教学活动成为可能。对于一些像社会、美术、自然科学等课程需要一个像庭院这样的非正式的教学场所进行室外教学。

（4）庭院设计还需满足学生精神方面的需求，陶冶情操。

6.5.2 庭院空间类型

在对学校的分析调研中发现，只有 27 所学校没有庭院空间，这主要是因为学校用地紧张，整合的大空间——广场容纳了学生的大多数活动。并且在 79 所有庭院的学校中又以通透围合的形式最多，总共 56 所，采用这种形式的原因和前面所说的半开放广场差不多，都是因为介于开放和封闭之间。单调的空间层次不会对学生产生很大的吸引力，所以围合学校庭院的各种界面需要进行精心处理。建筑层数的变化、地面材质的变化、空间的围合、室内外空间的交融和延伸都会创造出丰富的外部空间。只有 12 所学校的庭院采用的是封闭围合的形式，还有 11 所学校采用的是松散围合的庭院形式。可见，现在学校中的庭院还是普遍存在的，而且一般都是以半开放的空间为主（表 6.14）。

表 6.14 各种庭院形式比较分析表

类型	图示	特点	形象
封闭围合		庭院四周均为建筑物或者其他建筑实体，私密性过强，虽然节省了面积，但是容易造成采光、通风方面的不利情况。并且，如果处理得不好，这样形成的庭院就变成纯粹为了解决通风、采光的内天井，学生到这样的庭院中活动的欲望会很低，从而造成学校空间的浪费。但如果这类庭院空间的尺度控制得当，学生就会愿意到这样的场所活动	 打濑小学庭院（MEISEI 出版公司，2000）
通透围合		这类型庭院在校园中最常见，庭院由建筑和敞廊围合而成，庭院有闭有合，空间丰富有趣味。这类庭院空间畅快、活泼，具有流动感，空间围而不闭、轻松自由，使人既有稳定的拥有感，又有捉摸不定的感觉。学生在这样的庭院中活动既不会因为空间过于封闭而受到限制拘束，也不会由于空间过于开敞而让人感觉没有边界感。空间收放自如，形式多样，学生的多种需求都可以在这样的空间中得到满足	 圆潭国小（邱茂林等，2004） 圆潭国小的庭院是由低矮建筑、敞廊和多层建筑共同围合而成的，空间层次丰富，整个庭院亲切宜人

续表

类型	图示	特点	形象
松散围合		界定庭院的建筑与空间中的环境景物组合成一种松散的围合，这种只是一种意境的围合，不拘一格，气氛洒脱。其实，这种庭院空间在意境创造上是很困难的，建筑过远则没有什么包围感，形不成庭院的感受，所以这种庭院形式在学校里出现的还是很少。建筑师可以对庭院中的小空间处理得很巧妙，利用高差的变化、色彩的对比、建筑立面的变化，使得校园的庭院成为最精彩的空间部分。但这类庭院空间比较自由，边角空间处理比较复杂，容易造成空间的浪费	弘道小学（MEISEI 出版公司，2000）弘道小学的庭院由一群低矮的建筑组成，看似不规则的建筑通过设计者的排列组合，形成了一个很生动的庭院

6.5.3　优秀实例分析：日本多治见学校的庭院空间

图 6.18　日本多治见学校的庭院
（景观设计编辑部，2004）

2001 年竣工的日本多治见学校，最具象征性的场所就是中庭（图 6.18）。对孩子来说，中庭是个快乐的活动空间。中庭与教室之间是半户外的围廊，用木地板相连，走在木地板上，虽然身处户外却有室内的氛围，周围是露台和外楼梯。铺设了木地板的中庭也是举行各种活动的中心广场。这里可以举行班会、讲座、音乐会、露天茶会、专题研讨会。各教室都面向中庭，配有围廊。由于把环绕着教室的走廊设计成半户外形式，建筑物的进深变浅了，阳光、清风都能达到教室内部深处，制造出明亮清爽的空间。

6.5.4　中小学校校庭院空间的设计

1. 统一性处理

庭院空间的组织随着建筑空间的空间序列展开。庭院空间和建筑空间融合成为整体，使建筑空间更融于环境，融于自然，同时庭院空间的连续贯通，建筑内外空间保持一定的整体性。

2. 完善功能

进行功能分区，学生在庭院空间中除了动态活动，还有安静的休息、学习等活动，应充分考虑休憩点的布置、树荫的位置等因素。

3. 景观塑造

大庭院让身临其境的学生感到空旷，难于接近，景墙的建造会让过于分散的大空间凝聚起来，小庭院又会因为空间的局促而感到拥挤，可通过底层架空打通视觉阻碍，取得空间的通透，使庭院空间增添层次感，室内外空间融合（图6.19）。

图 6.19 稻城市立城山小学庭院
（MEISEI 出版公司，2000）

4. 设置庭院景观小品

海门市某小学占地面积比较大，学校中有很多小庭院，为了能使每个小庭院都有自己的特色，设计者在庭院的界定处都布置了不同的小品，使空间具有教育性和识别性（图6.20）。

图 6.20 海门市某小学庭院

5. 适宜尺度

外部空间要素——适宜的空间尺度对塑造宜人的庭院空间非常重要。这类中庭宽度（D）与围合中庭建筑高度（H）之比应该是 $1 \leqslant D/H \leqslant 2$。当 $D/H < 1$ 时，中庭成了建筑与建筑相互干涉过强的空间，过于封闭的中庭容易给学生造成压迫感，非常不舒服。当 $D/H > 2$ 时，有点过于疏离，过于空旷的中庭容易造成空间的浪费，其封闭性就不容易起到作用。

6. 绿化的处理

校园中的庭院有各种不同形式，有建筑围合成的校园重点庭院，还有位于建筑侧面和后面的庭院，对这些不同形式的庭院都需要有绿化的配合。例如，杭州绿城小学的中庭就是布置了大面积的草坪（图6.21），再配以高低不同的植物和水景，使得这个庭院空间春意盎然。

由于学校后院所处的位置特殊，所以不

图 6.21 杭州绿城小学的中庭

宜种植大面积的草坪，比较适合敷设硬质铺地和种植耐阴植物。例如，江苏如东县某小学的后院（图 6.22）种植了一些吸引小学生的植物，学生下课后就会穿过教学楼中间的后门来到后院玩耍。

随着学校的发展，国外各地区的中小学都在提倡学校的生态化，结合庭院创造生态园是中小学的流行趋势。失野南小学的生态园（图 6.23）不但绿化、美化了校园空间景观，而且为学校带来了生态效益。学生根据透过的光线、风的方向、水的温度、树木颜色的变化，了解方向与季节，庭院变成了一个学生学习的大教室。

图 6.22　江苏如东县某小学的后院空间　　　　图 6.23　失野南小学的生态园

（景观设计编辑部，2004）

6.6　中小学校外部空间环境设计

通过对前面调研、节点空间剖析和优秀实例分析，本节从整体的中小学校外部空间环境着手，总结中小学校外部空间环境设计思路。

6.6.1　中小学校室外环境构成分析

在调研及实例借鉴基础上，总结出中小学校室外空间类型、形态、功能及性质（表 6.15 和表 6.16）

表 6.15　校园室外空间使用功能分类

分类	形态	内容
交通性空间	主、次要道路	兼具休息、聊天、等候的空间机能
	小径、幽径	具有连接、串联的动线机能，并提供休憩、聊天的活动场所
	动线节点广场	节点广场为交通动线汇集点，为线状道路与面状广场的空间衔接场所
	机动车停车位	车辆停取，等候行为的场所
休闲性空间	封闭式、开放式庭园	兼具视觉美化与提供休憩、聊天、观赏等活动机能的场所
	穿越性广场	以提供优良视景为主；可配合可能产生的活动，提供简易休闲设施

续表

分类	形态	内容
运动性空间	休闲绿地	以植栽或设施强化、塑造舒适意象，为提供休憩活动机能场所
	运动场	满足各种田径运动等机能为主，视觉效果为辅
	球场	满足各种球类运动等机能为主，视觉效果为辅
观赏学习性空间	农园艺场	兼具教学、观赏的空间机能
	温室	兼具教学、观赏的空间机能
	菜圃	兼具生态、教学、观赏空间机能

表 6.16　校园室外空间性质分类

分类	意义	内容	空间位置
开放性空间	代表校园主要意象	主要动线交集处和活动举办处	校外：校园外街角广场
			校内：入口广场、大广场、中央主轴广场
交通线性空间	串联性或连接性	串联各建筑实体间的联络性路网，建筑物间的狭长或零碎空间	人行步道、建筑室外走廊
建筑物之间的缓冲区域	属于较小尺度的空间形态	缓解空间与空间的活动冲击，以方便活动的进行	静态半户外空间或中庭、侧庭、后院或草坪
提供未来发展的空地	等待开发的土地	低密度开发使用	大片的绿化、运动场或者室外球场
其他	校园中次要性空间	解决校园中其他功能的空间	停车场（汽车、自行车）

6.6.2　中小学校外部空间环境的设计原则

1. 整体化原则

1）整体布局

建筑空间的内与外不是两个独立的部分，两者之间相互联系，相互影响，就像鲁夫·阿思海姆的图底学说，建筑物是"阳形"，建筑外部空间是"阴形"，二者呈现出一种互余、互补或互逆的关系。中小学校园的外部空间与建筑物本身联系密切，外部空间是建筑物实体的延续，是与建筑物相融合的更广阔丰富的空间；外部空间是建筑存在的"场"，外部空间造就了建筑，同时建筑又主动改造校园的外部空间，这两方面的互动关系形成了校园的整体性。必须整体布局规划，使中小学校园的内外空间具有同一连贯的整体特征。

2）形式语言统一

学校建筑与外部空间环境的设计在形式、材质、造型和色彩上，应该有整体的规划，运用统一的设计语言。校园的外部空间环境与校园建筑应有机结合、融为一体。例如，外部空间中的硬质景观可采用与建筑物相同或类似的建筑材料作为建筑的延伸处理，内外空间交流。绿地可局部深入室内，延伸至室内空间，制造出通透性好的半开敞的"灰色空间"，如门厅、门廊、廊架、亭阁、平台等。弘道小学的整个校园充满了乡土气息，建筑与外部空间融为一体（图 6.24）。

图 6.24　弘道小学的校园景观（MEISEI 出版公司，2000）

2. 分区化原则

中小学生在校园外部的行为类型比较多，空间的功能要求比较复杂，存在教学空间外部延伸要求，应适当分区，应有综合活动区、体育区、外部教学区、游戏区、自然生态区、休憩区等。主要可以分为以下几类。

1）综合活动区、体育区

学生户外活动形式丰富多样，作为集体使用并且使用强度高的硬质大型活动广场必不可少，但同时还应有学生喜爱的草坪等软质地坪。

2）外部教学区

应适度安排人文、艺术作品展示空间，作品可为平面、半立体或雕塑等多种形式，阳光国小的围墙是用空心砖制成的（图 6.25），学生平时所做的工艺作品都可放在空心砖里来进行展览。

3）游戏区、自然生态区、休憩区

校园的各个室外场地为学生提供了各种不同的空间感受。建功国小破旧的仓库被设计成为校史展示室以及小型剧场，使学生有不同的体验。优美的室外景观映衬着拾阶而上的户外剧场，吸引了学生的目光，学生喜欢上下阶梯，这阶梯不仅是用来"爬"的，还可以坐着玩，成为小型阶梯教室和儿童社交、游戏的地方（图 6.26）。

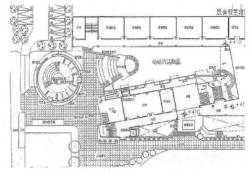

图 6.25　阳光国小围墙（邱茂林等，2004）　　图 6.26　建功国小的游戏庭院（邱茂林等，2004）

学生对植物有着浓厚的兴趣,有条件的农村校园可提供更广泛的种植空间以及较大规模的庭园。南京某小学结合校外农田建立学生活动基地,深受学生喜爱(图 6.27 和图 6.28),而在用地面积比较紧张的城市中心区学校也有数种提供植栽的方式,如墙壁供攀爬植物生长、可随时移动的盆栽、一个小型的石组花园或是在校外提供一块绿化区,满足学生游戏、学习、观察的需要。我国台湾建功国小区域内有两个植物教材园,北植物教材园以时蔬栽植为主,南植物教材园则以水生植物的栽培为主,学生下课走出教室,来到走廊及门前的庭院可以种花草及蔬菜等,为学生提供了观察动植物的机会,也提供了自然科学教育的随地性。

图 6.27 南京某小学课外活动基地

图 6.28 南京某小学荷花塘

3. 人性化原则

学校外部空间考虑儿童特性,如校园的草坪可以是学生翻滚躺卧的绿色地毯;水池可以设计成亲水景观,供学生及社区民众戏水。

(1)外部空间设计应兼顾儿童心理发展需求,无论空间造型还是色彩及材料等各个方面均应考虑他们的喜好,尺度的大小更应以儿童的人体工学数据作为设计依据,满足其所需。

(2)室外游戏空间应兼顾开放与安全原则,各区的设计应尽量开放,以便于观察及照顾,并避免产生死角或不易管理的空间,以免产生危险。

(3)应考虑无障碍的室外环境设计,学生活动常有随意性,而且环境知觉性差,所以高差应特别注意,尽量以缓坡替代台阶。即使有台阶,位置也应明显,并考虑暗示性设计。

(4)校园外部应提供各种形式的等候及休息设施,由于学生心理发展快慢不一,生活与教育状况不同,应提供各类型休憩座椅,如花台附设座椅、设施边缘可坐、自然半嵌的景石等,以满足休息、交流聊天及等候、游戏等多种活动的需求。

(5)各类室外活动及游戏设施的构造及材料应符合规定的要求,各种设施的构造均应考虑儿童使用行为特性,加强安全性设计,并符合法规要求,此外有毒的植物及油漆涂装也应注意避免。

图 6.29　我国台湾田心小学的滑梯楼梯
（邱茂林等，2004）

4. 趣味化原则

趣味性是认知学习的有效催化剂，充满趣味的校园，旗杆不再是简单的旗杆，而被设计成一只只展翅飞舞的蜻蜓，水龙头也不再是水龙头，而是青蛙身体上蜿蜒而下的肚肠；下课不必走楼梯，顺着走廊前的溜滑梯，可以一路溜到校园里（图 6.29），学生的作品被烧制成一片片的磁盘或红砖，镶嵌在地面以及教室的外墙、洗手台、升旗台或围墙上，在校园里留下了永远的成长烙印。

5. 教育化原则

学校是实施教育的重要场所，也为学生提供了学习与成长的最佳教育环境。校园的任何角落都是施教的场所，校园外部空间环境必须寓教育于其中，为达成某项教育目标而设计，我国台湾台北市的老松国小的"学习步道"，便是将教材编制成学习单，以游戏化的"学习站"融入校园景观。升旗台可以一边面对运动场，一边面对阶梯剧场，成为户外表演的舞台；古老的牛车、水车被设计成雕塑品，牛车还可当花架，校园成了户外的民俗陈列室等，我国台湾老松国小教学步道就是一个很有特色的例子（图 6.30）。原本学校前庭和许多老学校一样，种了许多种类的树，绿荫有余，景观不

图 6.30　我国台湾老松国小教学步道
（天津科学技术出版社，2002）

足，一字形步道贯通其中，呆板而无趣，计划引进活跃的气氛以塑造老学校的新气象。由此设计两条教学主题步道：一条为天文步道，一条为乡土步道。图 6.30所示就是天文步道，这条步道不仅为学生提供了视觉上的享受，还具有很大的实用价值。太阳、地球及其卫星图案以马赛克拼成，以大小、颜色不同的石球代表八大行星，大致按距离远近排列，而且，在石球旁的地面上还有对星球的简介等。

6.7　中小学校园室外环境设计要点

中小学校的环境建构有其独特性，无法以一般常规去探讨，并且所处环境的

自然与人文条件也各不相同，再加上环境与教学活动是相互依存的，所以中小学校外部空间环境的建构必须兼顾学校环境建构的重要特质及影响因素。本书尝试从中小学校外部空间的相关概念开始探讨，整理并分析学生以及与学校建筑相关的专业人员的问卷资料，探讨中小学校园外部空间的各个组成部分及作用，兼顾中小学生身心发展与环境的关系等理论课题，最后探讨国内外优秀的实际个案，提出适于儿童身心发展的校园外部空间环境的建筑设计理念。

6.7.1　现有中小学校园室外空间环境存在的问题

（1）校园室外空间环境单调，不能满足学生的多种活动需求，校园中存在的死角过多，造成了校园室外空间的浪费。

（2）校园入口空间是学生由校园环境转换到城市环境的过渡区，应起到交通缓冲的作用，需要为家长提供人性化的校园入口空间设计。

（3）校园广场没有对多种活动区域进行划分，学生的各种活动相互交叉干扰，造成了校园外部空间的不合理使用，产生空间的浪费。

（4）大部分校园庭院铺地以硬质材料为主，缺乏空间的层次，缺少植物和景观小品的布置。

（5）大部分校园匮乏绿化空间，而有绿地的学校，校园空间设计上也缺乏整体性，并未将其与学生活动结合考虑。

6.7.2　对中小学校园室外空间环境设计的建议

（1）应该从设计规范上对校园室外空间设计加以引导和制约，明确各种室外空间的功能和面积指标。

（2）中小学室外空间节点——入口、庭院、广场设计根据使用需要，形成多功能、多层次空间，并在适当位置增加游戏器具、景观小品，为学生创造一个气象万千、各具特色且具有吸引力的良好外部空间。

（3）室外环境应由不同功能场所共同构成，各部分比例以运动场40%、游戏区10%、绿化草坪15%、庭院20%、校园广场15%为参考，以可持续发展为原则，尽量节约土地，营造多样室外空间环境。

6.7.3　中小学校园外部空间的发展趋势

（1）中小学校园外部空间环境应具有开放性。让学生、教师、社区居民在这开放的校园内相互沟通，合理利用学校资源。

（2）中小学校园外部空间环境的生态化。中小学校园中的空间绿化应将"观赏性"与"实用性"相互结合，这样既美化了校园环境，同时又为学生提供了一个生活、学习的重要场所。

（3）中小学校园外部空间环境的教育生活化。整个校园都是游戏与学习的空间，学校应该结合教育的诸多问题，实行个性化教育，尽量让每一寸土地、每一个角落都变成师生所熟悉所喜爱的地方。

（4）中小学校园外部空间环境的社区化。推进学校与小区融合，其构思以整体、支持、共享和互惠为核心理念，并从校园无围墙设计、建筑与小区融合、学校资源的共享和小区资源的运用着手。

7 适应教育发展的城市中小学校形象发展研究

7.1 城市中小学校建筑形象现状

通过对全国十几个地区 50 多所中小学校建筑形象的统计研究,发现国内中小学校在建筑形象方面存在以下几个特点。

7.1.1 城市中小学校建筑形象没有体现出地域特征

中小学校是城市大量性的公共建筑,普及率很高,我国是一个幅员极其辽阔的国家,各个地区无论在气候环境还是风土人情都极具地方特色。然而,目前我国城市中小学校的建筑形象从南到北、从东到西都没有什么大的变化,材料趋同、技术趋同、设计手法趋同。在所调研的学校中,只有 28% 的中小学校建筑表现出了一定的地方特色,而 72% 的中小学校建筑并不能反映该地区的城市风貌和人文特色。而在西安调研的 9 所小学中,从建筑细节到建筑整体形象都没有体现文脉之处,在历史底蕴如此深厚的城市中却充斥着没有特色的中小学校建筑十分令人惋惜。对中小学校建筑材料的统计显示出全国各地对材料的使用极其相似,结构也都是砖混结构,很少有学校使用当地的材料。其原因一方面在于经济成本,而另一方面也是现代化、工业化的建筑材料大批量生产、大规模应用的结果。

7.1.2 城市中小学校建筑形象标识性不强

在所调研的中小学校中,由于城市迅速扩张,城市中小学校用地十分紧张,学校仿佛是在夹缝中生存,建筑形象更是被周边的其他建筑所掩盖,缺乏标识性。入口是学校形象塑造的重点区域,但令人遗憾的是,在调研的中小学中,只有 1/3 的中小学校加强了入口的设计。很多学校的入口都是以过街楼的形式展现在公众面前,由于经济利益的驱使,沿街商铺不断地挤压中小学校沿街面,使得中小学入口逐渐演变成了“通道”——从商铺的底层穿过才能到达学校内部,再加上入口未经充分设计,中小学校入口空间逐渐被两侧商铺的形象所同化,不能体现出中小学校建筑的形象特点(图 7.1)。这一现象在大、中城市的中心中小学校中普遍存在,并日益严重。

图 7.1 西安市某小学入口

7.1.3　城市中小学校建筑形象缺少对儿童的关怀

在调研的中小学校中，80%以上的教学楼为板式单外廊多层建筑，形式简单，缺少变化，小学建筑形象呆板，缺少细节设计，色彩单调（图 7.2）。给孩子营造一种良好的学习生活环境，使其快乐成长是家长和社会共同的期望。中小学校的人性化设计是近年来中小学校建筑设计发展的趋势之一，国外的很多学校在教育建筑形象设计上独具匠心，力求营造出温馨的校园氛围。

（a）西安某小学（一）教学楼南立面

（b）西安某小学（二）教学楼南立面（1∶100）

（c）西安某小学（三）教学楼

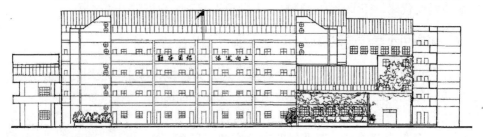

（d）陕西某大学附小教学楼北立面（1∶350）

（e）西安某小学（四）教学楼南立面

图 7.2　西安地区部分调研中小学立面图

以上的问题源于人们对中小学校形象长期缺乏重视，目前大部分中小学校舍形象简单，无法满足"环境育人"的教学发展新要求，而且缺少关于中小学校形象设计的理论研究，不能指导实际工程中的中小学校形象设计。

7.2　学生喜爱的学校形象调研

　　教学行为模式决定教学空间的设计，从使用效果可以判断其空间质量的优劣，而学校形象的好坏并没有绝对的标准。本书从学校最主要的使用者——学生入手，研究他们心目中理想的学校形象，进而对学校形象设计形成启示。

7.2.1　调研实录

　　2006 年 4 月，西安某大学附小四年级 1 班学生以"我心目中的学校"为题目画出自己心中理想的学校形象。通过分析画中学校形象要素，试图归纳出儿童喜爱的学校模式（表 7.1）。

表 7.1　理想的学校

学生	理想的学校形象	描述	
崔景靓	 快乐学校	布局：分散型 屋顶：异型 颜色：红、黄、褐、绿 造型：大树	层数：1 层 门：拱型 窗：大玻璃窗 环境：草坪、树木
刘沐其	 月亮学校	布局：分区型 屋顶：平顶、尖顶 颜色：红、粉红、黄、橙、蓝、绿 造型：月亮、五角星、铅笔、爬梯、天文台	层数：3～4 层 门：心型、圆型 窗：方型、圆型 环境：草坪
刘云天	 移动学校	布局：分区 屋顶：异型 颜色：红、粉红、黄、橙、蓝、绿、褐 造型：树、牌楼、天文台、车轮	层数：3～4 层 门：牌楼 窗：心型、菱型、圆型、五角星型 环境：屋顶绿化、草坪

学生	理想的学校形象	描述	
宋琬琦	 五彩学校	布局：分散 屋顶：尖顶、坡顶 颜色：红、粉红、黄、橙、蓝、绿 造型：船、云、宫殿、天文台	层数：3~4层 门：异型、拱型 窗：方型、大玻璃窗 环境：河流
孙超楠	 海底学校	布局：分区 屋顶：尖顶 颜色：蓝、绿、红、粉红、黄、橙 造型：鱼型	层数：3~4层 门：长方型 窗：圆形 环境：海洋、草坪、大树
夏昊延	 绿色校园	布局：分散型 屋顶：尖型、平顶、穹顶 颜色：蓝、绿、红、粉红、黄、橙 造型：凉亭、蒙古包	层数：1~4层 门：长方型、拱型 窗：方型 环境：草坪、大树、游泳池
张懿文	 卡通学校	布局：分区 屋顶：尖型、穹顶 颜色：蓝、绿、红、粉红、黄、橙 造型：钟塔	层数：4层 门：长方型 窗：大玻璃窗 环境：草坪、大树、运动场
张子瑞	 运动学校	布局：集中 屋顶：尖型、穹顶 颜色：蓝、绿、红、黄、橙 造型：铅笔	层数：2~8层 门：无 窗：方窗 环境：草坪、双层运动场

7.2.2 特征分析

从小学生画的"理想的学校"的图中反映出小学生对学校形象有以下几方面的要求。

（1）色彩丰富。从心理学角度来说，儿童处在成长阶段，色彩会影响儿童的智力发育。经研究发现，生活在由儿童喜爱颜色（淡蓝、黄、黄绿、橙色等）所营造的场所里，孩子智力发育比其他儿童高；而生活在黑、白、棕色环境里的儿童智力发育水平比较低。良好的色彩环境对儿童的智力教育和心理健康具有促进作用。目前小学校色彩较单调，外观以白色、砖红色居多，室内一般以白色为主。

（2）卡通型、新奇造型。儿童天生具有好奇的心理，呆板的造型无形中会使他们感到压抑。通常来说，人总有喜欢新鲜事物的心理，新颖可以激起人的兴奋心态，同时能够引起人的思想和感情的撼动。新颖的活跃元素使建筑形象具有生机和活力，能够获得学生的认同和喜爱。

（3）绿色校园。生态环保、有树木、水源、阳光充足。室外活动是儿童生理和心理发展的必要活动，能够激发出幼儿的求知欲和想象力，有些室外游戏活动也可培养儿童的创造力和探险精神。由于用地紧张和维护问题，许多学校缺乏室外活动空间。

（4）功能完善。许多学校建筑只有一栋教学楼，缺乏室内运动场地和科技活动场地，如天文台；由于择校风的兴起，许多学生离家较远，但学校没有配备相应的生活服务设施，如食堂、午休室等。

这些是孩子对学校建筑空间的具体要求。对学生所喜爱的学校建筑形象的影响因素，设计者应予以充分考虑，这样设计出的小学校建筑才会被学生所认同。

7.3 学校形象要素分析

影响学校形象的建筑要素有平面布局、层数、屋顶、门、窗、颜色等，本节通过对国内外 73 所学校建筑形象要素的研究分析，探讨学校形象塑造的手法。

7.3.1 平面布局

1. 研究统计

学校的平面布局形式是决定学校形象的先决条件。学校平面布局可分为分散式、分区式和一体式三种类型。国内学校大多是一体式和分区式，教育发达地区则以分区式和分散式为主。

2. 优秀实例分析

（1）分散。我国台湾的南投国小，根据建筑使用功能不同，分散布局，错落起伏，构成了亲切的建筑形象（图 7.3 和图 7.4）。

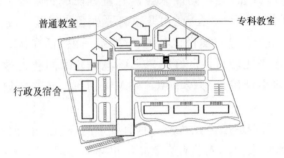

图 7.3　南投国小平面图（邱茂林等，2004）

图 7.4　南投国小立面图（邱茂林等，2004）

（2）分区式。我国台湾西宝小学（图 7.5 和图 7.6）位于山区，学习和生活空间因其空间特性和所处地形的不同而建筑形态各异：学习空间呈六角形单元空间，4 个六角形组成整个学习组团，呈现出有机的建筑形态。而教师宿舍和餐厅分别坐落在校园核心区两边的坡地上，采用高脚式建筑，呈现轻巧的坡地建筑意向。学校建筑与自然相互融和的有机形象展现在人们面前。

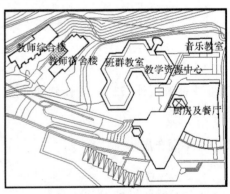

图 7.5　西宝小学建筑形象图（邱茂林等，2004）　　　图 7.6　西宝小学平面图（邱茂林等，2004）

7.3.2 学校的色彩

1. 研究统计

国内学校建筑色彩较为单调，以蓝、白、砖红为主，而且同一座建筑颜色单一；而国外学校建筑用色丰富，出现了紫色、黑色等，据统计在所研究的 27 所学校中，在同一所学校建筑中用色达到 4 种以上的有 10 所。

2. 颜色对人的影响

前期研究表明，不同的颜色给人不同的感觉。例如，看到红色，联想到太阳，万物生命之源，从而感到崇敬、伟大，也可以联想到血，感到不安、野蛮等；看到黄绿色，联想到植物发芽生长，感觉到春天的来临，于是把它代表青春、活力、希望、发展、和平等；看到黄色，似阳光普照大地，感到明朗、活跃、兴奋[1]。

让一组受试的儿童在喜爱的色彩环境中玩积木，另一组受试儿童在普通色彩环境中玩耍，6 个月后发现，前者的智商超过后者 18；18 个月后，超过后者 25。另外，前者的情绪反应（如友好、微笑等）增加 53%。色彩不但可以营造学生喜欢的氛围，让学生的情绪缓和，而且对学生的心智发展也有良好的作用。因此运用学生所喜欢的颜色进行设计会有良好的效果[2]。在塑造学校形象时，学校的主要色彩基调和色彩搭配不同，就会给人们展现不同的学校形象，给孩子以不同色彩心理感受。因此，在做学校设计时要充分运用色彩规律，营造空间。

7.3.3 建筑层数

建筑的层数是建筑尺度的问题，我国《中小学校设计规范》中明确规定，学校建筑的层数不能高于五层，这是对儿童的生活习惯和儿童安全问题综合考虑的结果，具有强制执行性和广泛性。因此，对国内学校的调研中，3～4 层的比例远远大于其他的层数，占 58%。而通过对 30 多所国外学校建筑要素的分析，发现国外的学校也是控制在 5 层之内，并且 1、2 层的学校建筑最多，大约占 58%（图 7.7）。

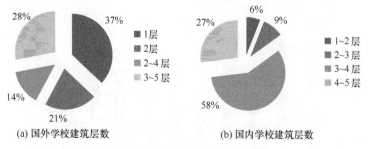

(a) 国外学校建筑层数　　(b) 国内学校建筑层数

图 7.7　国内外学校建筑层数比例图（翁萌，2007）

---

①黄星华. 儿童房中的色彩设计[D]. 南京：南京师范大学，2008.
②赵江洪. 设计心理学[M]. 北京：北京理工大学出版社，2004.

尺度印象可以分为三种类型：自然的尺度、超人的尺度和亲切的尺度[①]。从学生的心理感受出发，学校建筑的尺度应该选择自然的尺度和亲切的尺度。1、2 层建筑给人亲切自然的感受，同时方便学生活动。因此，在条件允许情况下，小学校建筑层数应该从低。

7.3.4　门

门作为建筑内外连接点和分界点，控制着不同空间的转换，是形成空间序列和节奏的关键。古往今来，门对建筑形象的生成起着至关重要的作用，在建筑设计中是基本元素之一。门的形式应该是多种多样的，因为它的形象会涉及主体建筑的形象。在国内外优秀中小学的调研中对门的颜色和材质进行了统计，通过图 7.8 可以看出，中小学校的门颜色多种多样，但以白色居多。

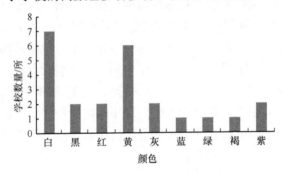

图 7.8　20 多所国内外小学校门的颜色统计图

7.3.5　窗

在对优秀中小学校的调研分析中可以看到，窗的材料也是以塑钢居多。色彩（图 7.9）和材料虽然都是窗对整体学校形象产生影响的因素，但是对中小学校建筑形象影响最大的实际上是窗的形式。窗的形式具体可以分为横条形窗、竖条形窗、

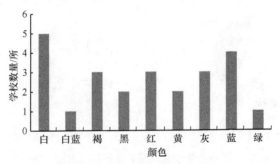

图 7.9　20 多所国外小学校窗的颜色统计图

[①]托伯特·哈姆林. 建筑形式美的原则[M]. 邹德侬，译. 北京：中国建筑工业出版社，1982.

矩形窗、正方形窗、弧形窗、圆形窗、拱形窗和不规则形窗。不同形状的窗会对中小学校建筑的形象产生不同的影响。在调研中发现，人们认可的在中小学校中的窗户形式是多样化的，每种窗户的类型都由人选择，但选择较多的是弧形窗、圆形窗和矩形窗（图7.10），可见人们对中小学校在形象上增加趣味性有着较高要求。

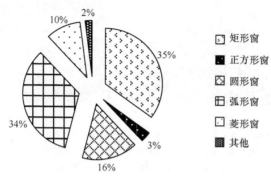

⊡ 矩形窗	
▨ 正方形窗	
⊠ 圆形窗	
⊞ 弧形窗	
□ 菱形窗	
▦ 其他	

图7.10　人群喜爱的窗户形式

7.3.6　屋顶

屋顶是建筑的重要组成部分，是组成建筑外观形象的重要元素，因此屋顶被称为建筑的"第五立面"。在色彩方面，屋顶的色彩最多的是灰色和白色。屋顶的形式大致可以分为平顶、坡顶、异形顶三大类型。国内外实例中虽然平顶的比例较大，但国外屋顶形式要比国内的屋顶形式多样一些（表7.2），这样塑造出来的中小学建筑形象也更加多样化。

表7.2　各种屋顶实例比较分析

屋顶类型	照片和分析
平顶	 日本三隅町立三隅小学（长泽悟等，2004）  唐德莱因社区学校（美国建筑师学会，2004） 平顶以其卓越的经济性、实用性占据学校屋顶的统治地位，平顶通常给人的印象是具有现代感和几何形体感，但如果处理不好，会存在标识性不强、没有地域特征的问题

屋顶类型	照片和分析

坡顶

西安市某小学　　　　　　　　　　　　　　　杭州某小学

坡顶给人亲切的感觉。西安某小学也采用了中式坡顶，与学校所在仿古街的外环境相得益彰。而杭州某小学的仿欧式坡顶稳重大方。坡顶在各个国家和地区都会呈现出不同的特点，气候温暖的地区坡顶的起坡平缓一些，而气候寒冷的地区起坡陡峭一些，这些特点是由各地屋面所需承受的雨、雪荷载力的不同决定的。这些或平缓或陡峭的坡顶很好地表达了地域特色，可以为小学校建筑形象的地域性画上浓重的一笔

尖顶

我国台湾西宝小学建筑形象（邱茂林等，2004）　　我国台湾南投国小立面（邱茂林等，2004）

配合平面的有机形态，用倾斜的屋顶和类似"森林小木屋"的形象来营造亲切活泼的校园氛围

部落形式的普通教室有尖顶及平顶的室内空间，为儿童创造出童话般的环境

异形顶

北源小学的翼状顶（爱莉诺·柯蒂斯，2005）　　草莓谷小学的异形顶（爱莉诺·柯蒂斯，2005）

新加坡的双翼北源小学，屋顶采用翼状设计，很好地兼顾了造型和功能上的统一，给人留下了深刻的印象。草莓谷小学屋顶的造型使学校的形象非常具有现代雕塑的空间感受

　　根据问卷调研，在人们心目中觉得异形顶更适合学校形象的占到了 46%（图 7.11），将近半数，这说明人们渴望学校建筑有丰富的变化[①]。

①翁萌. 城市小学建筑形象设计研究[D]. 西安：西安建筑科技大学，2007：69.

7.3.7 墙面

1. 墙面材料

在现代建筑中，随着科学技术的发展，墙面的材料越来越丰富，做法也越来越多样。作为学校建筑的外在表现，不同的材料、颜色和构成方式都会赋予学校不同的个性。"立面反映出文化与艺术的转变，以及使用者习惯的改变。"[①]墙面是传达学校气质的重要手段之一，新材料的使用更使学校建筑形象呈现出新的特点。据统计，目前应用到学校建筑中的材料有 15 种之多，通过人们喜爱的墙面材料调研分析，得出木材和粉刷是人们心目中学校墙面的材料（图 7.12）。

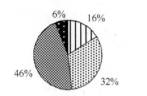

平顶
坡顶
异形顶
其他

6% 16% 46% 32%

图 7.11 人们喜爱的屋顶形式分析图

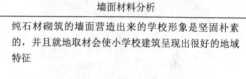

粉刷28%　石材12%
钢筋混凝土和砌块12%
金属2%　砖16%
玻璃2%　木材28%

图 7.12 人们喜爱的墙面材料分析图

每种材料都会对建筑形象产生不同的影响，下面详细分析每种建筑材料所具有的气质（表 7.3）。

表 7.3 墙面材料比较分析

照片	墙面材料分析
 南京某小学墙面	纯石材砌筑的墙面营造出来的学校形象是坚固朴素的，并且就地取材会使小学校建筑呈现出很好的地域特征
 长滩国际小学（罗伯特·鲍威尔，2002）	混凝土和砌块的墙面既是结构部分也具有极强的装饰性，典型的现代建筑风格，形象干净明亮

①CHUECA P. 立面细部设计分析[M]. 韩林飞，段鹏程，李雷立，译. 北京：机械工业出版社，2005.

照片	墙面材料分析
 塞萨·查维斯小学（爱莉诺·柯蒂斯著，2005）	砖给人亲切、自然的感觉。不同的砌筑方法会有不同的形象感觉，有立砌式、横砌式，都会使人们有积淀深厚的感受。使用砖墙的学校通常给人以有内涵、有历史的感觉，色度较亮的砖材会使学校稳重而活泼
 斯塔万格泰纳学校以木材为墙面主体 （罗伯特·鲍威尔，2002）	木材具有亲和自然的特性。木质墙面让孩子们有回家的感觉。不同地区不同的木材在纹理和颜色上会有很大的差异，因而可以营造出有当地特色的墙面。但是由于材料来源的限制，尤其在我国不能大量的使用这种材料
 阿洛伊修斯学校大面积的玻璃墙面 （罗伯特·鲍威尔，2002）	玻璃幕墙具有自我支撑、防潮、隔热、隔声的轻巧的特性[1]。大面积的使用玻璃墙面不仅为孩子们带来了明亮的读书环境而且为学校建筑来了现代的气质
 柏林犹太人小学局部使用金属墙面 （迈克尔·J.克罗斯比，2004）	金属有很强的装饰性，也很有科技感，因此用金属墙面会表达出学校的另类风格。但是金属的质感非常地坚硬和冷峻，一般在学校的设计中多为装饰和点缀

续表

照片	墙面材料分析
 双鹰小学用粉刷墙面来装饰学校 （迈克尔·J.克罗斯比，2004）	粉刷墙面一般是用灰泥、石灰、合成树脂等材料，质地柔和，给孩子们的视觉体验较为缓和，因此体现出一种浪漫的气质，是人们喜爱的一种材料

2. 围墙、围栏

除了建筑的墙面，学校还有一种具有分割校内外空间的墙——围墙或围栏。作为将社区与学校分隔的围墙、围栏，可以很好地限定学校范围，是学校形象的构成要素，主要分为以下几类（表 7.4）。

表 7.4 围墙、围栏比较分析

学校照片	分析
 索尔顿斯托小学（美国建筑师学会，2004）	通透的围栏：通透轻盈，用黑色的铁艺栏杆作为学校的围墙可以与校园绿地相结合，给校外的人以很好的视觉开阔的感受，通透的视觉体验加深了人们对学校的印象
 欧南学校（美国建筑师学会，2004）	围墙：采用混凝土、砖材、石材等敦实的材料，使得校园和外界严格区分开来，给人以强烈的安全感

学校照片	分析
　唐德莱因社区学校（美国建筑师学会，2004）	建筑围合：用地比较紧张，因此学校建筑的外墙直接与城市的道路、建筑相接，学校建筑的立面就变成了学校的"围墙"。唐德莱因社区学校用孩子们的作品在一层做了很大面积的涂鸦墙，充满趣味。它不断的提醒社区的人们：这里是学校
　育智小学	无围墙：学校向社区开放，用绿化带作为校园的隔离带，学校的造型极具现代感，不但与社区的环境相协调，也进一步提升了学校的整体形象和特色

7.3.8　楼梯

　　竖向交通空间的组织对于建筑的形象塑造能够起到吸引人注意和过渡不同空间的作用。由于学校的空间组成有很多相同的教室单元，通常会用楼梯间的变化来作为立面形式的活跃元素（表 7.5）。

表 7.5　不同楼梯间位置的比较分析

楼梯照片	分析
　楼梯位于建筑的一角（美国建筑师学会，2004）	与建筑主体形成了很好的造型对比，丰富了建筑的形体。使建筑内外形式统一。如果楼梯所在的空间相对开放，那么动感的线条造型与通透外立面可形成较好的构成关系

楼梯照片	分析
	一般在长外廊式的教学楼中采用，大多为直线楼梯或双折楼梯，尤其是直线楼梯，经常沿建筑的长边布置，不仅丰富了立面效果，同时也使空间更有纵深感，打破了建筑形体简单的构图方式，使学校形象富有生命力
楼梯沿建筑立面布置（美国建筑师学会，2004）	

7.3.9　廊

　　由于长外廊串联普通教室的模式大量被使用，廊成为学校建筑形象的重要组成要素，它的外观直接影响到学校建筑形象的整体表现。我国台湾信义国民小学走廊外檐增加了"弧形"元素，使本来横向划分很强的墙面变得动感、活泼，也影响了窗的形状，使本来是"方"形的窗户变成了"弧形"窗（图 7.13）。

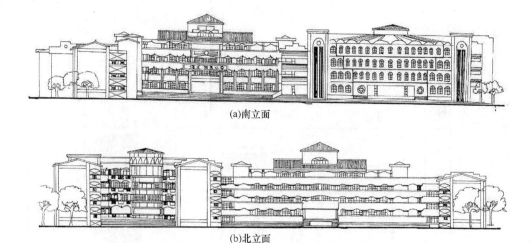

(a)南立面

(b)北立面

图 7.13　我国台湾信义国民小学立面图

7.3.10　入口

　　学校的入口是学校建筑给人的第一印象，经常成为学校的标志，因此其是非常重要的。从入口的形态上，可以将学校的入口主要分为两种形式：出挑的入口和收缩的入口（表 7.6）。

表 7.6　不同入口比较分析

学校入口照片	分析
 纽波特海岸小学（布拉福德·柏金斯，2005）	出挑的出入口：用一个廊架作为引导，入口的感觉开阔，非常适合当地的气候
 北源小学的入口（爱莉诺·柯蒂斯著，2005）	收缩的入口形式是学校建筑最常用的处理手法，运用出挑、架空、虚实对比等手法，建筑师营造出了许多很具特色的学校入口

7.3.11　建筑体型

　　建筑作为学校最主要的实体，其体型构成是学校形象的主要部分。建筑体型构成方式主要分为水平、竖向和曲线三种（图 7.14）。

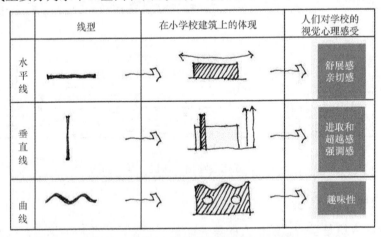

图 7.14　线条视觉感受图（翁萌，2007）

1. 水平造型

水平线条所固有的平静感和舒缓感，已经深入人心。在学校建筑形象设计中横向带型窗就是典型的水平线条的使用，这使人们感受到宁静和舒缓，在现代学校的教学楼设计中广泛使用。在许多古典风格的学校建筑中，基层、檐部、檐口等位置大量应用水平线条，展现出了肃穆、庄严的特征。

2. 垂直造型

强调垂直线条，建筑就会展示出一种进取和超越感。哥特建筑中所表现出来的力量是垂直线条的突出表现。竖向线条如果过多使用会使人感到压迫感，因此在学校建筑中只适合在局部使用，如楼梯间、钟塔、入口、体育场和建筑的角部，在这些部分使用垂直线条往往能取得良好的视觉效果。

3. 弯曲造型

弯曲线条的效果经过多方研究，和水平线条有相似的属性，都能产生轻快、闲适的感觉。事实上，不间断的波浪形和正弦曲线，总能产生一种有韵律的宁静感。如山丘、漫长的海洋波涛的剪影，都有这一特点。圆形总是封闭的、明确的、统一的。椭圆除了有宁静封闭感，还有一定的动态性。曲线的中断会使人有激动紧张的感觉。而螺旋曲线是最有趣味性的曲线。

弯曲线条由于其稳定性和趣味性十分突出，因此在学校设计中，圆形的开窗、波浪形的屋顶、弧面墙还有大量圆形空间都被大量使用，为学校形象添加了情趣和温馨的氛围①。

7.4　学校形象的特征要素分析

除了屋顶、门、窗等建筑构成要素，学校形象还应有哪些特征，以区别于其他公共建筑？研究中发现，"时间"和"运动"两大特征是学校形象的重要组成部分。

7.4.1　"时间"的形象特征

在学校的形象构成中，"时间"是一个熟悉的概念。时间与学校的日常生活有着密切联系，上课、下课、课间休息、早操等这些学生的日常经历都让孩子加深了对时间的印象。反映到建筑的形态上来，就是通过"时钟""钟塔"等形式体现出来（图7.15）。表、钟作为学校的标志物摆放位置和表达方式多种多样，其精神方面的含义也是非常丰富的。

---

① 托伯特·哈姆林. 建筑形式美的原则[M]. 邹德侬，译. 北京：中国建筑工业出版社，1982.

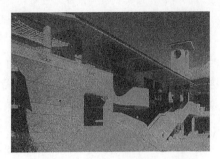

（a）我国台湾宜兰小学（邱茂林等，2004）

（b）大连某小学

（c）多萝西·史密斯·普林学校内景（迈克尔·J.克罗斯比，2004）

（d）莫伊兰小学（迈克尔·J.克罗斯比，2004）

图 7.15　不同的"时间"概念表示

7.4.2　"运动"的形象特征

　　体育活动场地是中小学的重要组成部分，运动场在满足教学活动的同时，也体现出了学校的风貌，展示了学校的形象（表 7.7）。学校的活动场地按照其使用性质可分为室内和室外两类，实际上通过建筑师的不断探索，改变操场的形式、颜色和位置等使运动场地变成了学校形象的亮点。

表 7.7　不同的"运动"概念表示

学校照片	"运动"概念
	学校的操场上绘制地图，充满了趣味性和知识性

玛利·C.巴尔克小学综合体（美国建筑师学会，2004）

续表

学校照片	"运动"概念
 运动场馆夜景（美国建筑师学会，2004）	室内运动场馆又不同于普通的教学空间，成为学校形象的活跃元
 唐德莱因社区学校(美国建筑师学会, 2004)	将运动场地置于建筑的屋顶，使它成了学校的重要标志，在形象上有了儿童与外界互动的开放感觉
 莫伊兰小学	新加坡一所学校的庭院中，在地面上彩色铺装出"丢沙包"游戏图案深受孩子们的欢迎，表达了对儿童的人性化关怀

　　所有这些要素组成了一个立体的学校形象，要素的不同运用体现了不同的建筑含义，在实际的学校立面设计中，要综合考虑这些元素。

　　小结：目前我国学校形象存在无特点、无标识性和缺少对儿童的人性关怀等问题，与学生心目中的学校形象大相径庭。通过对构成学校形象的要素进行分析，得出在学校形象设计中要注重运用丰富的色彩；学校建筑尺度宜自然、亲切，1～2 层的建筑为好；门、窗等建筑元素设计时应注重色彩、形式的变化；屋顶设计是学校的第五立面，应加以重视；不同的墙面、楼梯会带来不同的感受等。除了建筑构建要素，设计时也应注重学校形象特征中的人文要素——"时间、运动"等的表达。

8 适应教育发展的中小学校建筑空间及环境模式建构

通过对教育空间历史发展、素质教育发展和中小学建筑空间构成要素的研究，为建构适应素质教育的中小学建筑空间建立了基础。尽管教育发达国家在中小学设计方面已形成相对成熟的设计理论，然而受到社会经济水平、人口结构、教育方针及传统文化等因素的影响，在建造适应素质教育的中小学校时不能直接运用国外的相关设计理论及原则。必须在将分析我国国情与借鉴外国先进经验相结合的基础上，才能形成指导适应素质教育的中小学校建筑设计理论，进而产生巨大的社会价值。

8.1 素质教育与中小学校建筑发展的阶段性分析

8.1.1 素质教育发展的历史性分析

实施素质教育不可能一蹴而就，从推进素质教育的时间性看，实施素质教育是一个长期的历史过程。第一，推进素质教育是一个伴随着整个中国经济社会现代化的过程，没有我国经济社会的现代化，也就没有我国素质教育的完全实施。第二，推进素质教育是我国在实现信息技术和知识经济背景下的中国教育现代化。我国素质教育改革是工业社会基础上的现代化与后工业社会基础上的现代化相叠加的过程。第三，推进素质教育是国家和个人的教育理想不断实现的过程，是一个教育现代化水平不断提高的过程。因此，素质教育本身特性决定了适应我国素质教育的中小学校建筑空间的发展不会是一个固定的模式，需要伴随教育的不断发展而完善，具有阶段性。

8.1.2 现阶段我国中小学校建筑空间的发展阶段

现阶段我国中小学校建筑空间的特征明显，大部分为"编班授课制"教育所对应的"长外廊串联固定普通教室"，相当于国外 20 世纪四五十年代的发展水平（图 8.1）。虽然在一些经济较发达地区，如上海、北京，一部分有条件的学校已经开始小班化教学的试验，也有一些学校在建设时引进了开放式学校的一些设计理念，但只能达到国外开放式学校发展的初级阶段，呆板的教育空间制约了素质教育改革的进行。

8.1.3 我国中小学校建筑空间发展的阶段性目标

从教育建筑空间发展的历史趋势来看，我国的中小学校建筑空间也会朝着不断开放的方向发展。日本、欧美的中小学校空间经历了一个从教室—学校—社会不断开放的长时间的发展过程。而根据素质教育的历史性，与之相适应的中小学校建筑空间发展应该是一个循序渐进的过程。按照为构建终生学习社会所制定的中小学校建筑空间发展目标和我国现阶段教育空间的特征（图 8.1），从理论上讲，适应素质教育的中小学校建筑空间的建构需要完成三个阶段性目标（图 8.2）。

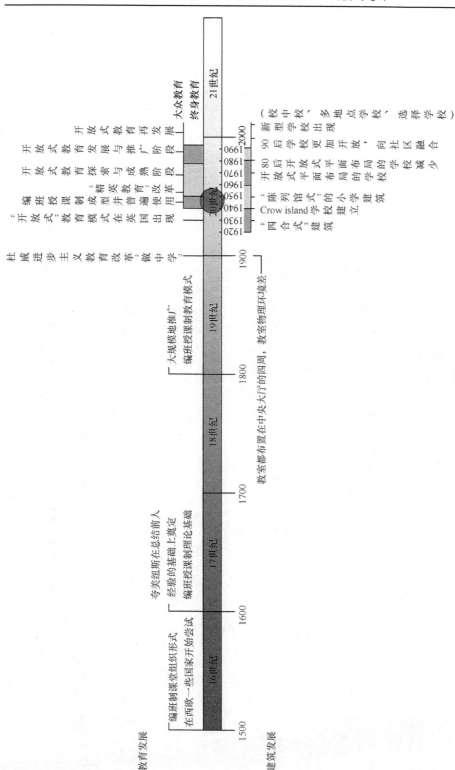

图8.1 中小学教育及教育建筑发展水平示意图

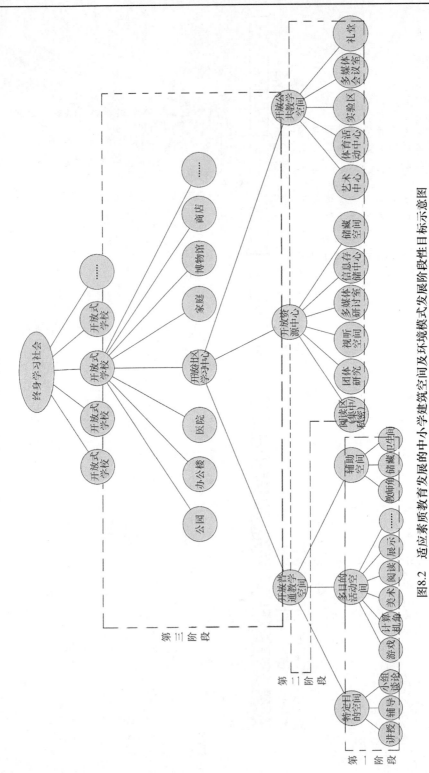

图8.2 适应素质教育发展的中小学建筑空间及环境模式发展阶段性目标示意图

　　第一阶段：完成由普通教室向普通教学区的空间转变。目前我国普通教室由于面积小、空间呆板、人数多，已经限制了教育改革的进行，因此增加教室面积、完善教室功能已经成为教学空间急需解决的任务。

　　普通教室不再仅容纳传统的讲授行为模式，而要容纳多种教学方法，因而向普通教学区转化。如第4章所述，普通教学区由特定目的教学空间、多目的活空间和辅助空间构成。特定目的教学空间满足传统的讲授、辅导、小组学习等功能；多目的活动空间则满足增加的计算机角、游戏、美术、展览、活动等功能，为教学灵活性提供可能；辅助空间则包括教师在教室办公的空间、储藏空间和卫生设施等。通过家居式布置，普通教学空间具有完善的功能和家庭般的学习氛围，利于中小学生成长。

　　第二阶段：由于普通教学区包含了自然、地理等专业教室的部分功能，使传统的由普通教室、专业教室分区构成的中小学校建筑功能布局被打破。素质教育改革强调学生的自我学习，原本利用率不高的图书馆将转变为教学资源中心，而成为学校建筑的核心空间；原本缺少的专业化体育中心、艺术中心等公共空间的建立为中小学生综合素质发展提供可能。因此，形成以资源中心为核心，周围布置普通教学区和公共教学区的中小学校建筑功能布局是第二阶段的目标。

　　第三阶段：学校与社区结合。一方面，学校教育资源毕竟有限，可以充分利用社区的教育资源，公园、商店、博物馆都将成为学生学习的场所；另一方面，中小学校由于其分布规律和建筑功能特点，在信息社会最终会成为社区的学习中心，不仅学校利用社区学习资源，社区居民也可以利用学校教育设施进行学习，实现教育资源的最大利用率。

8.2　适应教育发展的中小学校建筑空间及环境模式

8.2.1　中小学校发展课题

　　虽然中小学校向开放式学校发展的趋势和阶段性理想目标已经确定，但教育及教育空间发展所涉及的因素很多，如学习集体多样化、学习时间弹性化、学习空间多样化、生活环境舒适化，要建立教学、生活空间、教师空间等（图8.3）。因此建构适应素质教育的中小学校建筑空间及环境模式是一项系统工程，要综合考虑各因素，逐步完善。

8.2.2　日本中小学校建筑空间构成要素分析

　　第4～7章分别对中小学校室内教学空间、走廊、教师空间、室外环境、学校形象等进行了深入剖析，提出了设计原则和手法。但学校具体的设计细节很多，不同学校所采取的方案不同，表 8.1 对 18 所日本中小学建筑空间建构手法从 10 个方面进行归纳对比（包括室内外环境和规划设计程序等），为我国中小学校工程实践提供参考。

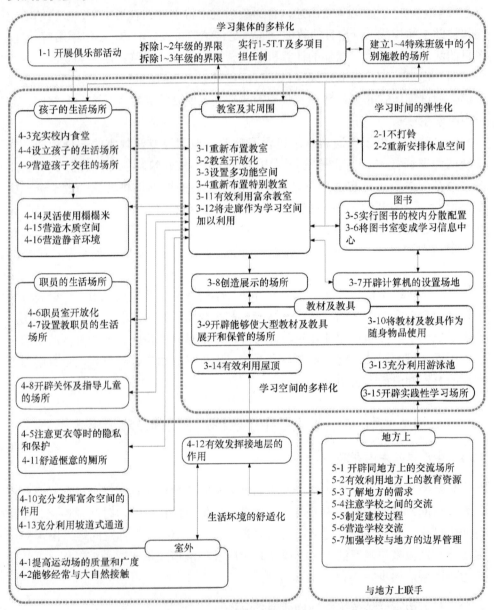

图 8.3　中小学建筑空间及环境模式建构课题表（长泽悟等，2004）

表 8.1　日本 18 所中小学建筑空间构成分析

直方图	建筑空间构成分析
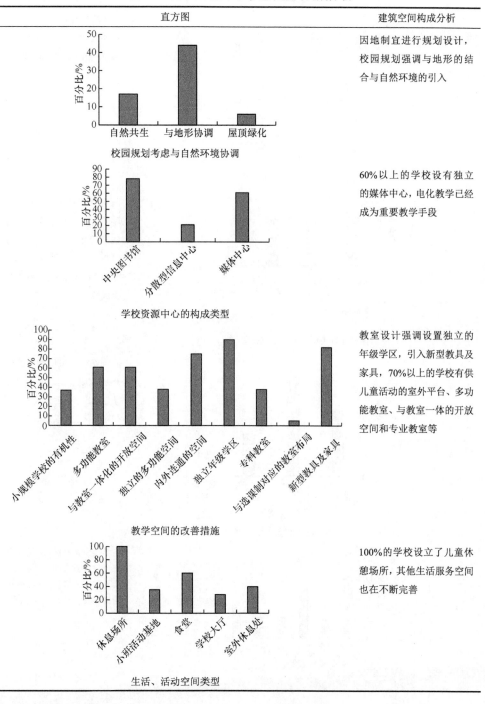	因地制宜进行规划设计，校园规划强调与地形的结合与自然环境的引入 60%以上的学校设有独立的媒体中心，电化教学已经成为重要教学手段 教室设计强调设置独立的年级学区，引入新型教具及家具，70%以上的学校有供儿童活动的室外平台、多功能教室、与教室一体的开放空间和专业教室等 100%的学校设立了儿童休憩场所，其他生活服务空间也在不断完善

直方图	建筑空间构成分析
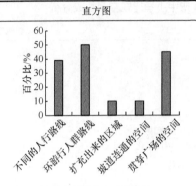 学校规划的人行路线类型	38%的学校设有不同的人行路线；多层次的室外空间满足儿童多样活动的需求
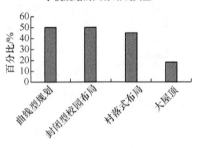 学校布局类型及主体建筑造型	与我国学校呆板的功能分区不同，50%的学校采取了曲线形的布局，40%以上的学校采取村落式布局，使学校空间丰富亲切，利于儿童成长
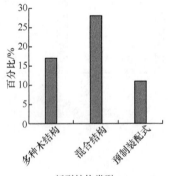 新型结构类型	不同结构营造出不同的建筑空间氛围，木结构建筑易于创造出亲切的建筑空间，但在我国应用前景不大
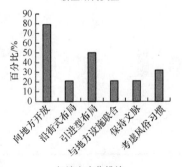 与地方合作措施	与学校所在社区、地区合作是开放式教育的重要特征，其开放方式多种多样，不同的措施其开放程度也不同

直方图	建筑空间构成分析
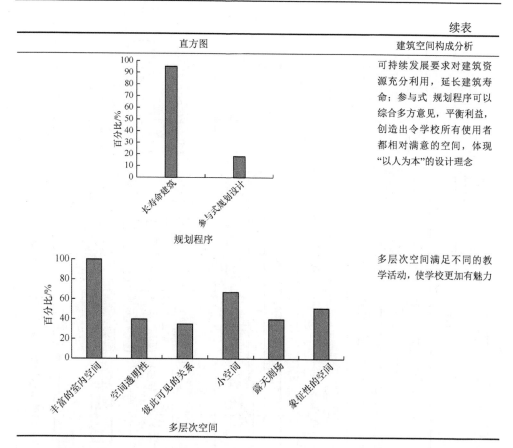	可持续发展要求对建筑资源充分利用，延长建筑寿命；参与式 规划程序可以综合多方意见，平衡利益，创造出令学校所有使用者都相对满意的空间，体现"以人为本"的设计理念
	多层次空间满足不同的教学活动，使学校更加有魅力

8.2.3 建立动态的中小学校建筑设计标准

在素质教育的初期，特色学校的出现，在教学研究、提高教师素质、学生特长发展和开展课余活动等方面做出了有益的尝试，取得了良好的效果。但这为建构适应其发展的教学空间提出了新的要求，因为根据教育建筑发展的历史规律和教育改革的理论探讨，教学空间的改善是一个循序渐进的过程，但目前我国素质教育还在发展过程中，特色学校的出现，使各个学校教育发展的侧重点不同，因而与之相适应的中小学校建筑空间也不是一个固定的模式，各学校发展水平不一样，所要求的空间形式也不同。另外，由于技术发展、文化观念等原因，日本、欧美的开放式学校发展经历了较长的过程，我国的中小学教育空间发展的过程到底是循序渐进的理想过程还是跳跃式发展？这些不确定因素要求建立一套与不同教育改革程度或措施相适应的教育空间动态发展体系，在保持总的学校空间发展趋势不变的前提下，各学校建筑空间发展可有一定的灵活性，以满足不同学校的需要。

总结我国 52 所中小学教育改革措施、学校发展课题和学校建筑空间发展研究，本节试图建立一套教育发展不同阶段、不同措施与不同教学空间模式相对应的体系。图 8.4 为适应素质教育发展的中小学校建筑空间及环境模式图。

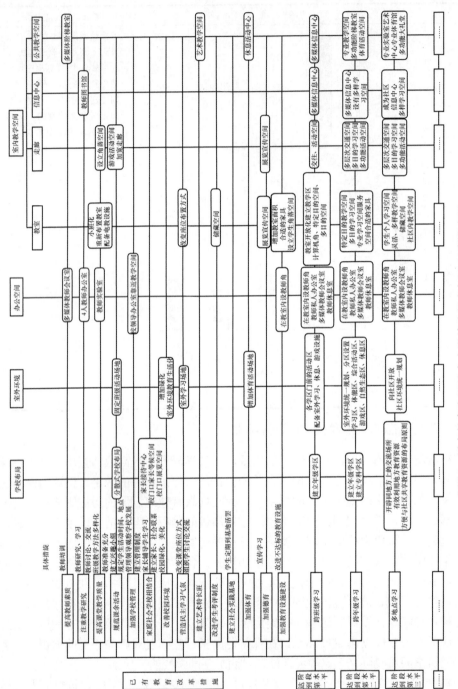

图8.4　适应教育发展的中小学校建筑空间及环境模式图

目前各个学校已采取的教育改革措施不相同，而且大多数的教学空间没有改进，阻碍了教学改革的进行。因此，首先是根据学校自身需要，对教学空间进行改进。例如，对于采取"提高教师素质"为改革重点的学校，应该首先增加办公空间的"多媒体教师会议室"和室内公共教学空间的"多媒体阶梯教室"；以"注重教学研究"为改革重点的学校，应建立办公空间的"4人教师办公室"和信息中心的"教师图书馆"；采取"家庭社会学校相结合"措施的学校，则应建立"家长接待中心、校门口的家长等候空间和展览空间"；采取了"加强德育"措施的学校，则应在教室和走廊内设"展览宣传空间"。以此类推，根据各个学校教学改革措施的不同，逐步建立相应的教学空间。其次，在素质教育发展到一定阶段，达到开放教育的第一阶段——"跨班级学习"已经成为一种模式时，教学空间应达到第一阶段所要求的"建立年级学区、配备相应的活动区、室外学习、休息、游戏设施"等空间模式。最后，随着教育改革不断深入，发展到开放教育的第二、第三阶段，则教学空间模式也随之不断发展完善。

这套体系的特点：①随着素质教育的发展，中小学空间模式也不断发展和完善，具有动态适应性。已经实施素质教育改革的学校可根据自身教学模式发展特点，找到所对应的空间模式，而且指出每一阶段发展的趋势特点，可作为各学校进一步发展的参考。②这套体系主要描述从教学组织形式的变化角度与所对应的中小学校空间形式的建构原则及设计要点，但由于篇幅有限，没有将所有的设计要点及细节给出，需各学校根据具体情况可调整和完善。

8.3　适应教育发展的中小学校建筑空间更新改造研究

目前我国中小学建筑空间存在教室面积过小、走廊狭窄、缺少活动空间等多种问题。就本书所调研的西安10所中小学，生均校舍建筑面积标准达到国家标准的只有22.2%（表4.1）。其中80%～90%的中小学校舍建造于20世纪70年代末期至80年代，学校用地面积比较小，建筑质量与寿命尚可，本节仅就这部分建筑的适应素质教育的改扩建方法加以研究。

8.3.1　改扩建实例借鉴

在20世纪七八十年代，一些建筑设计研究领域领先的建筑师将欧美开放式教学环境的成功经验介绍到日本教育界，他们与教学管理者和工作者通力合作，对传统的教学环境进行了谨慎的改造试验（表8.2），取得了良好的效果，极大地推动了日本教育改革。

表 8.2 中小学改扩建实例①

学校	照片和分析

日本三春町小学校

改造前　　　　　　改造后1　　　　　　　　　改造后2

日本三春町小学校普通教室空间改造前后建筑空间对比（余裕教室活用研究会，1993）

将部分教室与教室之间、教室与走廊之间的隔断去除，代之以活动墙体或软隔断。改造后的教室增加了空间使用的弹性，可以容纳学生多样的学习与活动

日本立幕张中学校

改造前

改造后1　　　　　　　　　　　　　改造后2

日本立幕张中学校室内游戏空间改造（余裕教室活用研究会，1993）

日本千叶市立幕张中学校在对余裕教室的更新改造过程中，移除走廊与教室之间的墙体，将普通教室改造为可供学生阅读、游戏、活动的场所，扩大了空间规模，增强了空间流动性。在内饰及家具的选择上，选用圆弧造型，避免尖角容易给学生带来的伤害。色彩选用柔和的原木色为主色调，搭配鲜艳的亮色，营造舒适的氛围。利用固定墙面展示学生书画作品，有利于学生建立自信心

①余裕教室活用研究会. 余裕教室的活用[M]. 东京：社团法人文教施协会，1993.

续表

学校	照片和分析
斯卡斯代尔高中	改造前　　　　　　　　　改造后 斯卡斯代尔高中教学楼走廊改造（余裕教室活用研究会，1993） 将走廊与教室间的墙壁去掉，使空间开敞，具有多功能性

8.3.2 中小学建筑空间改造策略初探

随着我国教育改革不断推进和学生人数的增多，一些学校已经进行了教学楼的改扩建工程，归纳为以下的方式（表8.3）。

表8.3 改扩建方式统计

张扩建方式	图片	分析
接建和加层增建	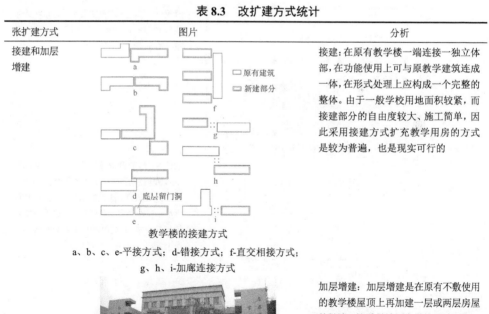 教学楼的接建方式 a、b、c、e-平接方式；d-错接方式；f-直交相接方式； g、h、i-加廊连接方式 西安第二实验小学教学楼顶层加建多功能厅	接建：在原有教学楼一端连接一独立体部，在功能使用上可与原教学建筑连成一体，在形式处理上应构成一个完整的整体。由于一般学校用地面积较紧，而接建部分的自由度较大、施工简单，因此采用接建方式扩充教学用房的方式是较为普遍，也是现实可行的 加层增建：加层增建是在原有不敷使用的教学楼屋顶上再加建一层或两层房屋的做法。这种做法不占学校用地面积，但必须对建筑物的墙体、基础等承重构件的承载能力进行慎重的分析及核算。无论采用何种加层方法，都必须查阅原始设计资料，有绝对把握后方可采用

图中图例：□原有建筑　□新建部分

图中标注：d 底层留门洞

张扩建方式	图片	分析
贴建和改建	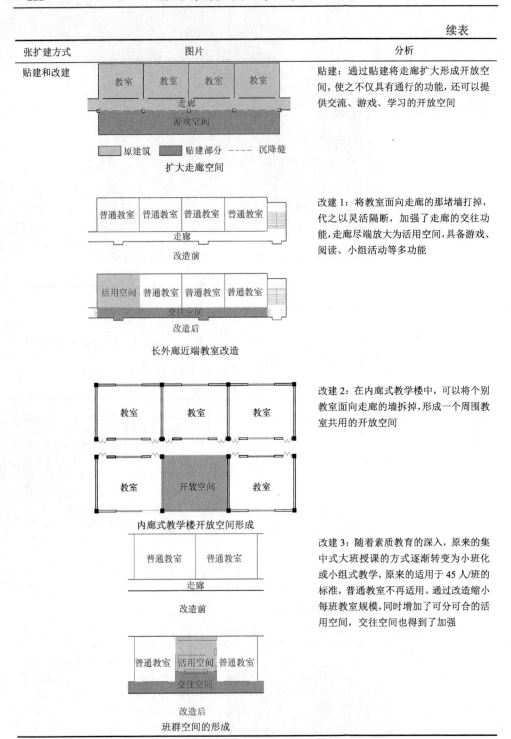	贴建：通过贴建将走廊扩大形成开放空间，使之不仅具有通行的功能，还可以提供交流、游戏、学习的开放空间

图片部分文字：

教室　教室　教室　教室
走廊
游戏空间

原建筑　　贴建部分　— — — 沉降缝
扩大走廊空间

普通教室　普通教室　普通教室　普通教室
走廊
改造前

活用空间　普通教室　普通教室　普通教室
交往空间
改造后
长外廊近端教室改造

分析部分文字：

改建1：将教室面向走廊的那堵墙打掉，代之以灵活隔断，加强了走廊的交往功能，走廊尽端放大为活用空间，具备游戏、阅读、小组活动等多功能

教室　　教室　　教室

教室　　开放空间　　教室
内廊式教学楼开放空间形成

改建2：在内廊式教学楼中，可以将个别教室面向走廊的墙拆掉，形成一个周围教室共用的开放空间

普通教室　普通教室
走廊
改造前

普通教室　活用空间　普通教室
交往空间
改造后
班群空间的形成

改建3：随着素质教育的深入，原来的集中式大班授课的方式逐渐转变为小班化或小组式教学，原来的适用于45人/班的标准，普通教室不再适用。通过改造缩小每班教室规模，同时增加了可分可合的活用空间，交往空间也得到了加强

续表

张扩建方式	图片	分析
综合改扩建	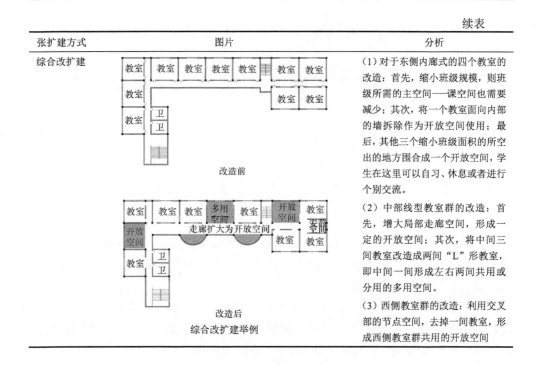	（1）对于东侧内廊式的四个教室的改造：首先，缩小班级规模，则班级所需的主空间——课空间也需要减少；其次，将一个教室面向内部的墙拆除作为开放空间使用；最后，其他三个缩小班级面积的所空出的地方围合成一个开放空间，学生在这里可以自习、休息或者进行个别交流。 （2）中部线型教室群的改造：首先，增大局部走廊空间，形成一定的开放空间；其次，将中间三间教室改造成两间"L"形教室，即中间一间形成左右两间共用或分用的多用空间。 （3）西侧教室群的改造：利用交叉部的节点空间，去掉一间教室，形成西侧教室群共用的开放空间

8.4 学校设计方案

根据研究阶段成果，将部分设计手法运用到工程实例中，进行验证。西安某小学是教学质量高、学生人数多，而教学楼建于20世纪七八十年代，具有一定的典型性，针对该小学提出的改扩建方案对很多此类学校有借鉴意义。

1. 西安某小学目前建筑空间现状

（1）主要建筑是一栋 L 形的主体教学楼，为20世纪80年代砖混4层建筑，建筑较为老旧，为外廊式建筑。

（2）普通室内教学空间单一、狭小、呆板。

（3）专业教室数量不足且不满足规范要求的人均建筑面积要求。

（4）建筑色彩较为单一，建筑形象无特点。

（5）学校前院（北院）为学生的主要活动地，有升旗台；学校后院（南院）有一些乒乓球台和一个水池，还有两棵树龄在20年以上的大树，为后院提供了较好的室外环境。学校后院再往南通过绿化隔离带就是某中学，由于用地有限，小学与中学共用一个标准操场（图8.5和图8.6）。

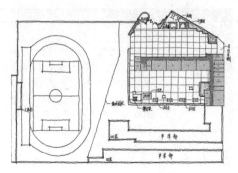

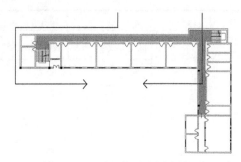

图 8.5　总平面示意图　　　　　　图 8.6　平面及前后院原路线图

2. 总结发现问题和提出改造措施

在调研中发现了很多问题，现有建筑结构形式（砖混）及空间的局限性，无法对教学空间进行大的改造，因此将设计重点集中在对学生交往活动的空间改造上，并针对问题提出改造措施。

（1）教学空间。小学教室的组合以线性空间为主，空间形式单一。改造时可以打破班级教室与公共空间的界限，使学校室内空间开放、畅通，并能按需要自由划分。可采取表 8.3 中改建 1、改建 2、改建 3 措施。

（2）走廊。通过调研，发现课间十分钟楼上的学生很少下楼去活动，主要集中在走廊内部。走廊空间比较狭窄、单一，不能提供相应的空间满足学生的活动。改进方法：①试图将廊空间局部放大，形成活动平台，利用屋顶平台满足高层学生的交往。使廊空间有了局部的收放、开合，打破了单一线型空间给人的单调感，在开敞处具有节点效应，增加了学生的交往。可采取表 8.3 中贴建措施。②适当变换廊空间的色彩、质感和材料形式，增加学生的交往机会。

改造措施主要有以下几点。

1）在后院为学生营造适宜的交往活动空间

将在相同的课间十分钟内，在后院与前广场活动的学生人数相比较，发现后院的使用率远远小于前院（附录 I，表 6.8，表 6.9）。分析得出以下几点。

（1）前后院之间被教学主楼隔断，如果从前院西侧绕行到后院距离太远，学生不愿意去。

（2）学生也可穿越东侧的走廊到达后院，但这样经过教师办公室的门口，学生不愿意。

（3）后院空间单调，学生的许多活动很难发生。

因此下课后去后院玩耍的学生很少，造成空间浪费。

对设计的影响及解决方法讨论。通过与教师的讨论，设计决定：①在教学楼西侧增加 3 层建筑，作为教学空间的补充。并将加建建筑底层架空，架空层与后院空间适当进行动静分区，满足学生活动的需要。②将一楼 1 间办公室去掉，使前后院恰当连通，缩短学生行走距离，提高学生使用后院空间的效率（图 8.7）。

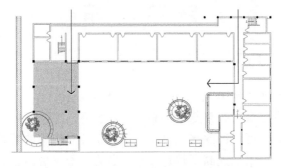

图 8.7　改造后一层平面及路线图

2）利用加建东部多功能教室，为三层学生营造屋顶活动平台。

在调研中发现，学校缺少大型集会的空间，开展全校范围的活动时，只能通过班级教室中的校园电视网络展开，学生通过电视和声讯器材完成互动，积极性不高，缺乏现场感。

解决方案：可在前院东北角增建报告厅，既可增加相应的功能空间，又可将其屋顶作为活动平台，为三层学生提供了很好的活动场地（图 8.8）。

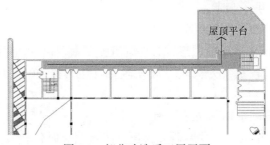

图 8.8　部分改造后三层平面

8.5　小　　结

在第 2～7 章基础上，得出我国素质教育发展的历史性及阶段性，总结我国中小学校建筑发展水平，提出了适应素质教育的中小学校空间发展阶段性目标；进而在对中小学校发展课题的总结和对日本中小学空间构成要素分析的基础上，提出了建立动态的中小学校建筑空间设计体系；最后对中小学校改扩建研究进行了简单归纳，共同构成适应素质教育的中小学校建筑空间及环境模式的建构，并在实际工程中运用研究成果进行验证。

9 总　　结

9.1　教育及教育建筑历史研究

1. 更加开放的教育形式是教育发展的必然趋势

人类教育从古至今，教育范围不断扩大，教育内容不断增加，教育形式由封闭到开放不断演变。现代工业化教育建立在大工业化生产的基础上，相对于封建社会的教育模式，极大地提高了教育效率，曾为人类发展做出过巨大贡献；今天由于经济、技术、文化的发展，开放教育成为世界教育的主流形式。

从教育改革的趋势来看，开放的体验式教学将成为未来主要的学习模式，与之相适应的教学空间也不断开放。在信息社会，从理论上讲，中小学校不再是封闭的教育单体，而是与社区其他公共教育资源一起，共同构成终身学习社会中的教育实体。

由历史分析得出，开放式学校的开放程度大致分为四个层级，从教室—学校—社区—社会，不断扩大学校的开放程度，组成开放的教学空间系统，为预测素质教育的发展提供了参考。

2. 现阶段我国教育发展水平

目前我国中小学教育组织形式以"编班授课制"为主，教育建筑模式以"长外廊串联固定普通教室"为代表，处在教育发达国家 20 世纪四五十年代的水平（图 8.1）。

3. 教学模式与教学环境相互影响

从教育及教育建筑历史发展研究得出，影响信息时代教育空间发展的最主要因素是教育模式和技术发展。长期以来，人们忽视了教学环境与教学效果的相互影响关系。从环境行为学来说，教育建筑实体组织营造了教育空间，能够激发或禁止不同的行为；另外，教育模式的改变对教学环境提出了新的要求，不同教学模式所对应不同的教学空间，因此教学环境在教学过程中起到激励、控制学生学习状态的重要作用。

9.2　中小学校教育改革研究

将学制、教育目标、课程改革等教育因素进行比较，得出我国素质教育改革应是世界教育改革的一部分，虽然在发展程度上落后于世界水平，但是也朝着更加开放的方向发展。对我国教育改革历史及其宏观背景的研究，得出我国目前已具备素质教育改革的基本条件；对比应试教育与素质教育、素质教育与开放教育，以及 52 所特色学校改革措施与新美国学校教育改革措施的异同，得出我国素质教育与国外开放教育在本质上是一致的。开放教育强调的是教育形式，素质教育强调的是教育重点，因此我国素质教育改革可以参照开放教育的发展历程，适应素质教育的中小学教育空间的建构可以借鉴国外开放式中小学校的设计。

通过对教育改革具体措施的分析，进一步证明了提高教师素质是素质教育改革的关键，因此以往在中小学校中作为辅助空间出现的教师空间应在今后的设计中加以重视。可以大胆假设，在教育资源有限的情况下，如果优先加强教师空间建设，为教师提供良好的办公学习条件，或许会对促进素质教育发展起到事半功倍的效果。这一点需要在今后的工程实践中进一步验证。

9.3　中小学校教育建筑及空间模式研究

通过对中小学校建筑空间的主要部分——室内教学空间、廊空间、办公空间、室外环境、学校形象进行深入研究，共同建构适应素质教育的中小学校建筑空间及环境模式。

1. 室内教学空间

通过对当前我国城市中小学校室内教学空间的研究，可以得出以下结论。

（1）随着素质教育的开展，90%以上的学校都进行了以课程改革和教学方法改革为主的教学试验，经过一段时间的探索，学校的教学模式有了较大变化，呈现多样化的趋势，具体措施包括：①多媒体演示操作；②使用教具和各种教学材料；③设计各种教学情境活动，进行角色扮演；④小组讨论和小组合作；⑤个别化辅导等。这对室内教学空间的建构提出了新的要求。

（2）根据调研，90%以上的城市学校的室内教学空间均在一定程度上存在着不适应教育模式的方面，总结起来主要有：①学校教学空间布局简单，只能满足基本教学功能，各功能教室之间缺乏紧密的联系，缺少空间变化和使用灵活性；②普通教室空间单一、生均使用面积不足、班级规模过大，无法满足教学活动多样化的使用需求；③专业教室空间不足，且利用率低，造成一定的使用不便和资源浪费；④因为资金和用地的限制，公共教学用房分布没有规律，甚至和教学区完全分开，有些用房的面积指标和设备配置也达不到要求，影响其使用效率。

（3）根据调研总结及对教育改革中教学组织形式、课程类型、教学方法等理论分析，提出对室内教学空间的要求，通过借鉴教育发达国家的室内教学空间实例，得出适应素质教育的室内教学空间主要有以下模式和规律。①班级规模要控制在 25～30 人，小学普通教室最小使用面积要达到 $79.5m^2$，教学中要运用多样的座位模式。②教室空间向多功能空间发展，逐步成为教学区，教学区内包括特定目的空间、多目的空间和辅助空间。现有普通教室的面积加上开放空间的面积（一般教室与开放空间面积的比例在 1：0.5～1：0.8 较为适宜），就可以得到未来普通教学区的面积。普通教学区的发展趋势主要有多功能化、智能化和舒适化等，其中重点论述了多功能化。多功能的普通教学区可分为授课空间、多用学习空间、安静私密空间、媒体空间、游戏空间、置物和展示空间、教师空间等。这些多功能空间并不是必须全部具备或者一成不变地处于教学区的某个位置，而是根据教学模式和教育建筑的不同以灵活的方式组合，会产生丰富的变化。③资源中心的建构：原图书馆发展为资源中心，有功能多样化、空间多样化、信息化和开放化等特点，成为学校建筑的核心部分。④学校整体布局将打破传统的功能分区原则，新的教学空间分层次构成，组成新的功能布局模式（图 4.29）。⑤理想的学校建筑整体功能布局模式是以资源中心（配备多媒体计算机、宽带网、视听资料、图书资料等）为指导型区域，同时配置各种教学区（普通教学区、实验区、工作区、书法区、美术区、音乐区、舞蹈区等），各个教学区均包括相应的特定目的性教室和它们对应的多目的性开放空间，形成一个教学空间网络（图 4.30）。

2. 廊

廊空间从单纯满足交通需要逐步向多功能化发展，成为教学空间的重要补充部分。廊空间经历了由窄变宽、由单一层次空间变符合功能空间的发展过程（图 5.53）。廊空间设计应遵循安全性、舒适性、导向性、领域感、营造交往间等原则。

建筑师在学校廊空间的设计中，应通过从空间的变化—组合面的变化—构件的变化这三个依次缩小的设计层次入手进行分析，使廊空间的各个层面很清楚地呈现在眼前，再运用相应的设计手法，结合实际情况，设计出高质量的学校廊空间。

3. 教师空间

提高教师素质是素质教育改革的关键，单一的教师办公空间必将被多层次的教师办公、发展、休息空间系统所取代（图 5.54）。

4. 室外空间

室外空间是室内教学空间的重要补充，特别是随着教育模式的转变，学校设计遵循"以学生为本"的理念，室外空间的重要性得到人们的重视。目前学校室外空间存在空间层次单一、功能不完善、缺乏绿化等问题，室外空间环境营造应遵循整体化、分区化、人性化、趣味化、教育化原则；进而应制定相应的设计规范，补充学校室外环境设计的空白。

5. 学校建筑形象

中小学校建筑是以儿童、青少年为主要使用群体的公共建筑，要重视其对学校的物质要求与精神要求。研究发现，他们对于学校建筑形象的喜爱类型可以分为色彩丰富型、卡通造型、新奇造型、与自然接触型和生活便捷型。在学校设计中要注重对色彩的运用、注重学校形象对学生心理良性暗示的作用、注重与自然生态结合等，同时要在设计学校建筑形象时，树立整体观和局部观（图9.1）。

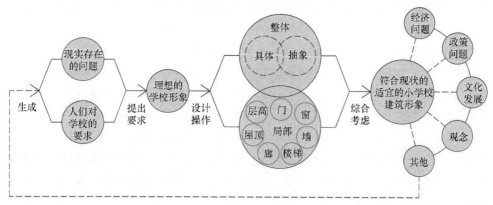

图9.1　学校形象设计示意图

6. 适应素质教育发展的中小学校建筑空间的整体建构

（1）适应我国素质教育的中小学校建筑空间及环境不是一个固定不变的模式，需要伴随教育发展而不断完善，其对应的教学空间发展应该是一个阶段性、循序渐进的过程。从理论上讲，要完成开放式中小学校建筑空间的建构需要完成三个阶段性目标（图8.2）。

（2）中小学校建筑空间设计要素多，建构中小学建筑空间是一项系统工程，由于素质教育发展的阶段性，适应我国素质教育的中小学校建筑空间不是一个固定的模式，各学校发展水平不一样，所要求的空间形式也不同。适应素质教育的中小学校建筑空间及环境模式应是一套动态的功能空间适应体系（图8.4）。

9.4　进一步研究方向

有关中小学校建筑空间与环境模式的许多内容仍需进一步探讨。

（1）对于室内专业教学区和公共教学区的分项研究，如各实验区、专业教学区等空间具体设计，以及专业教学区和普通教学区的空间布局关系。

（2）中小学校未来将发展成为社区学习中心，如何整合学校与社会教育资源，提高资源利用率，建立终身教育体系，需要整合相关人员的需求，逐步建立与社区互动的教学空间。

（3）中小学校交通空间中，除了廊空间，还应对门厅、楼梯等空间进行详细研究。

（4）多层次教师空间设计的相关指标及细节未探讨。

（5）顺应学生行为心理的需要，使中小学校园的室外空间与室内环境相互融合，进一步完善室外空间设计细节，努力创造出亦玩亦学的场所。

（6）中小学校的建筑形象与国家国情、地区经济水平、城市发展水平息息相关。要想真正解决好我国城市中小学校建筑形象的单一问题，还需要更深入的研究。由于篇幅有限，在探讨学校形象的地域特点时只是简要述说，实际上，中小学校建筑形象的地域性、人文性在各个城市、各个地区的自身特点都有待更深入的研究。由于我国的学校建设与地区经济关系甚密，地区的经济在很大程度上影响着学校的形象。如何在经济不发达地区设计适宜的中小学校建筑形象，还需要后继研究者的努力和探索。

（7）由于影响教育改革因素的复杂性，教育改革措施多样，很难在短时间内建立适应全国素质教育发展的评判标准。在研究中曾试图用"素质教育度"来为素质教育改革进程定位，但未成功，因此有关素质教育评价标准的建立在今后是应研究的重点。

由于研究时间的局限及教育发展的阶段性，未能将研究成果的大部分内容运用到实际工程中。在今后的研究中会不断将设计理念运用到实践中，以检验研究的正确性。

参 考 文 献

阿摩斯·拉普卜特, 2003. 建成环境的意义: 非言语表达方法[M]. 黄兰谷等, 译. 北京: 中国建筑工业出版社.

阿姆斯特朗, 1997. 经营多元智慧: 开展以学生为中心的教学[M]. 李平, 译. 北京: 远流出版事业股份有限公司.

埃里克·阿什比, 1983. 科技发达时代的大学教育[M]. 腾大春, 腾大生, 译. 北京: 人民教育出版社.

爱莉诺·柯蒂斯, 2005. 学校建筑[M]. 卢韵伟, 赵欣, 译. 辽宁: 大连理工大学出版社.

布拉福德·柏金斯, 2005. 中小学建筑[M]. 舒平, 许良, 汪丽君, 译. 北京: 中国建筑工业出版社.

布莱恩·劳森, 2003. 空间的语言[M]. 杨春娟, 韩效译. 北京: 中国建筑工业出版社: 28.

長倉康彦, 1993. 学校建築の変革—開かれた学校の設計·計画[M]. 東京: 彰国社.

长泽悟, 中村勉, 2004. 国外建筑设计详图图集 10——教育设施[M]. 滕征本, 等, 译. 北京: 中国建筑工业出版社.

船越彻, 1995. スペース·デザイン·シリーズ(2)学校[M]. 名古屋: 新日本法规出版.

崔相录, 2002. 特色学校 100 例[M]. 北京: 教育科学出版社.

邓小军, 2003. 开放式小学校教学楼建筑设计研究[D]. 沈阳: 沈阳建筑工程学院.

顾泠沅, 2003. 教学改革的行动与诠释[M]. 北京: 人民教育出版社: 158-159.

郭梅, 2016. 开放教育的理论与实践研究[R/OL]. http://iwebs.url.com.tw/main/html/lipo1/sbdate_65.shtml.

国家教委, 1998. 城市普通中小学校建设标准[S]. 北京: 国家教委.

国家教育发展研究中心, 2003. 2003 年中国教育绿皮书——中国教育政策年度分析报告[M]. 北京: 教育科学出版社.

国务院办公厅, 2001. 关于基础教育改革与发展的决定(国发[2001]21 号) [EB/OL]. (2006-10-13). http://www. gov. cn/ztzl/nmg/content_412402.htm.

韩丽冰, 2007. 适应素质教育的中小学建筑空间灵活适应性研究[D]. 西安: 西安建筑科技大学.

黄星华, 2008. 儿童房中的色彩设计[D]. 南京: 南京师范大学.

贾险峰, 2005. 中西方基础教育的差别[J]. 军工高教研究, (4): 33.

建筑思潮研究社, 1999a. 建筑设计资料 16/学校–小学校·中学校·高等学校[M]. 东京: 建筑资料研究社.

建筑思潮研究社, 1999b. 建筑设计资料 67/学校–小学校·中学校·高等学校[M]. 东京: 建筑资料研究社.

教育部教育年鉴委员会, 1948. 第二次中国教育年鉴[M]. 上海: 商务印书馆.

景观设计编辑部, 2004. 校园景观规划设计[M]. 辽宁: 大连理工大学出版社.

李秉德, 1989. 对于教学论的回顾与前瞻[J]. 华东师范大学学报(教育科学版), (3):55-59.

李秉德, 1991. 教学论[M]. 北京: 教育科学出版社.

李剑萍, 2005. 中国当代教育问题史论[M]. 北京: 人民出版社.

李霞, 2007. 小学校室外环境研究[D]. 西安: 西安建筑科技大学.

李玉泉, 2007. 适应素质教育的城市小学校室内教学空间研究[D]. 西安: 西安建筑科技大学.

李志民, 2000. 新型中小学校建筑空间及环境特征[J]. 西安建筑科技大学学报, (3): 237-241.

梁振学, 2003. 建筑入口形态与设计[M]. 天津: 天津大学出版社.

罗伯特·鲍威尔, 2002. 学校建筑——新一代校园[M]. 翁鸿珍, 译. 天津: 天津大学出版社.

迈克尔·J. 克罗斯比, 2004. 北美中小学建筑[M]. 卢昀伟, 贾茹, 刘芳, 译. 大连: 大连理工大学出版社.

美国建筑师学会, 2004. 学校建筑设计指南[M]. 北京: 中国建筑工业出版社.

潘安, 龚兆先, 1999. 教育建筑[M]. 武汉: 武汉工业大学出版社.

彭一刚, 2001. 建筑空间组合论[M]. 北京: 中国建筑工业出版社.

钱健, 宋雷, 2001. 建筑外环境设计[M]. 上海: 同济大学出版社.

邱茂林, 黄建兴, 2004. 小学、设计、教育[M]. 台北: 田园城市文化事业有限公司.

璩鑫圭, 唐良炎, 2007. 中国近代教育史资料汇编·学制演变[M]. 上海: 上海教育出版社.

上野淳, 1999. 未来の学校建築—教育改革をささえる空間づくり(シリーズ教育の挑戦)[M]. 东京: 岩波书店.

上野淳, 連健夫, 1988. 小学校オープンスペースにおける場·コーナーの形成に関する分析: 小学校オープンスペースの使われ方に関する調査·研究(1) [C]// 日本建築学会計画系論文報告集. 東京: 日本建築学会: 386(0):90-100.

斯特林费儿德 S, 罗斯 S, 史密斯 L, 2003. 重建学校的大胆计划——新美国学校设计[M]. 窦卫霖，等，译. 上海: 华东师范大学出版社.

孙有波, 2002. 教育模式下的中国中小学建筑设计研究[D]. 南京: 东南大学.

汤志民, 1992. 教室情境对学生行为的影响[J]. 教育研究, (23): 44.

唐文婷, 2007. 现有中小学适应性更新改造研究[D]. 西安: 西安建筑科技大学.

天津科学技术出版社, 2002. 2001 台湾景观作品集[M]. 天津: 天津科学技术出版社.

田慧生, 1996. 教学环境论[M]. 南昌: 江西教育出版社.

托伯特·哈姆林, 1982. 建筑形式美的原则[M]. 邹德侬, 译. 北京: 中国建筑工业出版社.

汪霞, 2000. 国外中小学课程演进[M]. 济南: 山东教育出版社: 784-785.

王芳, 2007. 面向社区的开放式小学校空间构成初探[D]. 西安: 西安建筑科技大学.

王旭, 2007. 城市小学校交往空间构成及设计方法——以城市小学校廊空间为例[D]. 西安: 西安建筑科技大学.

翁萌, 2007. 小学校形象设计研究[D]. 西安: 西安建筑科技大学.

吴立岗, 1998. 教学的原理、模式和活动[M]. 南宁: 广西教育出版社: 517.

夏青, 林耕, 1999. 建筑设计图集: 当代科教建筑[M]. 北京: 中国建筑工业出版社.

薛方杰, 2003. 国民小学班群教室多元弹性规划与评估研究[D]. 台北: 台湾大学土木工程学研究所.

扬·盖尔, 2002. 交往与空间[M]. 何人可, 译. 北京: 中国建筑工业出版社.

伊奈辉三, 1988. 学校建築の冒険[M]. 东京: 株式会社 INAX.

余裕教室活用研究会, 1993. 余裕教室の活用[M]. 东京: 社团法人文教施协会.

约翰·杜威, 2005. 明日之学校[M]. 赵祥麟, 任钟印, 吴志宏, 译. 北京: 人民教育出版社.

张婧, 2006. 适应素质教育的中小学建筑空间与环境模式[D]. 西安: 西安建筑科技大学.

张蓉, 2006. 走近外国中小学教育[M]. 天津: 天津教育出版社.

张泽蕙, 曹丹庭, 张荔, 2002. 中小学校[M]. 北京: 中国建筑工业出版社.

张志勇, 2003. 美加中小学教育考察报告[J]. 当代教育科学, (21): 7-9.

张宗尧, 闵玉林, 1987. 中小学建筑设计[M]. 北京: 中国建筑工业出版社.

张宗尧, 张必信, 2000. 中小学建筑实录集萃[M]. 北京: 中国建筑工业出版社.

赵江洪, 2004. 设计心理学[M]. 北京: 北京理工大学出版社.

中美联合编审委员会, 1985. 简明不列颠百科全书(第七卷)[M]. 北京: 中国大百科全书出版社: 812.

钟南, 1996. 空间与行为互动下的小学建筑计划[D]. 南京: 东南大学.

钟启泉, 2001. 为了中华民族的复兴, 为了每位学生的发展——基础教育课程改革纲要(试行)解读[M]. 上海: 华东师范大学出版社.

周稽裘, 2002. 第 46 届国际教育大会结论和行动倡议[C]. 南京：江苏教育发展报告: 161-163.

周南, 1998. 空间与行为互动下的小学建筑计画[D]. 南京: 东南大学.

周玄星, 1998. "素质教育"与现代中小学校园规划设计研究 [D]. 广州: 华南理工大学.

朱旭东, 1997. 欧美国民教育理论探源[M]. 北京: 北京师范大学出版社: 309-314.

BRUBAKER C W, 2006. 学校规划设计[M]. 邢雪莹, 孙玉丹, 张玉玲, 译. 北京: 中国电力出版社: 153.

CAUDILL W W, 1941. Space for Teaching. Bulletin of the Agricultural and Mechanical College of Texas.

CHUECA P, 2005. 立面细部设计分析[M]. 韩林飞, 段鹏程, 李雷立, 译. 北京: 机械工业出版社.

DUNKIN M J, 1987. The International Encyclopdia of Teaching and Teacher Education[M]. Oxford: Pergmon Press.

EGGLESTON J, 1977. The Ecology of the School[M]. London: Methuem Co, Ltd.

LACKNEY J A, 1999. 33 Principles of Educational Design[D]. Madison: University of Wisconsin-Madison.

MEISEI 出版公司, 2000. 现代建筑集成——教育建筑[M]. 沈阳: 辽宁科学技术出版社.

SEXTON R W, 1942. School Building of Today and Tomorrow[M]. New York: Architectural Book Publishing Co.

SLEEMAN P J, ROCKWELL D M, 1981. Designing Learning Environments[M]. London: Longman Inc.

附录 A 调研学校

学校概况

序号	学校名称	地址	规模/(人/班)	教职工/人	学生/人	建校时间	校舍建造时间	性质	建筑面积/m²	占地面积/m²	调研深度	主要调研内容、方法	照片数量/张	资料来源	调研时间及频率
1	西安建筑科技大学附小	西安市雁塔路13号	18	40	1080	1956	1980s	校中校	2296	2755	重点	记录素质教育实施情况；测绘教学环境现状；学生、教师使用时态记录；访谈	322	实地调研	2005~2006；20次
2	西安师范附小	西安市书院门123号	24	64	1410	1908	1990s	校中校	8629	10150	重点	了解素质教育实施情况；测绘教学环境现状；学生、教师使用时态记录；访谈	148	实地调研	2006年4~5月；3次
3	陕西师大附属小学	西安市长安南路	40	180	2000	1958	1980s	校中校	10000	10666	重点	了解素质教育实施现状；测绘教学环境现状；学生、教师使用时态记录；访谈	100	实地调研	2006年4月~5月；3次
4	大学南路小学	西安市大学南路68号	43	120	2700	1920	1980s	社区小学	10800	6100	重点	了解素质教育实施情况；测绘教学环境现状；学生、教师使用时态记录；访谈	80	实地调研	2006年4月~5月；5次
5	雁塔路小学	西安市雁塔路李家村	30	67	1350	1927	1980s	社区小学	—	—	重点	了解素质教育实施情况；测绘教学环境现状；学生、教师使用时态记录；访谈	20	实地调研	2006年4月~5月；2次
6	景龙池小学	西安市景龙池73号	18	40	900	1889	1980s	社区小学	2400	4255	重点	了解素质教育实施情况；测绘教学环境现状；学生、教师使用时态记录；访谈	103	实地调研	2006年4月~5月；5次

续表

序号	学校概况										调研深度	主要调研内容、方法	照片数量/张	资料来源	调研时间及频率
	学校名称	地址	规模(人/班)	教职工/人	学生/人	建校时间	校舍建造时间	性质	建筑面积/m²	占地面积/m²					
7	二府街小学	西安市北大街二府街20号	6	24	266	1929	1985	社区小学	4397	3153	重点	了解素质教育实施情况；绘教学环境现状；学生、教师使用时态记录、访谈	232	实地调研	2005~2006；2次
8	西安市实验小学	西安市尚德路125号	39	104	2303	1950	1990s	公立小学	7420	8200	重点	了解素质教育实施现状；绘教学环境现状；学生、教师使用时态记录、访谈	171	实地调研	2006年4月~5月；5次
9	莲湖区第二实验小学	西安市梁家牌楼9号	24	65	1360	2002	—	公立小学	5718	6657	重点	了解素质教育实施现状；绘教学环境现状；学生、教师使用时态记录、访谈	20	实地调研	2006年4月~5月；5次
10	西安高新国际学校	西安市西部大道	—	161	—	2002	2002	私立小学	50000	66667	重点	了解素质教育实施现状；观察教学环境现状；学生、教师使用时态记录、访谈	168	实地调研	2006年4月~5月；2次
11	西安交大附小	西安市咸宁西路28号	36	290	2400	1956	1980s	校中校	9630	—	一般	观察教学环境现状	80	实地调研	2006年4月~5月；1次
12	西安四暇路小学	西安市西影路18号	—	—	—	—	—	社区小学	—	—	重点	了解素质教育实施情况；绘教学环境现状	8	实地调研	2005年11月；1次
13	西安振兴路小学	西安市振兴路中段	18	—	—	—	—	社区小学	—	—	重点	了解素质教育实施情况；绘教学环境现状	5	实地调研	2005年11月；1次
14	西安市后宰门小学	西安市北新街后宰门	36	—	2300	—	—	社区小学	—	—	一般	观察教学环境现状	14	实地调研	2005年11月；1次

续表

·3·

附录A 调研学校

序号	学校名称	地址	学校概况								调研深度	主要调研内容、方法	照片数量/张	资料来源	调研时间及频率
			规模(人/班)	教职工(人)	学生人数	建校时间	校舍建造时间	性质	建筑面积/m²	占地面积/m²					
15	西安市高新第一小学	西安市高新路南段	46	125	2500	1995	1995	社区小学	15500	26000	一般	观察教学环境现状	79	实地调研	2006年4月~5月；2次
16	西安市大雁塔小学	西安市翠华路	—	—	—	—	—	公立小学	—	—	一般	观察教学环境现状	—	实地调研	2006年4月~5月；2次
17	西安小学	西安市莲湖路91号	28	—	1850	—	—	公立小学	6643	6694	一般	观察教学环境现状	—	实地调研	2006年4月~5月；2次
18	西安市东方小学	西安市新科路21号	50	97	2400	1956	1980s	公立小学	—	19332	一般	观察教学环境现状	14	实地调研	2005年11月；1次
19	西安铁五小	西安市友谊东路铁安一街	39	99	2000	1958	1980s	子弟小学	8355	22800	一般	观察教学环境现状	—	实地调研	2005年11月；1次
20	西安航天二一零小学	西安市雁塔区电子一路	—	—	—	—	—	子弟小学	—	—	一般	观察教学环境现状	—	实地调研	2005年11月；1次
21	中铁一局西安子校	西安市太乙路南段	19	—	—	1944	—	子弟小学	—	—	一般	观察教学环境现状	39	实地调研	2006年4~5月；3次

续表

| 序号 | 学校概况 | | | | | | | | | | 调研深度 | 主要调研内容、方法 | 照片数量/张 | 资料来源 | 调研时间及频率 |
	学校名称	地址	规模(人/班)	教职工/人	学生人数	建校时间	校舍建造时间	性质	建筑面积/m²	占地面积/m²					
22	北京小学	北京市宣武区槐柏树街9号	45	154	1732	1949	1990s	公立小学	53000	28567	重点	素质教育实施情况、教室现状	100	实地调研	2005年11月;1次
23	清华大学附小	北京市清华大学西南角	35	93	1700	1915	2002	校中校	12120	14780	重点	素质教育的实施现状、教学空间整体布局情况和教室现状	14	实地调研	2005年11月;1次
24	北京实验二小	北京市西城西单区	45	137	2000	1909	1912	公立小学	—	—	一般	素质教育实施情况、教室现状	8	实地调研	2005年4月;1次
25	北京史家胡同小学	北京市	24	85	1223	1939	1990s	社区小学	7306	5803	一般	素质教育实施情况、教室现状	24	实地调研	2005年4月;1次
26	北京光明小学	北京市	50	160	2100	—	—	公立小学	—	—	一般	素质教育实施情况、教室现状	48	实地调研	2005年4月;1次
27	上海闵行区华坪小学	上海市闵行区沪闵路158弄54号	—	—	—	—	2001	公立小学	—	—	重点	素质教育的实施情况、教学空间整体布局情况和教室现状	71	实地调研	2007年4月;1次
28	上海万航渡路小学	上海静安区	25	82	800	90	1990s	公立小学	—	—	重点	素质教育实施情况、教室现状	77	实地调研	2007年4月;1次

续表

·5·

附录A 调研学校

序号	学校名称	地址	学校概况								调研深度	主要调研内容、方法	照片数量/张	资料来源	调研时间及频率
			规模/(人/班)	教职工/人	学生人	建校时间	校舍建造时间	性质	建筑面积/m²	占地面积/m²					
29	上海市实验小学	上海老城厢露香园路	23	115	897	1911	1911	公立小学	6295	5395	一般	素质教育实施情况、教室现状	79	实地调研	2007年4月;1次
30	上海闸北区第一中心小学	上海市	45	156	1863	1932	1990s	公立小学	—	—	一般	素质教育实施情况、教室现状	63	实地调研	2007年4月;1次
31	江苏海门东洲小学	江苏省海门市	48	180	—	1992	1990s	公立小学	—	28666	重点	素质教育的实施情况,教学空间适应素质教育的有利变化	257	实地调研	2006年4月;1次
32	南京行知小学	南京市	—	—	—	—	1990s	公立小学	—	—	重点	素质教育的实施情况,教学空间适应素质教育的有利变化	460	实地调研	2006年4月;1次
33	杭州绿城育华小学	杭州市城西	—	—	—	2003	2003	私立小学	—	50000	重点	素质教育的实施情况,教学空间整体布局情况和教学空间适应素质教育的有利变化	204	实地调研	2006年4月;1次
34	杭州学军小学	杭州市文二路求智巷6号	24	76	1193	1906	1990s	公立小学	—	16000	重点	素质教育的实施情况,教学空间整体布局情况和教学空间适应素质教育的有利变化	139	实地调研	2006年4月;1次
35	宁波海曙区实验学校	宁波市	21	51	711	2002	2002	公立小学	28780	62667	重点	素质教育的实施情况,教学空间整体布局情况和教学空间适应素质教育的有利变化	130	实地调研	2006年4月;1次
36	宁波实验小学	宁波市	—	—	—	1922	2001	公立小学	10500	9200	重点	素质教育的实施情况,教学空间整体布局情况和教学空间适应素质教育的有利变化	160	实地调研	2006年4月;1次

续表

| 序号 | 学校名称 | 地址 | 学校概况 | | | | | | | | 调研深度 | 主要调研内容、方法 | 照片数量/张 | 资料来源 | 调研时间及频率 |
			规模/(人/班)	教职工/人	学生/人	建校时间	校舍建造时间	性质	建筑面积/m²	占地面积/m²					
37	青岛平安路第二小学	青岛市	—	—	—	1952	1980s	公立小学	—	—	一般	室外空间现状	3	实地调研	2006年4月
38	青岛遵义路小学	青岛市李沧区湘潭路86号	23	56	925	—	1970s	公立小学	—	—	一般	室外空间现状	7	实地调研	2006年4月
39	郑州47中高中部	郑州市黄河路与九如路交叉口	—	—	4500	1996	2003	公立	80000	172000	一般	观察教学环境现状	40	实地调研	2005年11月
40	江苏如东马塘小学	江苏省马塘县	37	—	2000	1906	1990s	公立小学	9246	15835	一般	素质教育实施情况、观察教学环境现状	120	实地调研	2006年4月
41	沧州市实验小学	河北省沧州市新华区南大街	—	—	—	—	1990s	—	—	—	一般	建筑形象	2	实地调研	2006年7月
42	沧州建兴小学	河北省沧州市	—	—	—	—	1980s	—	—	—	一般	建筑形象	5	实地调研	2006年7月
43	沧州市路华小学	河北省沧州市	—	—	—	—	1990s	—	—	—	一般	建筑形象	9	实地调研	2006年7月
44	吉化六小	吉林市	—	—	—	—	1990s	—	—	—	一般	建筑形象	112	实地调研	2006年7月
45	吉化实验学校	吉林市	—	—	—	—	1980s	—	—	—	一般	建筑形象	58	实地调研	2006年7月

续表

| 序号 | 学校概况 | | | | | | | | | 调研深度 | 主要调研内容、方法 | 照片数量/张 | 资料来源 | 调研时间及频率 |
	学校名称	地址	规模（人/班）	教职工/人	学生人数	建校时间	校舍建造时间	性质	建筑面积/m²	占地面积/m²				
46	吉林第三小学	吉林市	—	—	—	1980	1980s	—	—	13500	一般	建筑形象	82	实地调研	2006 年 7 月
47	吉林第二实验小学	吉林市	36	—	—	1917	1978	—	10800	—	一般	建筑形象	93	实地调研	2006 年 7 月
48	龙潭实验学校	吉林市	—	—	—	—	1990s	—	—	—	一般	建筑形象	40	实地调研	2006 年 7 月
49	龙潭艺术实验小学	吉林市	—	—	—	—	1990s	—	—	—	一般	建筑形象	56	实地调研	2006 年 7 月
50	通潭路小学	吉林市	—	—	—	—	1990s	—	—	—	一般	建筑形象	36	实地调研	2006 年 7 月

附录 B　各国小学课程设置

B1　美国小学课程设置

美国是典型的地方分权制国家,各州都有自己的课程标准和相应的课程设置,但对共同课程内核的认定在渐趋统一。1994 年,克林顿政府颁布了《2000 年目标:美国教育法》,规定小学课程包括英语、数学、社会学习、科学、音乐、美术、保健、体育、自由时间。

表 B1.1　美国新泽西州克尔尼镇林肯学校 2002～2003 学年度小学三年级 B 班课程表

（斯特林费儿德, 2003）

时间	科目	时间	副科科目
9：00	阅读	星期一	音乐
9：45	专科学习	星期二	体育
10：30	拼写	星期三	艺术
11：15	社会	星期四	体育
12：00	午餐	星期五	计算机
13：00	英语		
13：45	科学		
14：30	作业		
15：00	放学		

B2　英国小学课程设置

1988 年以前,英国小学没有统一课程,之后开始推行教育改革,2000 年小学统一开设课程有:英语、数学、科学、设计和技术、信息和交流技术、历史、地理、美术与设计、音乐、体育。

B3　法国小学课程设置

小学每周课时为 24 小时,分为基础学习阶段（一二年级）和深入学习阶段（三～五年级）。基础学习阶段的课程有法语、数学、体育、外语、艺术实践与艺术史、发现世界;深入学习阶段的课程有法语、数学、体育、外语、实验科学与科技、人文教育（艺术实践与艺术史、历史、地理、公民与道德教育）[1]。

---

① 庄金, 陈勇. 法国小学课程设置与发展对中国教育的启示[J]. 外国中小学教育, 2011,（12）: 47-51.

B4 加拿大小学课程设置

表 B4.1 加拿大魁北克省小学课程设置（张志勇，2003）[①]

小学一、二年级		小学三～六年级	
开设课程	时间	开设课程	时间
语文	9 小时	语文	7 小时
数学	7 小时	数学	5 小时
法语（第二语言）		法语（第二语言）	
艺术教育		艺术教育	
选修（从以下四门课程中选择两门）		选修（从以下四门课程中选择两门）	
戏剧		戏剧	
视觉艺术		视觉艺术	
舞蹈		舞蹈	
音乐		音乐	
身体与健康教育			
道德或道德宗教教育			
周课时数	23.5 小时	周课时数	23.5 小时

B5 日本小学课程设置

表 B5.1 日本小学 1998 年课程标准[②]

	小学各学科及综合学习等课时											
	各学科课时											
年级	国语	社会	算术	理科	生活	音乐	图画手工	家政	体育	道德	特别活动	综合学习	总课时
一	272	—	114	—	102	68	68	—	90	34	34	—	782
二	280	—	155	—	105	70	70	—	90	35	35	—	840
三	235	70	150	70	—	60	60	—	90	35	35	105	910
四	235	85	150	90	—	60	60	—	90	35	35	105	945
五	180	90	150	95	—	50	50	60	90	35	35	110	945
六	175	100	150	95	—	50	50	55	90	35	35	110	945

注：每节课为 45 分钟；特别活动的课时充当班级活动课时。

---

①张志勇. 美加中小学教育考察报告[J]. 当代教育科学，2003，（12）：7-9.
②汪霞. 国外中小学课程演进[M]. 济南：山东教育出版社，2000：784-785.

附录 C 中国素质教育基地小学校实录

C1 江苏南京行知小学

教学方式改进之处：推行陶行知教育思想——赏识教育，进行体验课程，是我国素质教育基地。学校对附近 1967～1975 年出生的 357 学生调研发现，57%留过级。1986 年实行不留级试验班，开展多种体验课程，如带领学生春日游览南京、夏日江边戏浪、秋日登山野炊、6.1 篝火晚会、国庆诗会歌会、大量阅读课外书籍。该校毕业生进入初中学习后，在其他学校学生通过大面积留级选拔的情况下，试验班学生成绩较好，为此学校 1991 年获得"学陶试验一等奖"。

表 C1.1 南京行知小学一年级课程表

课程安排	星期一	星期二	星期三	星期四	星期五
1	语文	语文	语文	语文	语文
2	数学	数学	数学	数学	数学
3	音乐	美术	语文	体育	体育
4	品德生活	英语	品德生活	阅读	信息
5	数学	语文	班会	语文	数学
6	体健	体育	音乐	美术	英语
7					

表 C1.2 南京行知小学二年级课程表

课程安排	星期一	星期二	星期三	星期四	星期五
1	语文	语文	语文	语文	语文
2	数学	数学	数学	数学	数学
3	美术	数学	写字	体育	体育
4	英语	品德生活	体育	音乐	语文
5	音乐	语文	班会	美术	阅读
6	语文	体育	英语	数学	品德生活
7		语文	数学		数学

表 C1.3 南京行知小学一年级课程表

课程安排	星期一	星期二	星期三	星期四	星期五
1	语文	语文	语文	语文	语文
2	英语	数学	数学	数学	数学
3	综合实践	音乐	英语	阅读	科学

续表

课程安排	星期一	星期二	星期三	星期四	星期五
4	体健	品德生活	体育	语文	英语
5	美术	语文	班会	综合实践	音乐
6	科学	信息	美术	体育	品德生活
7					

表 C1.4　南京行知小学作息时间表

	时间	作息		时间	作息
	7：40～8：00	早读		12：40～13：20	午睡
	8：00～8：20	晨会		13：30～14：00	午休课
上	8：30～9：10	第一节	下	14：05～14：20	写字
	9：20～10：00	第二节		14：25～15：05	第五节
	10：00～10：15	眼保健操		15：15～15：20	眼保健操
午	10：15～10：55	第三节	午	15：20～16：00	第六节
	11：05～11：45	第四节		16：10～16：50	第七节

C2　江苏如东县马塘小学

江苏如东县马塘小学始建于 1906 年，1978 年被列为省 14 所重点小学之一，1981 年被定为省第一批实验小学，1997 年被省教委重新确认为省实验小学。自 1984 年至今已连续八次蝉联省"文明单位"，三次蝉联"江苏省模范小学"，连续三次获"全国模范职工之家"殊荣，1998 年被评为全国教育系统唯一的"巾国建功先进集体"，被誉为江海平原上的"小学之花"。

学校现有教学班 37 个，其中小学部 29 个班，另有幼儿班 8 个，共有学生近 2000 人，教职工 100 多人，全校现有占地面积近两万平方米，学校建筑面积 12000 多平方米。学校各室齐全，拥有全国农村小学第一座儿童科学宫。现代化电教设备、教学仪器及图书资料齐全，拥有 100 多台计算机的多媒体网络教室 2 个，教师多媒体课件制作室 2 个，并开通近 200 个接点的校园网，建有闭路电视和少先队"雏鹰"电视台。

办学特点：注重教师培养与竞争，目前拥有省级特级教师 2 名，全国科研型校长 2 名，全国科研型教师 2 名，中学高级教师 2 名，县级"名教师""学科带头人"和"骨干教师" 13 名。坚持以教学为中心，深入开展教育科研，已形成立体化科研网络，100% 的教师参与科研，100% 的教师发表文章，全校教师先后在各级报刊发表文章 3000 多篇，在全国各级各类论文竞赛中获奖近 2000 篇，曾被有关媒体誉为"马塘现象""集团军作战"。

表 C2.1　江苏如东县马塘小学四年级 2 班课程表

时间	课程安排	星期一	星期二	星期三	星期四	星期五
上午	1	讲读	讲读	数学	数学	数学
	2	英语	数学	讲读	作文	讲读
	3	体育	体育	美术	作文	英语
下午	4	讲读	劳技	电脑	体育	科学
	5	美术	英语	英语	音乐	综合
	6	音乐	品德	科学	品德	周会

C3　海门市东洲小学

1. 学校概况

海门市东洲小学建于 1992 年，占地 43 亩[①]，现有 48 个班，教职工 180 人。短短十三年，东洲小学从一所普通的城郊小学一跃成为了享誉教育界的高标准现代化学校。自 1992 年创办以来，学校先后建造了知学楼、知行楼、科学楼、少年宫、智能楼、智慧楼以及十一层教育大厦，成立了东东电视台、东东研究院，配备了语音室、多媒体机房、科学发现室、劳技室、科技馆、体育馆、图书馆、地球村等活动基地。整个校园建成了以千兆光纤为主干的全数字化校园网，300 多个终端连接到校园的每一个教室、办公室和活动室，形成了一个网络化、数字化、信息化有机结合的新型教育、学习和研究的智能校园平台。

学校以"小学开放教育研究"为抓手，以"让我们的课程适合每一个学生，而不是让学生适合我们的课程"为教育理念，以"天天感动学生"为服务理念，从"开放、综合、活动"走向"文化、智慧、信念"，如今又迈入了"新生活教育"新阶段。拥有特级教师 2 人，南通市级学科带头人 6 人，骨干教师 2 人，市级学科带头人 19 人，骨干教师 20 人。学校先后获得江苏省实验小学、全国现代教育技术实验学校等殊荣，课改成果斐声省内外。

2. 办学理念

（1）实施开放教育。开放的本质是"联系"；开放办学：面向社会开放学习中心，进行公益与收益活动；开放课程：每周一张新课表。

（2）进行教师培养，成立青年教师发展中心、教师休息聊天室。

（3）教室是图书馆、资源中心、实验室、游戏场、操作间。

（4）成立网络教学信息中心。

---

①1 亩 $\approx 666.67 \mathrm{m}^2$。

3. 课程表、作息时间表

表 C3.1　海门市东洲小学周课时课程计划（2005～2006 学年第二学期 15 周）**六年级 5 班**

时间	课程安排	星期一	星期二	星期三	星期四	星期五
上午	1	数学 周末乐园评讲	英语	数学 单元评讲	数学 评讲试卷	计算机
	2	英语	语文 复习古诗	语文 复习短文	语文	语文 复习短文
		户外活动				
	3	语文 句子训练	数学 评讲试卷	社会	音乐	数学 评讲试卷
下午	4	体育	综合 古诗训练	语文 复习短文	美术	自然 复习
	5	美术	自然 复习	体育	英语	英语
		户外活动				
	6	阅读	综合	音乐	文体 篮球游戏	思品

表 C3.2　海门市东洲小学周课时课程计划（2005～2006 学年第二学期 15 周）**五年级 2 班**

时间	课程安排	星期一	星期二	星期三	星期四	星期五
上午	1	语文 （台湾的蝴蝶谷）	语文 （欢乐的泼水节1）	语文 练习7	英语 （外教上） 唱歌	语文 学会转述
	2	数学 复习2	语文 （欢乐的泼水节2）	数学 单元反馈	语文 （真想变成大大的 荷叶）	数学 思维训练
		户外活动				
	3	品德 （我与小动物）	信息技术 美术	体育 球类运动	数学 评析	品德 安排一天的生活
下午	4	体健 体质测试	数学 游览美丽的海滨	体育 转呼啦圈	美术 想想、说说、画画	体育 球类运动
	5	语文 （台湾的蝴蝶谷）	英语 游戏	语文 练习7	信息技术 练习金山打字	音乐 种太阳
		户外活动				
	6	音乐 歌唱二小放牛郎	美术 想想、说说、画画	校本阅读		

五年级课表与其他学校相比，有较多的活动时间，但六年级就较注重课堂学习，与目前升学制度有关。

表 C3.3　海门市少年宫夏季作息时间表

	时间	作息		时间	作息
上午	6：20～6：35	起床	下午	11：50～13：30	午睡
	6：35～7：00	早锻炼		14：00	预备
	7：00～7：20	早餐		14：10～14：50	第一节
	7：00	导护老师上班		15：00～15：40	第二节
	7：25～7：50	教工早操		15：40～16：00	户外活动
	8：20～9：00	第一节		16：00～16：50	第三节
	9：10～9：50	第二节		16：50～17：30	自习阅读
	9：50～10：10	户外活动		17：40～18：00	晚餐
	10：10～10：50	第三节		18：00～20：00（一、二年级）	晚间活动
	10：50	午餐		18：00～20：20（三～六年级）	
				20：00（一、二年级）	晚点
				20：20（三～六年级）	
				20：50	熄灯

表 C3.4　少年宫二年级"自我管理"安排表

星期	早读	晨会	中午	自习	晚间到夜课
星期一	语文书	集体晨会	课外书	做练习册 默生词	看碟片
星期二	亲近母语	好书推荐	课外书	默生词	看碟片
星期三	儿歌练习册	新闻交流	课外书	做练习册 默生词	看碟片
星期四	英语	优作选读	课外书	默生词	看碟片
星期五	古诗	一周小结	课外书		
星期日					看碟片

4. 学生成绩

东洲小学学生在升入初中、高中后，学生成绩较好。例如，2005 年海门中学 7 名考入清华的学生中有 5 名是东洲小学毕业生。

C4　浙江杭州绿城育华小学

表 C4.1　绿城育华小学冬季作息时间表

时间	周一		周二～周五	
上午	7：50	教师上班	6：45～7：10	起床　梳洗　整理
	8：10	学生上学	7：10～7：30	早锻炼
	8：20	升旗仪式　晨会	7：30～7：55	早餐

续表

时间	周一		周二～周五	
上午	8：50～9：25 第一节		7：50 教师上班	
	9：25～9：40 课间餐		7：55～8：10 晨光伴读	
	9：40～10：15 第二节		8：15～8：50 第一节	
	10：25～10：30 眼保健操		9：00～9：35 第二节	
	10：30～11：05 第三节		9：35～10：00 课间操 课间餐	
	11：15～11：25 整理活动		10：00～10：35 第三节	
			10：45～10：50 眼保健操	
			10：50～11：25 第四节	
中午	11：30～12：00 午餐			
	12：00～13：00 自由活动			
下午	周一、周三、周五（周五上两节课）		周二、周四	
	13：10～13：30 书法练习		13：10～13：45 第一节	
	13：40～14：15 第一节		13：55～14：00 眼保健操	
	14：25～14：30 眼保健操		14：00～14：35 第二节	
	14：30～15：05 第二节		14：35～14：55 课间餐	
	15：05～15：20 课间餐		14：55～16：15 才艺天地	
	15：20～16：30 困难班		16：15～16：30 作业整理	
	16：30 走读生放学		16：30 走读生放学	
	16：50 教师下班		16：50 教师下班	
晚上	16：30～17：05 健康运动			
	17：10～18：00 晚饭、饭后散步			
	18：00～19：10 一、二年级晚间学习			
	（18：00～19：40） 三～六年级晚间学习（19：00 晚点心）			
	19：40～20：30 进寝室梳洗、看电视、准备就寝			
	20：30 熄灯睡觉			

表 C4.2 绿城育华小学一年级课程表

课程安排	星期一	星期二	星期三	星期四	星期五
晨光伴读		快乐英语	数学晨练	古诗诵读	美文赏读
1	语文	数学	语文	语文	数学
2	数学	语文	数学	数学	语文
3	语文	语文	英语	美术	体育
4		音乐	语文	美术	计算机
			午间休息		
午间学习	书法		书法		作业整理
5	体育	英语	体育	英语	音乐
6	英语	品德	阅读	语文	班队
7	困难班	才艺天地	困难班	才艺天地	

C5　杭州学军小学

表 C5.1　杭州学军小学作息时间表

	时间	作息		时间	作息
上午	7：40	学生进校	下午	12：50	学生进校
	7：55	教师早操		13：00～13：15	午间谈话
	8：05～8：25	上午早操		13：20～14：00	第五节
	8：25～9：05	第一节		14：00～14：05	眼保健操
	9：15～9：55	第二节		14：15～14：55	第六节
	9：55～10：00	眼保健操		14：55	放学
	10：10～10：50	第三节		15：30～16：00（一、二年级）	体育活动
	11：00～11：40	第四节		16：00～16：30（三～六年级）	体育活动
	11：40	放学			

表 C5.2　杭州学军小学一年级 2 班课程表

课程安排	星期一	星期二	星期三	星期四	星期五
1	语文	语文	语文	语文	数学
2	美术	体育	语文	数学	语文
3	数学	音乐	体育	体育	美术
4	语文	数学		语文	语文
午间休息					
午间谈话	道德谈话	红领巾教唱	卫生教育	小燕子电视台	一周小结
5	品德	班级综合实践	数学	品德	地方课程
6	兴趣小组		音乐		

C6　宁波实验小学

　　宁波实验小学前身为鄞县城区私立鄞西小学，创办于 1922 年，位于中山西路万安桥畔文昌阁，后更名为宁波市私立鄞西小学，鄞县西郊镇鄞西代用中心国民学校。1949 年，由宁波市人民政府接管，定名为宁波市市立鄞西小学，后相继改名为海曙区第三中心小学、宁波市西郊路小学。1981 年，改名为宁波师范附属小学，迁入今址。1985 年，又命名为宁波市实验小学。1999 年 2 月，隶属于宁波市教育局，实行国有民营机制。2001 年初，市政府拨款 1500 万元，港胞范思舜先生捐资 200 万元，全面翻建校舍，于同年 12 月落成。

　　2002 年 9 月，设教学班 28 个，在读学生 1226 人，任职教师 70 名，建校以来，累计毕业学生 12000 余人。

表 C6.1   宁波实验小学四年级 4 班课程表

时间	课程安排	星期一	星期二	星期三	星期四	星期五
上午	1	语文	数学	语文	数学	语文
	2	数学	语文	数学	美术	数学
	3	音乐	语文	音乐	语文	英语
	写字	语文	英语	数学	语文	语文
下午	4	计算机	美术	英语	体育	语文
	5	英语	体育	科学	综合	班队
	6	活动	品德	活动	科学	品德
	放心班	数学	语文	英语	语文	

表 C6.2   宁波实验小学作息时间表

	时间	作息		时间	作息
上午	7：30	值周教师到校	下午	12：40	学生进校
	7：50	全体教师到校		13：00～13：40	第四节
	8：00	学生到校		13：50～13：55	眼保健操
	8：00～8：40	第一节		13：55～14：35	第五节
	8：40～8：55	晨会广播操		14：45～15：25	第六节
	9：05～9：45	第二节		15：35～15：55	放心班
	9：55～10：00	眼保健操		16：20	学生清校
	10：00～10：40	第三节		16：40	教师下班
	10：50～11：05	写字			

附录 D 中国近代中小学教育发展

D1 基础与预备

中小学教育一般是指对青少年和儿童实施的普通中等、初等教育，它是基础教育的主体部分。中国在西周时期已有小学、大学之分。中国的新式小学通常以1878年设立的上海正蒙书院小班、1896年设立的沪南三等学堂和1987年所设南洋公学外院（后改称南洋公学附属小学）为嚆矢。中国中小学教育制度是20世纪初"壬寅""癸卯"学制颁行后学习西方发展起来的。

（1）清末民初正处新旧教育嬗替之际，传统科举制度中精英教育、应试预备等观念以教育价值形态渗透、作用于现代中小学教育，压抑、桎梏着儿童发展。随着新式教育的发展，在小学阶段，从培养目标、修业年限到课程设置基本形成。1902年的《钦定小学堂章程》对小学生进行入学测验，对其家庭出身及德智体发展状况做出限制，并在教育过程中实行严格淘汰，这是典型科举制中精英观念、选拔机制的惯性延伸，表明现代教育制度下所笼罩的仍是传统教育价值观念。时隔一年多，"癸卯"学制颁行，不仅没有初小入学考试，初小毕业升高小也一律免试，相对于"壬寅"学制是一种飞跃，但存在修业年限太长，教学科目繁重、上课时数过多的问题。1909年5月，学部准奏"初等小学为养成国民道德之初基，开智识谋生计之根本……必以易知易从为大端"[1]缩短初小修业年限为4年，消减历史、地理、格致三科。

（2）民国建立后，初小基本维持、发展了清末改革成果，完善课程结构，削减一、二年级周课时6节，体操课增加1节，至4课时；取消12钟点的读经课，同时为女生开设缝纫课；逐步增设手工、图画、唱歌等课程。这些改革更加适合学生身心发展，激发学生兴趣，促进全面发展。

表 D1.1 1904 年中小学教学科目、修业年限和周课时数[2]

项目	初等小学堂	高等小学堂	中学堂
教学科目	修身	修身	修身
	读经讲经	读经讲经	读经讲经
	中国文学	中国文学	中国文学
	算术	算术	算术
	历史	历史	历史

①璩鑫圭，唐良炎. 中国近代教育史资料汇编·学制演变[M]. 上海：上海教育出版社，2007：547.
②璩鑫圭，唐良炎. 中国近代教育史资料汇编·学制演变[M]. 上海：上海教育出版社，2007：296-299.

续表

项目	初等小学堂	高等小学堂	中学堂
教学课目	地理	地理	地理
	格致	格致	格致
	体操	体操	体操
		图画	图画
			外国语
			理化（第4、5年）
			法制及理财（第5年）
修业年限	5	4	5
周课时数	30	36	36

表 D1.2　民国初年初等小学教学科目、修业年限及周课时数

时间	教学科目								修业年限	周课时数
1912 年 1 月 19 日	修身	国文	算术	游戏体操	图画	手工	缝纫（女）	唱歌	4	21/24/27/27
1912 年 9 月 28 日	修身	国文	算术	体操	图画	手工	缝纫（女）	唱歌	4	21/24/27/27
1912 年 12 月	修身	国文	算术	体操	图画	手工	缝纫（女）	唱歌		4	22/26/男 28 女 29/男 28 女 29
1916 年 1 月 8 日	修身	国文	算术	体操	图画	手工	缝纫（女）	唱歌	读经	4	22/26/男 31 女 32/男 31 女 32
1916 年 10 月 9 日	修身	国文	算术	体操	图画	手工	缝纫（女）	唱歌		4	22/26/男 29 女 30/男 29 女 30

1912 年 9 月，教育部公布《小学校令》，规定"小学校教育以留意儿童身心之发育，培养国民道德之基础，并授以生活所必需之知识技能为宗旨"，基础教育升学、就业的预备功能有所弱化，基础型有所加强。1922 年颁布的新学制，易于小学普及，加强其基础性。增设社会、自然、公民、卫生，废止修身，更贴近学生生活，符合学生兴趣。

表 D1.3　1922 年"新学制"小学课程设置比例　　　　　（单位：%）

学科	国语				算术	社会				自然	园艺	工用艺术	形象艺术	音乐	体育
	语言	读文	作文	写字		卫生	公民	历史	地理						
初小	30				10	20				12		7	5	6	10
高小	6	12	8	4		4	4	6	6	8	4				

（3）南京国民政府时期，课程改革重点集中在中学，尤其是高中阶段。"而以1935 年、1936 年为界，前后两个时期的改革截然不同。前一时期重在解决新学制

所带来的灵活有余而规范不足，过分适应学生需求而关注质量不够的问题，加强语、数、外等基础学科的教学；后一时期，扭转前一时期的偏差，减少课时，降低难度，以求适应学生的水平和需要。"[1]小学课程基本框架承袭"新学制"的成规，整体改革趋势与中学几乎完全吻合。1929 年 8 月，教育部公布《小学课程暂行标准》，周课时比新学制增加 70 分钟；1932 年 10 月，公布的小学正式课程标准，周均课时及国语、算术课时所占比例又有较大幅度提高；鉴于此，1936 年 7 月，教育部公布《修正小学课时便标准》，总课时和算术课时减少许多，另因时局需要国语课时及所占比例大量增加[2]；1948 年 9 月教育部公布《小学课程标准》，减少周课时，教学内容注意生活智能的培养，尽量删减艰深理论。

表 D1.4　南京国民政府时期小学周课时数及国语、算术课时比例

科目	周课时数及百分比	1929 年	1932 年	1936 年	1940 年	1948 年
	周均教学总时数/分钟	1330	1395	1235	1315	1275
国语	周均教学时数/分钟	360	390	420	440	440
	百分比/%	27	28	34	33	35
算术	周均教学时数/分钟	150	190	160	170	135
	百分比/%	11	14	13	13	11

　　（4）中华人民共和国成立到 20 世纪 70 年代，中小学教育沿着"加强基础—升学预备—革命预备"的战略循环了两次。

　　①20 世纪 50 年代前半期，受国家建设全面铺开后急需大量人才，以及在学习苏联教育经验中出现偏差等原因的影响，教育事业发展中出现了高要求、高速度现象，中小学教育在提高质量、加强基础的追求中，迅速滋长了升学预备性。同时，教育部要求各地严格执行的留级制度，也强化了升学预备制度中的选拔淘汰机制。出现有的儿童上学四五年甚至六七年仍在一个年级内未动，有的地方小学留级生竟达学生总数的 30%等现象。1953 年，政务院发出《关于整顿和改进小学教育的指示》试图扭转局面，但由于缺乏经验，出现"作业加重""考试增加"等问题。种种迹象都表现出"应试教育"的特征，其原因除了教育指导思想、教学观念的偏歧，更是由于社会稳定、经济发展之后，公众教育需求趋旺，升学愿望变强，而优质教育资源又不能满足公众的需要，激烈的升学竞争以及与之相应的繁重的应试准备教育和应试训练，首先在大中城市的中学和高年级显现出来，而强化中小学教育的选拔淘汰功能，又对此起了推波助澜的作用。

---

①李剑萍. 中国当代教育问题史论[M]. 北京：人民出版社，2005：82.
②教育部教育年鉴委员会. 第二次中国教育年鉴[M]. 上海：商务印书馆，1948：208.

表 D1.5　中华人民共和国成立至 20 世纪 60 年代初小学周课时数及语、数课时比例

时间	每周教学时数/小时	每学年上课周数	教学总时数/小时	语文		数学	
				教学总时数/小时	百分比/%	教学总时数/小时	百分比/%
1952 年（五年制）	24~28	38	4978	2356	47.33	1216	24.43
1954 年	24~28	38	5928	2888	48.72	1520	25.64
1955 年	24~26	34	5032	2244	44.59	1224	24.32
1957 年	24~28	34	5236	2312	44.16	1224	23.38
1963 年	28~32	36	6620	3176	47.98	1649	24.91

20 世纪 60 年代中期至 70 年代中期，所谓革命预备式教育彻底破坏了中小学教育。

②从 20 世纪 70 年代末到 20 世纪初的二十多年，中国教育重新走上现代化之路，中小学教育的发展经历了三个阶段。20 世纪 70 年代末至 80 年代初是第一阶段，全面恢复教育秩序，提高教学质量，但由于缺乏经验和形势要求，在加强基础与向高等学校输送人才的双重任务中倾向升学预备，出现"片面追求升学率"的现象。80 年代中期到 90 年代中期是第二阶段，颁布实施《义务教育法》，确立了中小学教育的基础性，为后来推行素质教育奠定基础。此后为第三阶段，开始全面实施素质教育，解决中小学教育的基础性问题，在 21 世纪初进行新课程改革试验。

表 D1.6　20 世纪 80 年代以后小学周课时数及语、数课时比例

时间	每周教学时数/小时	每学年上课周数	教学总时数/小时	语文		数学	
				教学总时数/小时	百分比/%	教学总时数/小时	百分比/%
1981 年（五年制）	24~27	36	4644	1872	40.30	1152	24.80
1984 年（城市六年制）	23~26	34	4964~5158	1938	39.00	1156~1224	23.30
1992 年（六三制）	23~25	34	4964	1734	34.93	986	19.86
2000 年（六三制）	21~25	34	4828	1666	34.50	986	20.42

D2　升学预备与就业预备

1902 年的"壬寅"学制无论小学还是中学都注重升学预备。1904 年，"癸卯"学制颁行，小学教育的基础性开始觉醒。随着工商业的发展，从就业预备为出发点，各省教育联合会请求变更初等教育方法，认为"提倡实业为目前当务之急"，

建议"小学列手工为必修科"①。例如，1905 年创办的商务印书馆私立师范讲习所之附属小学（尚公小学校），标榜"以留意儿童身心之发育，培养国民道德之基础，并授以实用之知识技能为宗旨"②。

第一次世界大战期间，民族工商业迅速发展、新文化运动狂飙突进、美国实用主义思潮被引进，使得"尚实"教育宗旨、实利主义教育思想演进为职业教育思潮。"高等小学校之各教科，自当注重教育本来之目的，固不待言，而对于入学方向既定之高小学生，尤宜尽力授以生活上必须之知识，注意其将来生计，使各裕于职业所需相当之实力。"③

1922 年，"新学制"更将中小学教育的就业预备功能体现得淋漓尽致，规定"小学课程得于较高年级，斟酌地方情形，增设职业准备之教育"，过分强调升学准备，导致学校采取填鸭式教育，将与社会生活脱节的知识灌输给学生，产生严重的后果。但是在中国根深蒂固的士大夫思想影响下，教育仍是实现社会升迁的重要渠道。因此"文革"结束后，中小学教育中虽逐步开设了劳动技术和职业技术教育课程，但落实不够，从 20 世纪 80 年代的"片面追求升学率"到 90 年代的"应试教育"，升学预备势头高涨。

20 世纪 90 年代末期以来，随着高中阶段教育的逐步普及，优质高中资源的迅速扩张，初中后分流的学校体系渐趋消融，中小学教育在向基础性回归的同时，亦开始从新形势、新视角审视教育理念，素质教育的概念应运而生。

从新文化运动兴起到南京国民政府成立之前的这一时期，受国内启蒙思潮和美国进步主义教育哲学等影响，以自学辅导法、分组教学法、设计教学法、道尔顿制等个别教学实验作为先导，中小学教育中的全面发展、统一要求大大减弱，从观念到实践，从政策层面到学校层面，从小学到中学，从教学方法、教学组织形式到学制、课程，个性发展、个性培养得到重视。

20 世纪初，欧美国家受"新教育"和进步主义教育哲学思想影响，出现了个别化教学的多种教学方法和教学组织形式，开展了不同规模的实验活动。从 1913 年和 1914 年开始，这些教学方法、教学组织形式相继涌入我国。从小学到中学进行了较大范围的实验。最先开展的是"自学辅导法"，1914 年前后兴起，1916 年达到高潮，代表人物是俞子夷，主要实验小学有江苏省立第一师范附小、南京高师附小等④，"教授采取自学辅导主义，教材求合实用，切于生活必需之知识技能，除室内教授外，相机行室外或校外教授，以应合儿童之兴味与需要""各科一以儿童自动为主，教师处于指导地位"。该法受儿童中心主义影响，突出教学中儿童自

---

① 璩鑫圭，唐良炎. 中国近代教育史资料汇编·普通教育[M]. 上海：上海教育出版社，2007：76.
② 璩鑫圭，唐良炎. 中国近代教育史资料汇编·普通教育[M]. 上海：上海教育出版社，2007：614.
③ 璩鑫圭，唐良炎. 中国近代教育史资料汇编·普通教育[M]. 上海：上海教育出版社，2007：782.
④ 璩鑫圭，唐良炎. 中国近代教育史资料汇编·普通教育[M]. 上海：上海教育出版社，2007：571.

习、自动的价值。与此同时进行的是"分团（组）教学法"实验，由朱元善、陈文钟等于1914年在尚公小学校发起，后来延至二三十年代。该教学法把一个班的儿童根据智力、能力分为几个组团，教师按照不同组团的实际水平分别讲授。例如，自学辅导法以整个班级为指导单位是一种进步，但教学程序仍为讲授式。分团教学法流行未久，就融入设计教学法，一些实验学校也往往将多种方法、形式相结合，如北京高师附小就"采自学辅导主义、兼用分团式""取活动主义，凡儿童动作行为，只于秩序上道德上无妨害均听其自由活动"①。设计教学法1914年起由俞子夷等在江苏一师附小、上海万竹小学、南京高师附小启动试行，1919年开始实验，1921年全国教育联合会第七届大会议决"推行小学校设计教学法"②后进入高潮，1924年后衰微。此法将教学建立在儿童的兴趣和愿望上，以儿童有目的的活动作为教学过程的核心或有效学习的依据，设计学习单元、组织教学活动，打破学科体系，废止班级授课，儿童在自己设计、自己负责实行的单元活动中获得知识和解决问题的能力，教师的任务是指导和帮助学生实行有目的的学习行为。20世纪20年代前期最盛行的教育教学实验莫过于道尔顿制。它最早由舒新城于1922年在上海吴淞公学试行，其后廖世承于1923年秋至1924年夏在东南大学附中实验，并迅速形成高潮，1924年下半年趋于衰退，1926年有所复兴，至20年代末几近匿迹。道尔顿制作为与班级授课制相对立的个别化教学组织形式，突破了前三种实验主要集中在小学的局限，还曾在中学进行过较大范围的实验，据不完全统计，1922～1930年，实验学校先后达到百所左右。此外20年代末、30年代初还曾进行过另一种个别化教学——文纳特卡制的小范围实验。当时所有这些实验，无论形式如何，都是希望解决班级授课制的过分整齐划一，以及教育普及过程中所必然出现的程度分化问题，将教育价值的中心由教师、教材、课堂转向或分向学生及其兴趣、需要、动机，发挥学生在教学过程中的自主性与积极性，发展学生的个性与能力。由于种种政治原因，这些改革最终被废止了。

中国特殊的发展历程，决定了教育个性化的不足。中国小学教育是在御侮图强、变法立宪的激情涌动中崛起的，没有像西方那样经历"理性的批判时代"来奠定国民教育理论与实践的思想基础，没有出现"以人为核心的理性学说"来催生"启蒙时代国民教育理论的'启蒙性质'"③。纵观百余年，除了部分时期个性张扬在启蒙思潮中得到宽容与尊重，其余时期的价值主流基本都是统一要求。但以"国民""人民"为本位的人的全面发展一直是教育的最高理想追求，随着经济成分、所有制结构的多样化，文化观念的多元化，国际联系一体化，教育的个性化时代必将到来。素质教育的应运而生正是其表现。

①璩鑫主，唐良炎.中国近代教育史资料汇编·普通教育[M]. 上海：上海教育出版社，2007：554.
②璩鑫主，唐良炎. 中国近代教育史资料汇编·普通教育[M]. 上海：上海教育出版社，2007：504.
③朱旭东. 欧美国民教育理论探源[M]. 北京：北京师范大学出版社，1997：309-314.

　　从国际范围来看，学校的管理体制、办学模式、组织形式不再是集权化、一般化、共同化，而是向着个性化、多样化的趋势发展。在一些西方国家，为了改变权力过分集中可能导致的官僚主义，"校本管理"（school-based management）应运而生，政府将更多的权力放给学校，学校的开放性、民主性不断增强，各种社会团体日益广泛地参与学校管理，管理活动愈益以其所在的社区和当地文化为背景而展开，教学组织形式更加丰富、灵活，小组教学、不分年级制流行。今后中国的中小学教育也将由规范化迈向特色化办学。

附录 E 教学空间调研问卷表

E1 问卷一：（教育工作者）"适应素质教育的小学建筑设计"意见调查
问卷

亲爱的老师，您好：

　　本研究所接受国家自然科学基金资助，进行"适应素质教育的中小学建筑空间及环境模式研究"，目的在于研究在素质教育背景下学生的学校学习环境及可行的运作方式。因此，这份问卷主要的目的是要了解贵校对我国推行"素质教育"的概念以及对校园使用上的意见，即：素质教育下学校对校园环境及建筑的意见，敬请贵校相关人士就问卷内容逐题填写最适当的答案。诚挚地谢谢您的协助与合作。

西安建筑科技大学公共建筑研究所敬

　　请在适当选项的方格打对号

一、基本资料

校　名　　　　　地　　址
填答者　　　　　年级任课教师/班主任
填答日期　　年　　月　　日

二、教师对素质教育的态度

1. 您觉得在我国目前能实施素质教育吗？

□能　　　　　　理由：□目前社会的发展需要素质教育
　　　　　　　　　　　□社会各方面的气候已成熟
　　　　　　　　　　　□教育发展的必然
　　　　　　　　　　　□其他
□不能　　　　　理由：□小学教育还处于普及阶段，不适合搞那么多花样
　　　　　　　　　　　□学生升学竞争压力大，学生父母对学校要求高
　　　　　　　　　　　□素质教育还只是处于一个探讨阶段，还没有定论，没法实行
　　　　　　　　　　　□其他

□未曾想过，无法作答

2. 您认为素质教育的教学体现在哪个方面？

□应以启发学生为主，根据个人特点发展其长处

□多开设一些第二课堂

□教学条件好，硬件设施齐全

□其他

3. 在您工作的学校里是否实施了一定程度的面向素质教育的教学改革？

□实施了　　　　具体表现：□进行了教学研究和教学改革

　　　　　　　　　　　　　□学生的自由时间多了，热情比以前高涨了

　　　　　　　　　　　　　□教授内容少，启发内容多了

　　　　　　　　　　　　　□其他

□没实施

4. 您认为实施素质教育最大的障碍是什么？

□普通学校的硬件设施不能满足

□学生数量太多，普通教师精力不够，无法照顾每个学生的特点

□学生升学的压力大，没法实施

□经费不足

□其他　　　　　请说明：

5. 您认为多大的班级规模最合适？原因是什么？

□10～20 人　　　□20～30 人　　　□30～40 人　　　　原因

6. 在您所带的班里，您是否能在教育有不同才能、爱好的小朋友时有所区别？

□能　　　　理由：□不同才能的儿童应该受到不同的教育

　　　　　　　　　□有条件的话，不同的儿童可以受到不同教育

　　　　　　　　　□我会启发他们，但是主要还是基础学习

　　　　　　　　　□其他

□不能　　　理由：□人人平等，不应有不同的偏向

　　　　　　　　　□这样教学难度太大，教师精力也不足

　　　　　　　　　□特殊才能应在第二课堂，在学校还是要学好课程

　　　　　　　　　□其他

□未曾想过，无法作答

三、教师个人对校园规划和教学空间的理念

1. 您认为校园的布局中以下哪种布局较为适合素质教育的开展？

□低层庭院式的布局　　　　　　　　□条式教学楼和操场结合

□未曾想过，无法作答　　　　　　　□其他

2. 您是任_____课程的老师，随着教学改革，您的教学方式除了传统的讲授式，还增添了哪些教学形式？

□分组合作学习　　□游戏学习　　□多媒体教学

□个别辅导　　　　□其他

3. 您认为如果实施素质教育，现在的教室能满足使用吗？

□能　　　　　　理由：□虽然教学方式改变，但基本教学是一样的

　　　　　　　　　　　□教室对教学的影响不会很大

　　　　　　　　　　　□素质教育只是软件上的，对硬件没有要求

　　　　　　　　　　　□其他

□不能　　　　　理由：□教学模式的不同决定了房间的具体使用情况的变化

　　　　　　　　　　　□现在教室可变性小，不适合教学改革后的多种使用

　　　　　　　　　　　□应试教育的转变使得单纯听课不再是唯一的

　　　　　　　　　　　□其他

□未曾想过，无法作答

4. 您认为在你教授的科目中，室内教学空间对你实施教学改革的最大障碍是什么？

□学生数量太多，教室空间小，不便进行

□教室的设施或教学设备不能满足

□教室空间单一，无法开展更丰富的活动

□其他　　　请说明：

5. 您是否进行过一些教室内设施的调整来满足教学要求？怎样调整的？

□重新布置桌椅　　　□改变室内装饰　　　□增加一些设施　　　□其他

6. 您认为下列哪种教室排布方式更适合素质教育的教学？

□一个大厅作统一使用，周围带有小间，用以辅导不同学习志趣、进度的孩子

□各个不同的教室，用以不同兴趣的孩子，而教室以走廊连接

□小面积的教室（适应小班教育）和大面积的庭院（多一些游乐场地）相结合

□没想过，无法作答

7. 据您观察，您的学生对现在的教学空间和设施满意吗？

□满意，原因是：

　　□孩子在这样的空间里可以轻松地获取知识，课间和课后也可以充分地休息娱乐

　　□基本满足孩子的健康成长正常的获取知识

　　□勉强满足孩子的需要

□不满意，原因是：

　　□空间狭小，孩子人数太多，设施不灵活不完备，不能满足孩子的需要

　　□教室空间不灵活使孩子渐渐觉得不适应

　　□其他_____

8. 您认为目前学校急需增添的是哪些部室？（多选）

□多功能教室　　　□多媒体教室　　　□体育场馆　　　□图书馆

□科技馆　　　　　□实验室　　　　　□阅览室

9. 您的教学对室内教学空间有怎样的要求？

10. 贵校如果要实现素质教育，实行的方式或内容为何，以及对校园有何新的要求？请把您的宝贵意见写下来：

谢谢！

E2　问卷二：（小学学生）西安地区"适应素质教育的小学建筑设计"意见调查问卷

> 亲爱的小朋友，你好：
>
> 　　本研究所接受国家自然科学基金资助，进行"适应素质教育的中小学建筑空间及环境模式研究"，目的在于研究在素质教育背景下学校学习环境及可行的运作方式。因此，这份问卷主要的目的是要了解贵校学生对我国推行"素质教育"概念以及对校园使用上的意见，即：素质教育下学校环境及建筑的意见，请小朋友在家长的指导下就问卷内容逐题填写最适当的答案。诚挚地谢谢你的协助与合作。
>
> 西安建筑科技大学公共建筑研究所

　　请在适当选项的方格打对号

一、基本资料

　　学校名称　　　小学　　　年　　级：

　　姓　　名　　　　　　填答日期：年　　月　　日

二、你的意见

　　1. 你喜欢什么样的学习方式？

　　□独自思考学习　　　　　　□和同学一起合作学习

　　□和同学比赛着学习　　　　□其他

　　2. 你认为你们班哪位同学最优秀？

理由：

3. 你最喜欢上哪门课，为什么？

4. 除了上课，你还在学校参加什么兴趣班？

5. 你除了到校上所学的课程外，还在哪些地方上课？

课程名称：□英语　□美术　□音乐　□书法

培训机构名称：

上课时间：

地点：

6. 你什么时候到学校操场去玩？

□只在上体育课的时候　　　□除了上体育课，平时也去那里活动

原因：

7. 如果有一天老师告诉你们今后不用考试了，不用每天都写很多作业，以后你每天放学最想做的事是什么？（可以多选）

□每天和其他小朋友玩

□做自己想做的事，如踢球、音乐、美术、书法、看书、学电脑等

□和爸爸妈妈在一起，听他们安排

□不知道，因为以前都是老师、爸爸、妈妈叫我做什么，我没想过

□其他请说明

8. 你会使用电脑吗？

□不会

□会

你在什么地方学习使用电脑？

□学校　　□家里　　□其他地方

9. 课间和课余时间，如果想独自待一会儿或和知心的好朋友说说悄悄话，会选择的地方？

□教室　　　　　　　　　□前院靠近围栏的小座椅上

□后院的小广场　　　　　□运动场的角落

10. 课间十分钟的时候，你喜欢在学校哪个地方玩？

11. 放学后或者玩的时间比较多的时候，你喜欢在学校哪个地方玩？

12. 你时常在走廊干什么？

□和小朋友做游戏　　□和好朋友交谈

□看外面的风景　　　□发呆想自己的事情　　　　□其他

13. 课余时间会不会在学校室外学习？

□不会。天气太冷或太热，在室外学习不舒服

□不会。因为没有学习的场所，没有桌子和座椅

□不会。因为广场太暴露，没有私密安静的地方供孩子学习

□会。因为坐在树荫下学习，环境既好，又可以和同学相互自由地交流

14. 你喜欢什么样的室外活动学习广场？

□大块的空白广场，可以玩耍、跑、跳

□把教学楼前的大片广场划分成小块的场所，供小团体进行活动

□有许多自然植物在广场上，可以围绕着这些植物活动

□有那种猫耳洞空间，想要得到安静时可以去那

□广场中有浅浅的小水池，可以夏天去玩水游戏，冬天埋上沙土

□广场周围多布置一些桌椅，可以在室外上课

15. 你最喜欢学校的哪个部分？

操场	原因：□能和别的小朋友玩	□不想在教室憋着
	□自由自在	□说不清楚
班级门口的小空地	原因：□没有高年级的孩子抢占	□是我们班自己的
	□离教室不远	□说不清楚
角落的游戏场地	原因：□有安全感	□老师看不见
	□是我们自己的地方	□说不清楚
室外的花架和廊道	原因：□环境很好，安静	□有坐和玩的地方
	□有绿色植物，可以遮阴	□说不清楚

16. 你平时中午在哪里吃饭？

□家中　□南院教工食堂　□建大学生食堂　□学校门口的零售小吃

□建大校外的小吃部　　　□其他

三、建议

如果学校和教室环境有一些变化，你希望是什么变化，请写下来：

谢谢！

E3　问卷三：（小学学生）西安地区"适应素质教育的小学建筑设计"意见调查问卷

亲爱的小朋友，你好：

　　本研究所接受国家自然科学基金资助，进行"适应素质教育的中小学建筑空间及环境模式研究"，目的在于研究在素质教育背景下，学校学习环境及可行的运作方式。因此，这份问卷主要的目的是要了解贵校学生对我国推行"素质

教育"概念以及对校园使用上的意见,即:素质教育下学校环境及建筑的意见,请小朋友在老师的指导下就问卷内容逐题填写最适当的答案。诚挚地谢谢你的协助与合作。

西安建筑科技大学公共建筑研究所

请在适当选项的方格打对号

一、基本资料

学校名称　　　　　小学　　年　　级

姓　　名　　　　　　填答日期　　年　　月　　日

二、你的意见

1. 你喜不喜欢现在你就读的学校?

□喜欢　　理由:□老师同学好　　　　　　　□老师上的课有意思

　　　　　　　　□学校环境好,来上学很高兴　□其他

□不喜欢　理由:□课程没意思,要交作业　　□老师同学不和我玩

　　　　　　　　□学校环境没意思,不好玩　　□其他

□不知道　理由:□学校就是这样,不自由　　□从来没想过这个问题

　　　　　　　　□学校就是没意思的地方　　□其他

2. 你喜欢在学校的生活吗?

□喜欢　　理由:□我们可以干自己喜欢的事　□老师,同学对我们很好

　　　　　　　　□老师讲课讲得有意思　　　□其他

□不喜欢　理由:□课程没意思　　　　　　　□作业太多,没时间玩

　　　　　　　　□学校里没有自己喜欢的事　□其他

□不知道　理由:□看别人怎么说的　　　　　□从来没想过这个问题

　　　　　　　　□无所谓　　　　　　　　　□其他

3. 你现在上学的学校中老师是怎么上课的?

□老师讲课,我们听,然后放学回家

□老师讲课,也让我们说说自己的想法

□老师只讲课,然后留一堆作业

□其他(请说明)

4. 如果有一天你到学校上学,忽然老师通知今天有特殊情况,不用上课,你的第一反应是什么?

□高兴　　理由:□可以去玩了　　　　　　　□不用交作业了

□不用被老师管了　　　　　　□其他

□不高兴　理由：□不能和同学玩了　　　□昨天准备的问题得不到回答了

□回家没意思，上学多好玩　□其他

□不知道

5. 你除了到校上所学的课程外，有没有别的爱好（如音乐、美术、养小动物、爱看书等）？

□有，老师和爸爸妈妈也鼓励　　　　□没有

□没想过　　　　　　　　　　　　　□有，但是没时间

6. 如果老师要你去独立完成一项老师没教过的知识研究（如动物有判断能力吗），你会把这个研究做出来吗？

□会　　　　方法：□请教父母和老师　　　□自己去看书，找答案

□自己做实验观察　　　□其他

□不会　　　方法：□老师、父母没教过　　□和学校课程无关

□不知道该怎么干　　　□其他

□不知道

7. 如果有一天老师告诉你们今后不用考试了，不用每天都写很多作业，以后你每天放学最想做的事是什么？（可以多选）

□每天和其他小朋友玩

□做自己想做的事，如踢球、音乐、美术、书法、看书、学电脑等

□和父母在一起，听他们安排

□不知道，因为以前都是老师，爸爸妈妈叫我做什么，我没想过

□其他，请说明

8. 下课以后，你喜欢统一做眼保健操、课间操，还是自由玩耍？

□统一活动　　　　　　　　□自己自由玩

□先做完集体活动，再自由玩　□不知道

9. 下面哪种学校你最喜欢？（可多选）

□有漂亮的教学楼　　　　　　□我所在的班有自己的游戏场地

□有庭院的，可以养动植物　　□有大的运动场地

□有音乐室、美术室、电脑室等　□没想过

10. 你最喜欢学校的哪个部分？

□教室　　　　　　原因：□能学习自己喜欢的事　□能干自己愿意的事

□能和别的小朋友一起　□说不清楚

□操场　　　　　　原因：□能和别的小朋友玩　　□不想在教室憋着

□自由自在　　　　　□说不清楚

□班级门口的小空地　原因：□没有大年纪的孩子抢占　□是我们班自己的

□角落的游戏场地　　　原因：
　　　　　　　　　　　　□离教室不远　　　　　□说不清楚
　　　　　　　　　　　　□有安全感　　　　　　□老师看不见
　　　　　　　　　　　　□是我们自己的地方　　□说不清楚

11. 你最喜欢教室里的哪个地方？

□靠窗和墙的地方　　　原因：□能看到窗外　　　□能在墙上画（如老师允
　　　　　　　　　　　　　　　　　　　　　　　　许的话）
　　　　　　　　　　　　　　□能不被老师注意　□说不清楚

□靠近讲台　　　　　　原因：□能听好课　　　　□能积极发言
　　　　　　　　　　　　　　□能表现好，受老师表扬　□说不清楚

□靠近后面的角落　　　原因：□能干自己喜欢的事　□老师不会注意
　　　　　　　　　　　　　　□说不清楚　　　　　□其他

□教室中间　　　　　　原因：□和别的小朋友靠的近　□能听好课
　　　　　　　　　　　　　　□说不清楚　　　　　□其他

□不知道

12.　如果教室里的角上多出几个小房间作为游戏室、阅览室等，你喜欢吗？

□喜欢　　　　　　原因：□可以自由干自己喜欢的事　□这样有意思
　　　　　　　　　　　　□说不清楚　　　　　　　□其他

□不喜欢

□不知道

13. 如果教室里的课桌是环形布置（不是现在的面向讲台），上课时老师不讲课，大家讨论，每个人没有：固定的座位，你喜欢吗？

□喜欢　　　　原因：□这样比较自由　　□这样我们可以积极发言
　　　　　　　　　　□这样我们不怕说错　□说不清楚

□不喜欢　　　原因：□不知该怎样讨论　□老师不讲课，不知道学什么
　　　　　　　　　　□说不清楚　　　　□其他

□不知道

三、建议

如果学校和教室环境有一些变化，你希望是什么变化，请写下来：

　　　　　　　　　　　　　　　　　　　　　　　　　　谢谢！

附录 F　新美国学校发展公司教育改革方案

新美国学校发展公司成立于 1991 年，其工作目标是为学校提供发展方案，用较少的资金创建具有高教育质量的学校，并制定广泛推广方案的策略。通过多方面的工作，使学校和教育制度得以振兴。创始人是一组对学校改革有兴趣的商人和基金会领导，从全国 700 多份提案中选出 11 个实验方案进行资助，其中 7 个进入了第二阶段的实验，取得了很好的成绩。这 7 个方案如表 F.1 所示。

表 F.1　美国教育改革方案

编号	名称	缩写	内容
1	阿特拉斯社区（设在波斯顿以外）	AT	将四个教育改革机构和三个学区结合在一起，并在此基础上进行建设。这个方案的目标是建立一个统一的支持性学校社区，从幼儿园到初中各年级学生就近入学模式，称为一条龙学校。来自一条龙学校的教师在地方制定的标准基础上，一起努力制定课程和测试策略，并和家长及管理者合作，执行支持教学的好政策和管理结构
2	奥德丽·科恩学院（纽约市）	AC	每个学期的课程和教学安排围绕一个复杂而富有意义的对社会有更大好处的"目的"，每一个"目的"包含核心学术技能，把学习集中在涉及更大社区的面向学生的计划上；学生通过与该"目的"有关的跨学科计划的学习掌握技能
3	Co-NECT 学校（马萨诸塞州剑桥市）	CON	提出了学校和地区内部学习和交流的、以技术支持为重点的综合框架。Co-NECT 的课程目标是基于计划的、跨学科的，重点放在帮助达到某个学校的成绩标准上。学生与同一位教师和小组待在一起至少两年。此方案由一个曾帮助发展因特网的领头技术公司 Bolt、Beranek 和 Newman（BBN）制订
4	超越校园的探究性学习（马萨诸塞州剑桥市）	EL	提出了一个以教师设计的提高智力和体力技能及特征的探索性学习为中心的课程，这个方案建立在超越校园计划的原则基础之上，帮助学校把教学的重点集中在跨学科的挑战科目以及允许机动和深入学习的结构安排上，使学生和教师待在一起一年多时间
5	当代红色学校之家（印第安纳州首府印第安纳波利斯）	MRSH	把传统教育原则与现代教学方法和技术结合在一起。此方案在休德森（Hudson）学院的基础上，重视通过精密技术使教学个性化，从而在核心学术领域提供基础教育。方案组确立了一套自己的高标准以及连带的指导改进教学的测试方案。
6	重建教育全国联盟（华盛顿 DC）	NA	把学校层次的改革放在更广泛的制度变革的背景中，和联盟学校一起工作的州、地区和学校围绕五项任务组织活动：标准、学习环境、社区服务和支持、公共参与和优异成绩管理。联盟学校的特点是初级（掌握）证书（The Certification Initial Mastery）认证，是高中毕业生成绩的高标准
7	根与翼（马里兰州巴尔的摩市）	RW	对罗伯特·施莱文（Robert Slavin）和他的同事在约翰·霍普金斯大学开发的全体成功模式的扩展。小学的方案集中在帮助所有的学生，不管其背景和挑战，达到或超过年级水平。该计划的"根"是精读读、写和语言艺术，加上家教和家庭支持。"翼"的成分包括结构主义者的数学计划和综合社会学习或科学计划

附录 G 西安建筑科技大学附属小学公开课课堂情况记录分析

（2006 年 4 月）

G1 一年级 1 班语文课

教学内容：讲课文《两只小狮子》。

上课人数：58 人。

上课过程：①读课文；②给小狮子起名字；③听录音；④自己阅读；⑤做动作，回答问题；⑥教师提问，同桌间讨论；⑦上台表演；⑧学习生字，组词。

低年级学生回答问题的范围与高年级不同，似乎不受座位限制，原因可能是低年级学生视力较好，能看清黑板；并且学生年纪小，不被拘束，性格大胆。

分析：

（1）课堂设计：教师的课堂设计比较丰富，专门设计了讨论和表演的机会。

（2）存在问题：①由于教学空间的限制，讨论只限于同桌间，只有 3 个学生有机会上台表演，仅占总人数的 5%。②尤其是前排左右两个角落的学生容易被教师忽视；第一排的一个学生因为多次举手但没机会回答问题，而表现出故意不听话、扰乱课堂纪律等现象。③整体来看，被提问的学生只占总人数的 55%，45%的学生都没有回答问题的机会，还有 5%的学生回答问题 4 次以上，学生参与课堂机会不均等，很多学生参与不够。新的教学方法和教学空间之间出现了矛盾。

（3）解决方案：改变教学空间及座位布置方式。

G2 一年级 2 班英语课

教学内容：Lesson 11：Color。

上课人数：60 人。

上课过程：①拿出各种教具（装有红黄色液体的瓶子、各种颜色的小球、彩色图片）认识颜色；②让学生用接力式互相提问的方法学习句子"What color do you like？"；③利用教具（彩色皮球），设计商店场景，学生扮演营业员和顾客，练习口语；④总结复习所学单词和句子。

分析：

（1）课堂设计：课堂上的气氛比较活跃，课程设计也很丰富，其中利用了多种教具，以活动为核心组织教学，采用听、做、说、演、游等教学方法，进行互动学习，为学生提供充分的语言实践机会，鼓励学生积极参与，大胆表达，让学生在活动中学英语，并用英语进行交流。基本上调动了大多数学生的积极性，教学盲区较少（图 4.22）。

（2）存在问题：①师生互动范围主要在前四排，角色扮演时，只能在讲台附近进行，学生之间的互动则不受位置限制，而相邻学生之间的互动易陷入混乱。②由于学生较多，教学空间不灵活，教师对教室后排的学生关注度不够，后排学生想回答问题或参与互动，要站起来举手才能引起教师的注意，后面的学生很难看清听清，引起了后排学生注意力不集中的情况。③由于课桌椅摆放的限制，学生互动时，行动不太顺畅，很多学生绕道很远去提问，浪费课堂时间，影响课堂效果。

（3）解决方案：改变教学空间使用情况，如减少班级人数、改变桌椅布局布置方式等，以适应新的教学方法。

G3　三年级 3 班数学课

教学内容：面积。

上课人数：65 人。

教学过程：①利用教具（彩色纸片）讲解面积的定义；②让学生用准备好的硬币和纸划分面积，理解面积的定义；③打开投影仪、电视机，讲评学生作品；④拿出事先画好图形的小黑板，进一步讲解；⑤总结复习课堂内容。

分析：

（1）课堂设计：数学课容易比较枯燥，教师利用了各种教学设备（还用到了先进的影像设备）来讲解，让学生自己画图形，还锻炼了学生的动手能力，基本上达到了教学目的。

（2）存在问题：①课程与学生互动不够，只有 40%的学生能积极回答问题，大多数学生比较沉默。②由于人数太多（还有一个学生坐在讲桌侧面），教师对课堂整体把握不够，有的学生回答问题达到 12 次，还有 18%的学生举手 30 秒以上还没有回答问题的机会，5%的座位靠后的学生看不清演示，不少学生没有得到老师关注，注意力不集中，和同桌说话。数学课的教学模式改革一向是教学的难点，从这次听课可以看出，即使教师设计了较好的教学方法，如果没有好的教学空间配合，仍然很难实现。

（3）解决方案：减少班级人数，改变桌椅布局布置方式。

G4　四年级 1 班数学课

（4 月 18 日 14：00～14：45）

（1）存在问题：课堂人数过多不利于学生参与。

（2）解决方案：减少班级人数，改变桌椅布局布置方式。

G5　四年级 2 班校本课程

（4 月 19 日 15：50～16：30）

（1）课堂设计：运用多媒体电视教学。

（2）存在问题：教室左侧尤其是左下角的学生看不清楚电视机，影响教学效果。

（3）解决方案：重新布置电视机位置，减少班级人数。

G6　四年级 3 班语文课

教学内容：讲课文《钓鱼的启示》。

上课人数：64 人。

教学过程：①解释题目；②读书划生词，讲解生字；③拿出小黑板，填其中的副词，提问、诵读；④按起因、经过、结果给课文划分段落；⑤读课文，找出描写性的句子；⑥拿出小黑板，进行词组联句训练，同桌间交流；⑦布置作文。

分析：

（1）课堂设计：这次上课的是一位男教师，课堂气氛比较严肃，教学手段主要采用讲授式教学，配合适当讨论。

（2）存在问题：①学生参与互动较少，仅有 25% 的学生回答问题，前排和后排成为教师容易忽略的区域（图 4.24）。②总体来说，这堂课还是采用了比较传统的教学方法，这种教学方法是和现有教学空间联系在一起的，可以很明显地看出来课堂活跃性不够，学生主动学习的积极性不高。

（3）解决方案：改进教学方法。

G7　六年级 3 班数学课

教学内容：乘除。

上课人数：64 人。

分析：

（1）课堂设计：教师采取课堂当面批改题目、上黑板答题的形式，使课堂气氛很活跃，但由于受到人数多、座位挤等限制，后排学生参与的可能性小。其中，有 26.6%的学生得到了教师的个别辅导。

（2）存在问题：班级规模太大，很多学生没能得到教师较好的关注，实施新的教学方法也有困难。

（3）解决方案：减少班级人数，改变桌椅布局布置方式。

附录 H 小学校外部空间统计表

H1 实地调研小学校外部空间统计表

项目	西安建筑科技大学附属小学	西安第二实验小学	青岛平安路第二小学	苏州如东县马塘小学
占地面积/m²	6883	6657	17387	11150
建筑面积/m²	2000	5718	8000	8000
建筑密度/%	20.86	29.15	21.37	12.18
总平面图				

续表

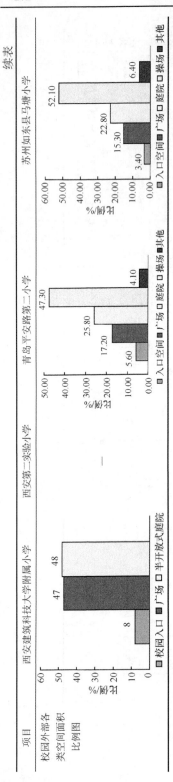

H2　其他小学校外部空间资料分析表

表 H2.1　新加坡小学

项目		新加坡北源小学	新加坡海洛女校	新加坡大杯小学	新加坡育智小学
基本资料	建校日期	1999 年	1999 年	1999 年	2000 年
	学生人数/人	1470	1200	1470	1470
	班级数/个	36	30	36	36
	占地面积/hm²	1.8	1.8	1.8	1.85
	建筑面积/m²	15980	14050	14380	16149
	建筑密度/%	30.08	36.28	29.70	33.61
外部空间比较	运动场	有	有	有	有
	游戏区	有	无	有	无
	草坪	有	有	有	有

续表

项目	新加坡北源小学	新加坡海洛女校	新加坡大桥小学	新加坡育智小学
庭院	有	有	有	有
校园广场	有	无	有	有
农园艺场	无	无	无	无
外部空间比较图示	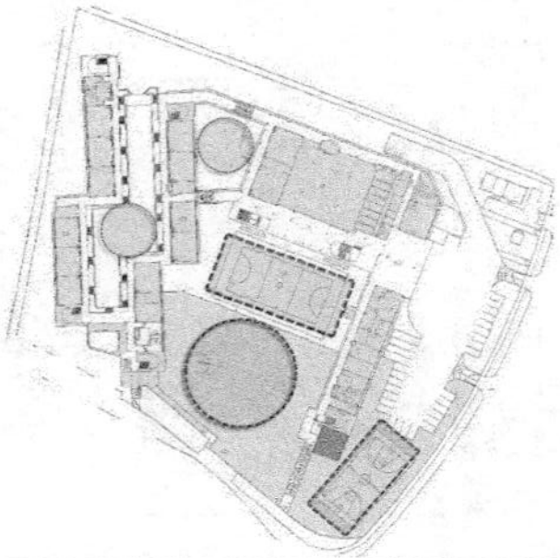	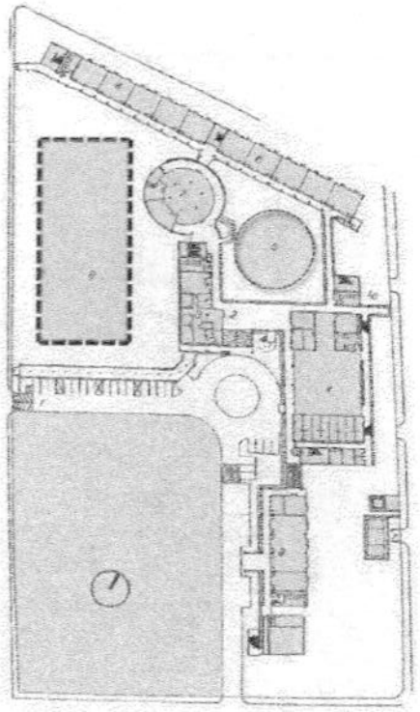	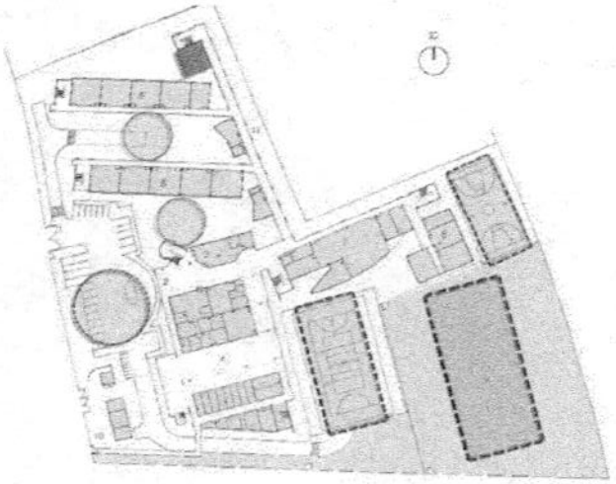	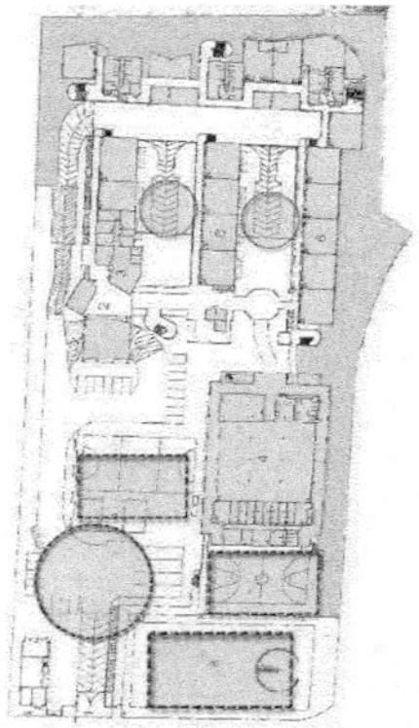

表 H2.2 台湾小学

	项目	新竹市立建功国小	新竹市立阳光国小	台南市亿载国小	台南县信义国小
基本资料	建校日期	1993 年	2004 年	2003 年	1997 年
	学生人数/人	1470	1200	2100	1200
	班级数/个	35	30	72	37
	占地面积/hm^2	3.34	1.91	2.97	2.49
	建筑面积/m^2	9559	7150.77	6244.55	5391.12
	建筑密度/%	28.62	36.28	18.51	23.11

续表

	项目	新竹市立建功国小	新竹市立阳光国小	台南市亿载国小	台南县信义国小
外部空间比较	运动场	有	有	有	有
	游戏区	有	有	有	有
	草坪	有	有	有	有
	庭院	有	有	有	有
	校园广场	有	有	有	有
	农园艺场	有	无	有	有
图示		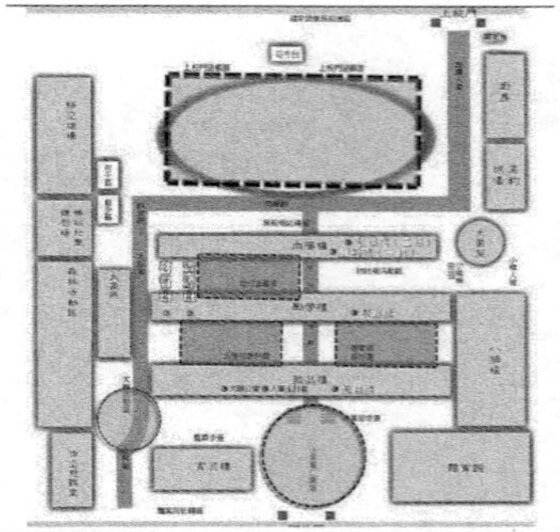	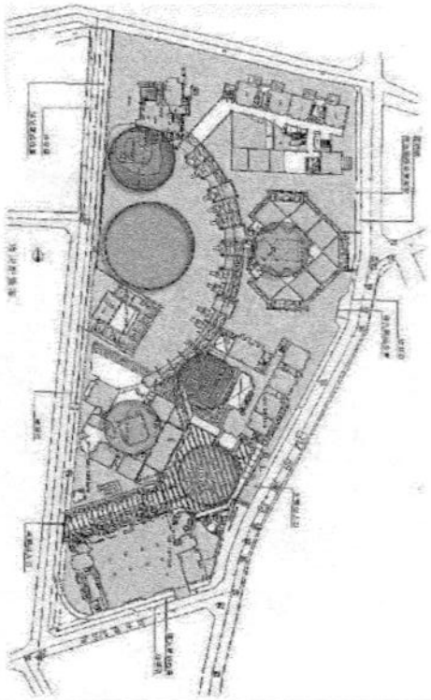	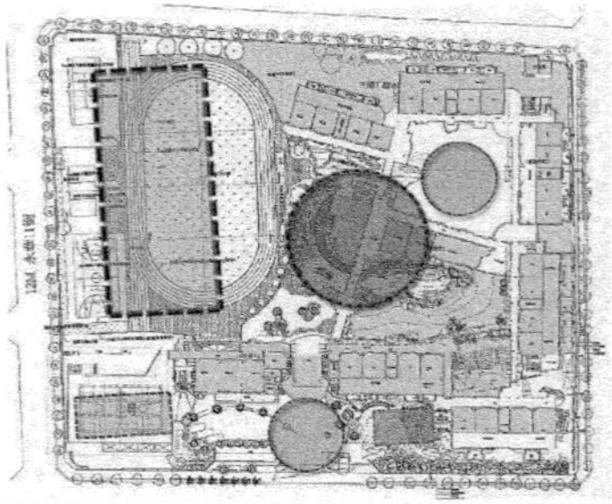	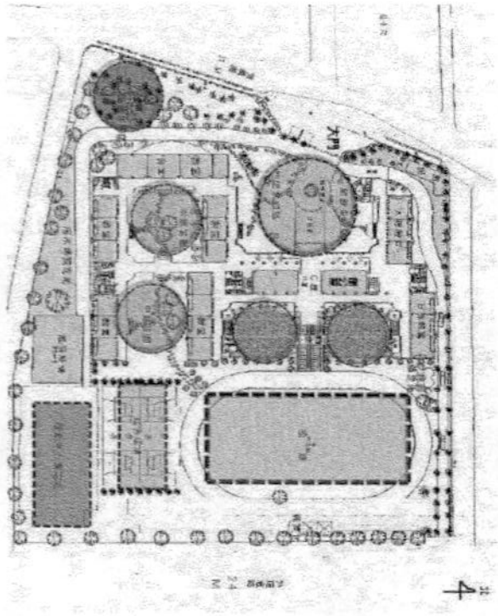

表 H2.3 日本小学

	项目	日本七小学校	日本瑞野小学校	并木第一小学	城西小学校
基本资料	建校日期	1970年	1977年	1985年	1997年
	学生人数/人	500	420	1050	1200
	班级数/个	16	14	35	37

续表

项目		日本七小学校	日本端野小学校	並木第一小学	城西小学校
基本资料	占地面积/hm²	2.95	2.89	1.65	2.49
	建筑面积/m²	4908	4273	7400	5391.12
	建筑密度/%	16.24	20.51	30.55	23.11
外部空间比较	运动场	有	有	有	有
	游戏区	无	无	无	有
	草坪	有	有	有	有
	庭院	无	无	有	有
	校园广场	有	有	有	有
	农园艺场	无	无	无	无
图示		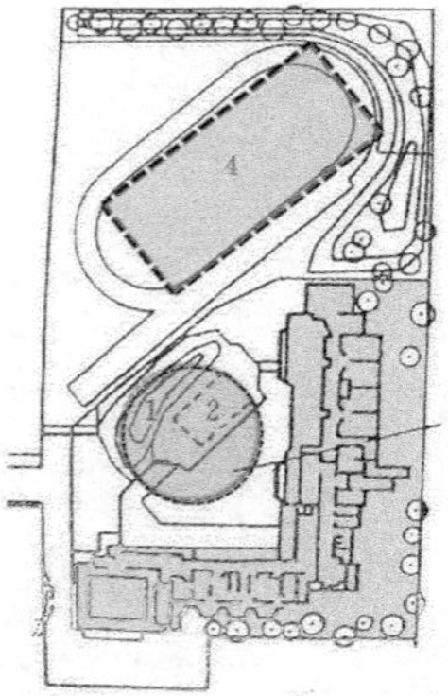	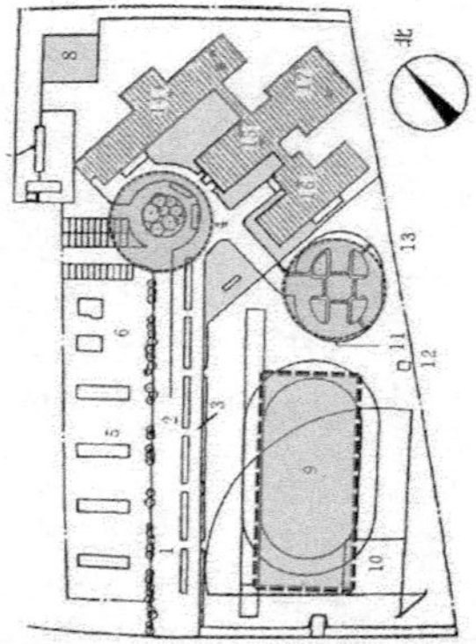	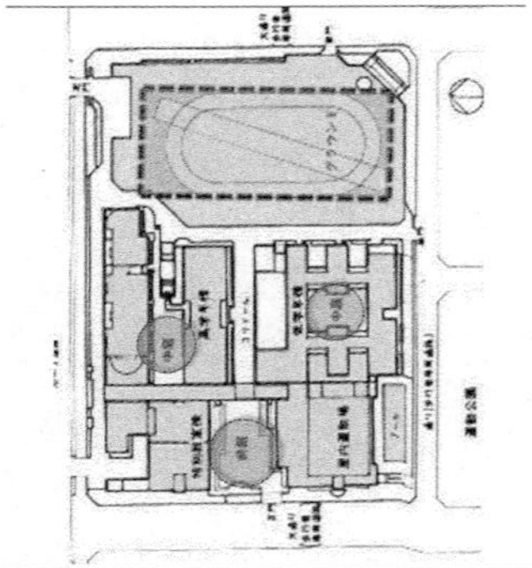	

表 H2.4　国内小学

学校名称		上海仙霞实验小学	宁波慈城中城小学	江阴月城镇中心小学	连云港大庆路小学
基本资料	建校日期	1980 年	1991 年	1995 年	1990 年
	学生人数/人	1200	1400	—	810
	班级数/个	24	30	—	18
	校地面积/hm²	1.15	1.21	2.82	1.12
	建筑面积/m²	6733	3045.7	6732	3475.3
	建筑密度/%	28.62	25.17	18.51	12.08
外部空间比较	运动场	有	有	有	有
	游戏区	有	无	无	无
	草坪	有	有	有	有
	庭院	有	有	有	有
	校园广场	有	有	有	有
	农园艺场	无	无	无	无
图示		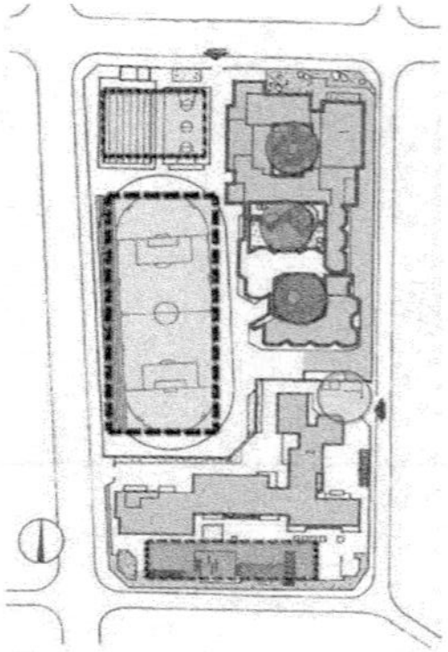	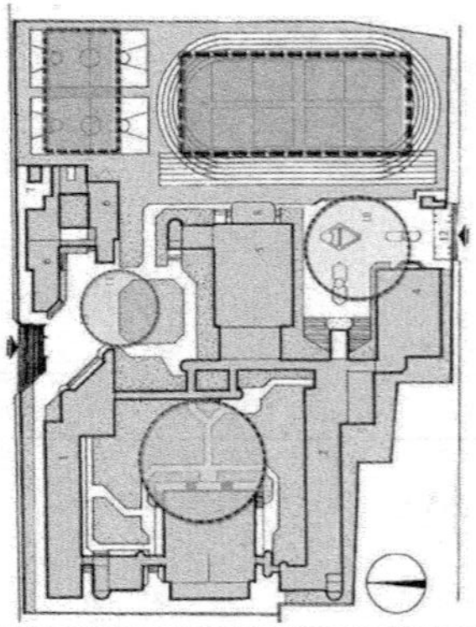	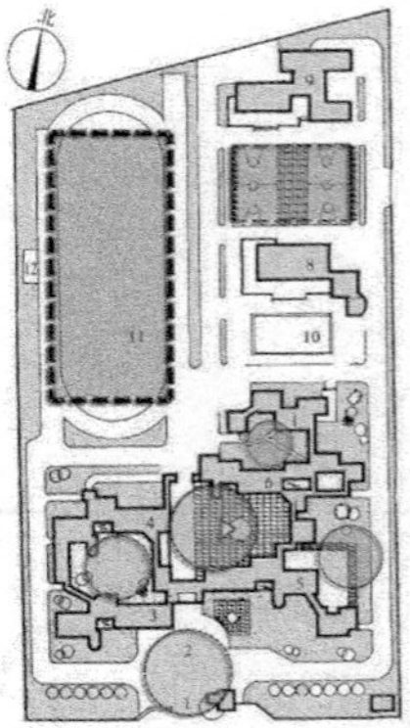	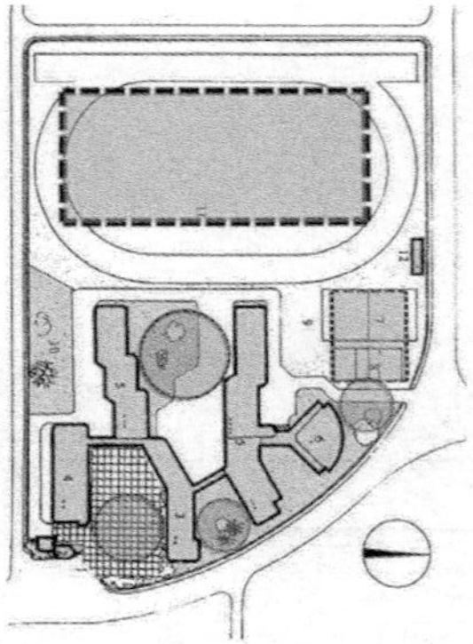

附录Ⅰ 校园外部环境调研问卷表

(小学生) 小学校园外部空间环境意见调查问卷

亲爱的小朋友，你好：

　　本研究所接受国家自然科学基金资助，进行"适应素质教育的中小学建筑空间及环境模式研究"，目的在于研究在素质教育背景下，学校学习环境及可行的运作方式。因此，这份问卷主要的目的是要了解贵校学生对我国推行"素质教育"概念以及对校园使用上的意见，即：素质教育下学校环境及建筑的意见，请小朋友在家长的指导下就问卷内容逐题填写最适当的答案。诚挚地谢谢你的协助与合作。

西安建筑科技大学公共建筑研究所　　2006

请在适当选项的方格打对号

一、基本资料

学校名称　　　　　小学　　　年　　级

姓　　名　　　　　　　填答日期　　年　　月　　日

二、你的意见

1. 校园什么地方给你留下深刻印象？

☐校门　　　　　　☐回廊　　　　☐学习角　　　　☐建筑物外观

☐学生休憩场所　　☐厕所　　　　☐钟楼　　　　　☐游戏场

☐凉亭　　　　　　☐洗手台　　　☐其他

2. 课间十分钟你喜欢在学校哪个地方玩耍？

☐教室　　　　　　☐前院靠近教学楼的空地

☐后院的小广场　　☐走廊　　　　☐操场

3. 放学后或者休息的时间比较充裕的时候，你喜欢在学校哪个地方玩耍？

☐教室　　　　　　☐前院靠近教室楼的空地

☐后院的小广场　　☐走廊　　　　☐操场

4. 课间或课后，如果想独自待一会儿或和知心的好朋友说说悄悄话，你会选择的地方？

☐教室　　　　　　☐前院的小座椅上

□后院的小广场　　　□运动场的角落

5. 课余时间你会不会在学校室外学习？

□不会。天气太冷或太热，在室外学习不舒服

□不会。因为没有学习的场所，没有桌子和座椅

□不会。因为广场太暴露，没有私密安静的地方供我们学习

□会。因为坐在树荫下学习，环境既好，又可以和同学相互自由地交流

6. 你理想的校园外部空间？

□大块的空白广场，可以玩耍、跑、跳

□把教学楼前的大片广场划分成小块的场所，供小团体进行活动

□有许多自然植物在广场上，可以围绕着这些植物活动

□有那种猫耳洞空间，想要得到安静时可以去那

□广场中有浅浅的小水池，可以夏天去玩水游戏，冬天埋上沙土

7. 你最喜欢学校的哪个部分？

□操场	原因：□能和别的小朋友玩 □操场上游戏设施多
	□自由自在，活动范围大 □说不清楚
□班级门口的小空地	原因：□没有大年纪的孩子抢占 □是我们班自己的
	□离教室不远 □说不清楚
□角落的游戏场地	原因：□有安全感 □有好玩的游戏设施
	□是我们自己的地方 □说不清楚
□室外的花架和廊道	原因：□环境很好，安静 □有坐和玩的地方
	□有绿色植物，可以遮阴 □说不清楚

8. 你们在上下学的时候有无停留？停留的原因？

□不会

□会。因为学校上下学的时候流动的摊贩卖的小东西的吸引

□会。会到学校周边的小商店买东西

□会。学校会在校门口的展示栏展览学生的近况，孩子会和家长一起阅读观看

9. 你愿意和高年级的同学一起玩吗？为什么？

10. 是否接触过生态教育？

11. 校园外部空间中的哪个设施最能吸引你呢？为什么？

附录J 西安建筑科技大学附属小学室外空间利用记录

J1 西安建筑科技大学附属小学室外空间利用情况实拍记录

时间	后院东侧	后院西侧	广场东侧	广场俯拍
早上上学				
第一节课间				
第二节课中				
第二节课间				
第三节课间				
中午放学				
中午上学				

续表

时间	后院东侧	后院西侧	广场东侧	广场俯拍
第五节课间				
放学				